现代物流管理

主　编　李　阳　耿　波

副主编　王志峰　张利梅　付子云　左永刚

参　编　聂强大　张均儒　倪　雪　张　雷

北京理工大学出版社

BEIJING INSTITUTE OF TECHNOLOGY PRESS

内 容 简 介

《现代物流管理》旨在全面展现现代物流管理的理论与实践，结合物流行业发展的最新趋势，系统介绍了供应链管理、仓储管理、运输管理、配送管理以及信息管理等多个关键环节。全书内容丰富，注重知识的实用性和前瞻性，旨在培养具备现代物流管理知识与实践能力的高素质人才。教材以项目化形式组织内容，通过具体任务引领读者逐步深入物流管理领域，理解物流管理的核心理念、方法与技术。同时，教材注重理论与实践相结合，通过案例分析、实训项目等方式，让读者在实际操作中深刻领悟物流管理知识的运用，培养解决实际问题的能力。此外，本教材结构清晰，逻辑严谨，方便读者查阅和自学。配套资源丰富，包括PPT、微课、讲稿等，可以满足不同读者的学习需求。

本教材主要面向高等职业院校物流管理、电子商务、市场营销等管理类相关专业的学生，旨在为他们提供一本全面、系统、实用的物流管理教材。同时，对于从事物流行业工作的在职人员，也可以通过学习本教材提升自身的物流管理知识和实践能力。此外，对物流管理感兴趣的读者也可以通过学习本教材了解物流行业的最新动态和发展趋势，为未来的职业发展或学术研究打下基础。

图书在版编目（CIP）数据

现代物流管理 / 李阳，耿波主编. -- 北京 ：北京理工大学出版社，2024.4

ISBN 978-7-5763-3854-6

Ⅰ.①现… Ⅱ.①李… ②耿… Ⅲ.①物流管理-高等学校-教材 Ⅳ.①F252.1

中国国家版本馆 CIP 数据核字（2024）第 082741 号

责任编辑：陈莉华		**文案编辑**：李海燕	
责任校对：周瑞红		**责任印制**：施胜娟	

出版发行 /	北京理工大学出版社有限责任公司
社　　址 /	北京市丰台区四合庄路 6 号
邮　　编 /	100070
电　　话 /	（010）68914026（教材售后服务热线）
	（010）68944437（课件资源服务热线）
网　　址 /	http://www.bitpress.com.cn

版 印 次 /	2024 年 4 月第 1 版第 1 次印刷
印　　刷 /	三河市天利华印刷装订有限公司
开　　本 /	787 mm×1092 mm　1/16
印　　张 /	16.25
字　　数 /	407 千字
定　　价 /	85.00 元

前　言

在全球化日益加剧的今天，物流管理作为企业核心竞争力的重要组成部分，其地位和作用越发凸显。习近平总书记指出："物流业一头连着生产、一头连着消费，在市场经济中的地位越来越凸显，现代产业发展需要现代物流与现代供应链，要加快物流标准化信息化建设，提高流通效率，推动物流业健康发展"。党的二十大报告两处提到"供应链"，现代化强国需要现代物流与现代供应链。为了满足物流行业对现代物流人才的需求，教材编纂团队结合物流相关岗位工作过程以及物流人才的需求现状，编写了《现代物流管理》项目化教材。

本教材致力于展现现代物流管理的全貌，从供应链管理、仓储管理、运输管理、配送管理、信息管理等多个角度，深入浅出地阐述了现代物流管理的核心理念、方法与技术。我们希望通过本教材，引领高职学生进入物流管理的殿堂，激发他们的创新思维，培养他们解决实际问题的能力。

在编写过程中，我们充分考虑了高等职业教育的特点，力求使内容贴近实际、突出应用。通过丰富的案例分析，使学生能够身临其境地感受物流管理的魅力，理解物流管理在各类企业中的实际应用。同时，结合高职学生的实际情况，我们在教材中设计了大量的实训项目，旨在培养学生的实践操作能力，使他们能够迅速适应企业的实际需求。

此外，本教材还具有以下特色：

结构清晰：全书按照物流管理的业务流程进行编排，从供应链管理、采购管理到仓储、运输、配送等各个环节，都进行了详细的阐述，帮助学生全面了解物流管理的整体框架。

内容新颖：紧跟物流管理领域的最新发展动态，将最新的理念、技术与方法融入教材，确保内容的前沿性。

理论与实践相结合：本教材不仅注重理论知识的传授，更强调实践能力的培养。通过丰富的案例分析和实训项目，使学生在掌握理论知识的同时，提高实际操作能力。

资源丰富：为了方便教学和学习，我们提供了丰富的配套资源，包括 PPT、微课、讲稿等，以满足不同学生的学习需求。

本教材由李阳、耿波担任主编，王志峰、张利梅、付子云、左永刚担任副主编，参加编写的人员为聂强大、张均儒、倪雪。教材编写中，得到江苏天裕能源科技集团有限公司的大力支持，张雷副董事长提供企业相关材料并提出合理建议。在编写和成稿过程中，得到了北京理工大学出版社编辑的大力支持，全书由李阳、耿波总定稿。

在编写过程中，我们参阅了国内外学者大量研究成果，除注明出处的部分外，限于体例未能一一说明，在此，一并致以衷心的感谢。

最后，感谢所有为本教材编写付出辛勤努力的专家、学者和一线教师。你们的智慧与汗水汇聚成了《现代物流管理》这本教材。愿它成为广大高职学生通往成功之路的基石，引领他们开创美好的未来。

我们相信，《现代物流管理》教材将成为高职学生步入物流管理领域的得力助手，引领他们在未来的职业生涯中不断开拓创新。在此，我们也诚挚地希望广大师生在使用过程中提出宝贵的意见和建议，以便我们不断完善和改进。

编　者

目　录

项目 1

认识现代物流

项目 1

【学习目标】

学习目标如表 1-1 所示。

表 1-1　学习目标

知识目标	技能目标	素质目标
（1）了解物流的产生和发展历程； （2）理解物流的含义、概念；了解传统物流和现代物流的不同之处； （3）掌握现代物流的特征和功能； （4）掌握物流管理的内容、物流管理与供应链管理的联系与区别； （5）掌握供应链与物流管理的解决方案； （6）掌握供应链管理的基本途径	（1）能够举例说明传统物流与现代物流的区别； （2）能够分析物流业对经济发展的重要性； （3）能够分析物流管理与供应链管理的联系与区别； （4）会用所学知识初步分析物流管理与供应链管理案例	（1）从国家经济发展角度，认识物流业发展的重要性，培育学生从事物流业的责任感和自豪感； （2）通过了解物流业的特征和工作内容，引导学生正确对待劳动，培养学生吃苦耐劳的职业素养

案 例导入

储运、物流到供应链——宝供物流发展的三级跳

提起中国的第三方物流企业，业内许多人士都会第一时间想到宝供物流，摩根士丹利给宝供物流所下的评语是——"中国最具价值的第三方物流企业"；同样，麦肯锡对宝供物流也有类似的评价。宝供物流缘何这样引人注目呢？主要原因是，其在遵循现代物流发展理念的前提下，经过成功运作，使自己在不到 10 年的时间内，就完成了从储运、物流到供应链服务的三级跳，一跃成为国内领先的现代化物流企业集团。在近年来中国物流发展热潮的推动下，宝供物流的发展历程和经验无疑成了国内传统物流企业发展转型的参照样板。

宝供物流的总裁刘武把宝供物流企业集团的发展大致分为三个阶段：1994 年到1997 年，宝供从一家传统储运企业转变为提供一体化物流服务的专业公司；1997 年到2000 年，宝供逐步发展成为一家较为成熟的第三方物流企业；2000 年至今，则是宝供向提供供应链一体化物流服务转型的阶段。

宝洁对宝供的发展起到了非常重要的作用。正是在与宝洁这样一个国际性大公司的合作中，宝供学到了不少有用的东西，为其以后的发展打下了良好的基础。宝供与宝洁的合作始于 1994 年。当时，刘武在广州承包经营了一家铁路货物转运站，而刚刚进入

中国市场的宝洁公司正在为产品不能及时、快速地运送到各地而犯难，经人介绍，宝洁找到了刘武。与宝洁合作的第一笔业务，是4个集装箱的货物运输，宝洁公司的要求非常苛刻，不仅要准时送达，而且还有许多附加要求。这些在现在看来再正常不过的事情在当时却被看作是天方夜谭，宝洁此前也曾与多家储运企业有过接触，但都没能谈成。为了完成这笔业务，刘武亲自对货物进行全程跟踪，在这单业务结束后，刘武主动给宝洁公司写了一份报告，对整个过程中各环节可能遇到的问题及解决办法都详细地作出了说明。虽然这笔业务刘武基本上没赚到钱，却赢得了宝洁的信任。此后，刘武注册成立了宝供储运公司，而宝洁也加大了与宝供的合作力度，到1996年，宝供成了宝洁铁路运输的总代理。

宝洁对于宝供发展的重要性是不言而喻的，在很长的一段时间里，来自宝洁的货物都占据了宝供的绝大部分业务。作为较早来到中国的跨国公司，宝洁是一家系统和理念都很先进的企业，事实上，宝洁公司把供应商和服务商的能力和水平看成是自己的一部分，虽然要求十分"苛刻"，但能逼着服务商和供应商不断进步。可以说，与宝洁公司的合作，让宝供储运公司获益匪浅，并直接推动了宝供向现代物流企业的发展。随着业务的不断规范和扩大，宝供逐步走出了过去"宝洁公司储运部"的影子，其服务的客户也开始越来越多，如飞利浦、TCL等几十家国内外著名企业，甚至宝洁公司的竞争对手联合利华也将物流业务交给宝供打理。随着业务的不断扩大，为了打破当时分块经营、多头负责的模式，宝供开始在全国铺建业务网络，刘武将这一网络分为"天网"（信息网络）和"地网"（运作网络）。宝供不仅在全区域中心城市建立分公司，并以此为依托铺设全国网络，而且早在1997年，就在全国同类企业中率先实施了基于Internet/Intranet的物流信息管理系统，凭借这一系统，宝供实现了对全国范围内物流运作信息实时动态的跟踪管理。此后，宝供又累计投入1 000多万元对这套系统进行了完善和升级，通过这个系统实现与客户的电子数据交换，并为客户提供诸如报表、运作咨询等个性化的物流信息服务，于是，宝供与客户之间的业务变得更为便捷和富有效率。

1999年，在多方努力和争取下，宝供储运有限公司更名为宝供物流企业集团，成为国内第一家注册的物流企业。当时国内工商部门的"字典"里还没有"物流"这个词，而宝供物流已经基本上完成了向第三方物流企业的转变，并在内部建立起了相对比较完善的业务运作管理体系和质量保证体系。在完成向第三方物流的转变后，宝供物流开始向提供增值化的供应链一体化物流服务方向努力，并将物流基地的建设作为提高供应链服务能力的重要突破点。宝供积极规划在全国15个经济发达城市投资建设大型现代化的物流基地。按照规划，这15个基地将主要分布在东南沿海地区，同时兼顾华中、西南和西北地区。苏州宝供物流基地一期工程已于2002年11月投入运营，广州宝供物流基地第一期工程也于2003年6月正式投入运营，合肥宝供基地于2003年8月投入运营，上海宝供物流基地已于2004年3月28日举行了奠基仪式。此外，在其他地方的基地建设也在启动。建成后的物流基地是现代化的储存、运输、分拨、配送、多种运输交叉作业的中心，也是加工增值服务中心、商品展示中心、贸易集散中心、金融结算中心、信息枢纽及发布中心，还是国内采购集团的采购中心、国内外著名品牌在不同区域的分销中心，并同时提供一关三检、物流科研培训服务和全球供应链一体化的服务。

作为国内第一家注册成立的物流企业集团公司，宝供已经形成了覆盖全国的服务网络，为宝洁、飞利浦、美赞臣、科龙等70多家大型跨国企业或国有企业提供物流服务，仓库年进出货物近亿件，实现营业收入 3 亿多元，并向美国、澳大利亚、泰国等地延伸，业务国际化初具规模。目前，宝供实行全球性物流战略与架构区域物流基地网络的计划正在同时进行中。

（资料来源：https：//zhuanlan.zhihu.com/p/549670561）

思考：

（1）结合宝供物流的发展历程，谈谈我国物流发展的特点。

（2）宝供物流的发展带来哪些启示？

任务 1.1　走进物流：认识物流的内涵与分类

课堂笔记

【任务目标】

以学习小组为单位，通过调研，加强对物流的认识与理解，培养分析问题能力及团队合作精神。

【任务内容】

通过网络查找资料及课后实地调研物流企业、企业物流，了解物流发展历程，理解物流的含义和概念。

请各学习小组完成以下任务：

（1）开展调研，了解物流的产生和发展过程。

（2）对调研资料认真分析，深刻理解物流的内涵、定义及分类并书面表达。

【组织过程】

（1）以学习小组为单位，事先收集资料或进行实地调研。

（2）小组成员合理分工，通过讨论与分析完成任务。

【考核指标】

考核指标如表 1-2 所示。

表 1-2　考核指标

考核项目	考核要求	分值	得分
调研材料	调研：企业名称、经营业务、目标客户、经营状况、存在问题等，要求用书面形式呈现，内容全面、完整	30	
调研结论	整理调研材料，形成结论，要求结论合理、全面	20	
方案汇报	由小组负责人带领成员汇报调研的过程、内容和结论，要求表达清晰、完整、有效	30	
团队精神	通力合作、分工合理、相互补充	10	
	发言积极，乐于与同学分享成果，组员参与积极性高	10	

【知识讲解】

一、物流的产生和演变

物流的历史可以追溯到古代，最早的物流活动主要是运输，依靠人力和动物力量进行的运输。古代的物流主要通过人们步行、骑马、驾驶马车等方式来运送货物。当时受到交通工具和通信技术的限制，物流的运输效率较低，运输距离也较短。

随着工业革命的到来，近代物流得到了显著的发展。蒸汽机车的发明使铁路成为主要的货物运输方式，大大提高了运输效率并增大了运输距离。同时，蒸汽船的出现也使海运得以发展，实现了跨洲运输。近代物流在运输工具、设备、仓储和信息管理方面都有了较大的进步。

20世纪初，在一些发达的资本主义国家，生产力发展到比较高的水平，社会总产品数量达到比较饱和的程度，社会总需求也相应有较大程度的增长，但企业生产出来的产品不一定都能分销出去。由于市场竞争激烈，因而再想提高生产技术有一定的难度。这时，人们不得不关心分销工作，希望经过分销来打开市场，并努力降低分销成本、提高流通的经济效益。由此，人们才逐渐关注分销物流，物流的概念也开始萌芽。同时期，美国经济学家提出了物的流通的概念，1915年阿奇·萧（Arch. W. Shaw）在《市场分销中的若干问题》中首次提出了"Physical Distribution"的概念，简称"PD"。有人把它翻译成"实分销"，也有人把它翻译成"物流"，这就是最早的物流概念。

真正完整的物流概念和理论都是在第二次世界大战中形成的。第二次世界大战期间，美国根据战事物资的需要，建立了现代军事后勤（Logistics）。美军利用运筹学等方法，对战争中物资的生产、采购、运输、仓储、配送等庞杂纷繁的军事物资供应实行系统化管理，使运输投送效益大幅提高，"后勤管理"（Logistics Management）这一学科逐渐形成。战后，"后勤管理"一词在经济活动中得到了广泛应用。当今欧美国家定义物流概念时更多地使用"Logistics"而不用"PD"。

20世纪60年代开始形成了国际间的大数量物流，在技术方面出现了大型物流工具，如20万吨的油轮，10万吨的矿石船等。

20世纪70年代，受石油危机的影响，国际物流不仅在数量上进一步发展，船舶大型化趋势也进一步加强，而且，还出现了提高国际物流服务水平的要求。大数量、高服务型物流从石油、矿石等领域向物流难度最大的中、小件杂货领域深入，其标志是国际集装箱及国际集装箱船舶的大发展。国际间各主要航线的定期班轮都投入了集装箱船，散杂货的物流服务水平获得很大提高。20世纪70年代中、后期，国际物流的质量要求和速度要求进一步提高，这个时期在国际物流领域出现了航空物流大幅增加的新态势，同时出现了更高水平的国际联运。

20世纪80年代前、中期，国际物流的突出特点是在物流量基本不继续扩大情况下出现了"精细物流"，物流的机械化、自动化水平提高。同时，伴随新时代人们需求观念的变化，国际物流着力于解决"小批量、高频度、多品种"的物流，出现了不少新技术和新方法，这就使现代物流不仅覆盖了大量货物、集装杂货，也覆盖了多品种的货物，解决了所有物流对象的现代物流问题。

20世纪80年代在国际物流领域的另一大发展是伴随国际物流，尤其是伴随国际联运式物流出现的物流信息和首先在国防物流领域出现的电子数据交换（Electronic Data Interchange，EDI）系统。信息的出现，使物流向更低成本、更高服务、更大量化、更精细化方向发展，许多重要的物流技术都是依靠信息才得以实现的，这个问题在国际物流中比国内物流表现更为突出，物流的几乎每一活动都有信息支撑，物流质量取决于信息，物流服务依靠信息。可以说，20 世纪 80、90 年代国际物流已进入了物流信息时代。

进入 20 世纪 90 年代，企业的物流系统更加系统化、整合化，物流也从后勤向供应链管理（Supply Chain Management，SCM）转化。物流与供应链管理的区别在于，物流强调的是单一企业内部的各物流环节的整合，而供应链并不仅是一个企业物流的整合，其所追求的是商品流通过程中所有链条企业的物流整合。具体指的是商品到达消费者手中，中间要包括零售商、批发商、制造商、原材料零件的供应商等，而物流则处于流动的整个环节中。为了能够以低成本快速地提供商品，仅考虑单一企业内部的物流整合是远达不到目的的，必须对链条中所有企业的物流进行统一管理、整合才能实现上述目标。

二、我国物流业的发展

现代物流思想来源于西方，但在中国，物流有着悠久、深厚的渊源，我国古人的许多运输活动就有着物流的萌芽和基因。一骑红尘妃子笑，就包含着今天快递荔枝的成分；诸葛亮的木牛流马，就是当时最先进的物流运输工具，在古代物流科技史上中占据重要地位，好比今天的自动驾驶。汉唐时期的"丝绸之路"和明代的"郑和下西洋"是中国历史上两次大规模的国际物流活动，其深远影响一直到今天。

丝绸之路分陆丝与海丝。陆上丝绸之路，主要路线是：以长安（今西安）、洛阳为起点，经甘肃、新疆，到中亚、西亚，连接地中海各国，途经万里，跨越百国，时间跨度长达两千多年。陆上丝绸之路如图 1-1 所示。

图 1-1　陆上丝绸之路

宋朝打造了发挥巨大作用的海上丝绸之路。泉州在南宋晚期更一跃成为世界第一大港和海上丝绸之路的起点，因此，人们称海上丝绸之路是中国跨境物流的新纪元，也是中国国际航运物流的开端。

另外，公元前 486 年开始建造的京杭大运河，是中国南北水上物流的肇始。

现代，由于我国工业化起步较晚，对生产环节的高效运转、对流通的价值获取、对利用物流降低成本等的认知要落后于经济发达国家。

我国物流业发展大致经历了四个时期。

酝酿萌芽期：从新中国成立到改革开放前。在计划经济体制下，国家对生产资料和主要消费品的生产、分配等实行计划管理，计划部门管指标、物资部门管调拨、交通部门管运送。这一时期初步建立了以铁路和水运为骨干，其他运输方式为补充的运输体系，实行以城市为中心的物资储存与调拨，物流活动以传统的物资运输、保管、包装、装卸等为主，参与主体均为公有制企业，实行政府定价，专业化分工不强，物流运作具有"大而全""小而全"的特点，基本满足这一时期经济恢复与社会主义建设的需要。

起步发展期：从改革开放到 20 世纪 90 年代。1978 年，国家有关部门赴国外考察学习后将"物流"概念引入国内，引起社会各界关注。此后，中国物流研究会等研究组织相继成立，物流专业期刊开始创办，一些高校先后开设物流本科和研究生课程。有关部门借鉴发达国家成功经验，积极推动国内物流业发展，开启了我国物流业理论探索与产业实践的新征程。随着这一时期我国经济的快速发展和改革开放的推进，物流业初具雏形，物流基础设施不断完善，物流企业更加多元，货物运输量从 1978 年的 32 亿吨增长至 1999 年的 129 亿吨，增长了 3 倍左右。

快速成长期：从 2000 年到党的十八大前。新世纪伊始，我国加入世界贸易组织，进出口贸易大幅增长，带动物流业快速发展。政府部门对物流重要性的认识不断提升，密集制定出台大量政策举措，成立"现代物流工作部际联席会议"，我国物流业发展开启"新纪元"。特别是 2009 年，国务院发布《物流业调整和振兴规划》，这是物流业第一个国家级规划，随后配套出台了一系列专业物流发展规划和政策，为物流业快速发展营造了良好环境。这一时期，我国社会物流总额年均增长 15% 以上，在资本和技术"双轮驱动"下，实现了从物流弱国到物流大国，从传统物流到现代物流的跨越式转变。

提质增效期：党的十八大以来。2014 年，国务院发布《物流业发展中长期规划（2014—2020 年）》，系统提出物流业的发展重点、主要任务和重点工程，明确了一段时期内物流业的发展方向和目标。按照党中央、国务院关于深化供给侧结构性改革、推进"三去一降一补"的决策部署，国家发改委等相关部门围绕推进物流降本增效促进实体经济发展，出台物流业降本增效实施方案，启动物流降本增效综合改革试点等。党的十九大提出加强"物流等基础设施网络建设"，进一步明确了物流的基础性和准公益性地位，为新时代物流业发展指明了方向。国务院常务会议审议通过《国家物流枢纽布局和建设规划》，在 127 个城市布局建设 212 个国家物流枢纽，打造"通道+枢纽+网络"的物流运行体系。2019 年两会前夕，国务院 24 个部门和单位联合出台《关于推动物流高质量发展促进形成强大国内市场的意见》，明确将物流高质量发展作为当前和今后一段时期物流工作的总目标。这一时期，我国物流业发展环境显著改善，物流基础设施体系更加完善，大数据、云计算等先进信息技术广泛应用，物流新模式、新业态加快发展，物流业转型升级步伐明显加快，发展质量和效率显著提升。2021 年，商务部等 9 部门印发《商贸物流高质量发展专项行动计划（2021—2025 年）》的通知指出，到 2025 年，初步建立畅通高效、协同共享、标准规范、智能绿色、融合开放的现代商贸物流体系，培育一批有品牌影响力和国际竞争力的商贸物流企业，商贸物流标准化、数字化、智能化、绿色化水平显著提高，商贸物流网络更加健全，区域物流一体化加快推进，新模式新业态加快发展，商贸物流服务质量和效率进一步提升，商贸服务业和国际贸易物流成本进一步下降。该计划为贯彻落实党中央、国务院关于畅通国民经济循环和建设现代流通体系的决策部署，推进商贸物流高质量发展，提供了行动方向。

三、国内外对物流的定义

1. 物的概念

（1）物：物流中"物"的概念是指一切可以进行物理性位置移动的物质资料。物流中所指"物"的一个重要特点，是其必须可以发生物理性位移，而这一位移的参照系是地球。因此，固定的设施等，不属于物流研究的对象。

（2）物资：我国专指生产资料，有时也泛指全部物质资料，较多指工业品生产资料。其与物流中"物"的区别在于，"物资"中包含相当一部分不能发生物理性位移的生产资料，这一部分不属于物流学研究的范畴，例如建筑设施、土地等。另外，属于物流对象的各种生活资料，又不能包含在作为生产资料理解的"物资"概念之中。

（3）物料：是我国生产领域中的一个专门概念。生产企业习惯将最终产品之外的、在生产领域流转的一切材料（不论其是来自生产资料还是生活资料）、燃料、零部件、半成品、外协件以及生产过程中必然产生的边角余料、废料以及各种废物统称为"物料"。

（4）货物：是我国交通运输领域中的一个专门概念。交通运输领域将其经营的对象分为两大类，一类是人，一类是物。除人之外，"物"的这一类统称为货物。

（5）商品：商品和物流学"物"的概念是互相包含的。商品中的一切可发生物理性位移的物质实体，也即商品中凡具有可运动要素及物质实体要素的，都是物流研究的"物"，有一部分商品则不属于此。因此物流学的"物"有可能是商品，也有可能是非商品。商品实体仅是物流中"物"的一部分。

（6）物品：是生产、办公、生活领域常用的一个概念，在生产领域中，一般指不参加生产过程，不进入产品实体，而仅在管理、行政、后勤、教育等领域使用的与生产相关的或有时完全无关的物质实体；在办公生产领域则泛指与办公、生活消费有关的所有物件。在这些领域中，物流学中所指之"物"，就是通常所称之物品。

2. 流的概念

（1）流：物流学中之"流"，指的是物理性运动。

（2）流通：物流的"流"，经常被人误解为"流通"。"流"的要领和流通概念是既有联系又有区别的。其联系在于，流通过程中，物的物理性位移常伴随交换而发生，这种物的物理性位移是最终实现流通不可缺少的物的转移过程。物流中"流"的一个重点领域是流通领域，不少人甚至只研究流通领域，因而干脆将"流"与"流通"混淆起来。"流"和"流通"的区别，主要在两点：一是涵盖的领域不同，"流"不但涵盖流通领域也涵盖生产、生活等领域，凡是有物发生物流的领域，都是"流"的领域。流通中的"流"从范畴来看只是全部"流"的一个局部。二是"流通"并不以其整体作为"流"的一部分，而是以其实物物理性运动的局部构成"流"的一部分。流通领域中商业活动中的交易、谈判、契约、分配、结算等所谓"商流"活动和贯穿于之间的信息流等都不能纳入物理性运动之中。

3. 物流的概念

物流的概念最早是在美国形成的，起源于 20 世纪 30 年代，原意为"实物分配"或"货物配送"，1963 年被引入日本，日文意思是"物的流通"。20 世纪 70 年代后，日本的"物流"一词逐渐取代了"物的流通"。中国的"物流"一词是从日文资料引进来的外来词，源于日文资料中对"Logistics"一词的翻译"物流"。

不同国家对物流的概念定义有很多，并且随着市场的不断变化，国内外的很多学者在不同阶段从不同角度对物流下了不同的定义，其中比较典型的物流定义有：

（1）我国对于物流的定义。

国家质量监督管理总局、中国国家标准化管理委员会发布的《物流术语》中规定物流是"根据实际需要，将运输、储存、装卸、搬运、包装、流通加工、配送和信息处理等基本功能实施有机结合，使物品从供应地向接收地进行实体流动的过程"。

（2）美国消费者协会的定义。

物流的概念最早形成于美国，当时被称为货物配送，1935 年，美国消费者协会给出的具体解释是："货物配送是包含于销售中的物资资料和服务于生产地点流动过程中而伴随的种种经济活动。"该定义把物流看成是销售过程中的一个环节，强调了与产品销售有关的输出物流，没有包括与采购供应有关的输入物流。

（3）美国物流协会的定义。

1986年，美国物流协会已正式把物流名称从"Physical Distribution"改为"Logistics"，并且为其作出定义："物流是以满足客户需求为目的，对货物、服务及相关信息从起源到消费地的有效率、有效益地流动和存储而进行的计划、执行和控制的过程。""Logistics"与"Physical Distribution"的不同在于："Logistics"已经突破了商品物流的范围，把物流活动扩大到生产领域，物流已不仅仅从产品出厂开始，而且包括从原材料采购、加工生产到产品销售、售后服务，直到废旧物品回收等整个物理性的流通过程。

（4）日本通商产业省运输综合研究所的定义。

1986年该研究所出版的《物流手册》一书中，提出物流的概念："物流是物质资料从供给者向需求者的物理性移动，是创造时间性、场所性价值的经济活动，包括包装、装卸、保管、库存管理、流通加工、运输、配送等诸种活动。"

4. 传统物流与现代物流

传统物流一般指产品出厂后的包装、运输、装卸、仓储，传统上的物流活动分散在不同的经济部门、不同的企业以及企业组织内部不同的职能部门之中。

现代物流指的是将信息、运输、仓储、库存、装卸搬运以及包装等物流活动综合起来的一种新型的集成式管理，其任务是尽可能降低物流的总成本，为顾客提供最好的服务。现代物流是根据客户的需求，以最经济的费用，将物流从供给地向需求地转移的过程。它主要包括运输、储存、加工、包装、装卸、配送和信息处理等活动。现代物流提出了物流系统化，综合物流管理的概念，并付诸实施。具体地说，就是使物流向两头延伸并加入新的内涵，使社会物流与企业物流有机结合在一起，从采购物流开始，经过生产物流，再进入销售物流，与此同时，要经过包装、运输、仓储、装卸、加工配送到达消费者手中，最后还有回收物流。

传统物流与现代物流之间的区别如表1-3所示。

表1-3 传统物流与现代物流之间的区别

传统物流	现代物流
提供简单的位移	提供增值服务
被动服务	主动服务
实行人工控制	实施信息管理
无统一服务标准	实施标准化服务
侧重点到点或线到线服务	构建全球服务网络
单一环节的管理	整体系统优化

从现代物流的特征来看，现代物流比传统物流更具有：

（1）反应快速化。物流服务提供者对上游、下游的物流、配送需求的反应速度越来越快，前置时间越来越短，配送间隔越来越短，物流配送速度越来越快，商品周转次数越来越多。

（2）功能集成化。现代物流着重于将物流与供应链的其他环节进行集成，包括物流渠道与商流渠道的集成、物流渠道之间的集成、物流功能的集成、物流环节与制造环节的集成等。

（3）服务系列化。现代物流强调物流服务功能的恰当定位与巨大的现代物流站场完善化、系列化。除了传统的储存、运输、包装、流通加工等服务外，现代物流服务在外延上向上扩展至市场调查与预测、采购及订单处理，向下延伸至配送、物流咨询、物流方案的选择与规划、库存控制策略建议、货款回收与结算、教育培训等增值服务；在内涵上则提高了以上服务对决策的支持作用。

（4）作业规范化。现代物流强调功能、作业流程、作业动作的标准化与程式化，使复杂的作业变成简单的易于推广与考核的动作。

（5）物流目标系统化。现代物流从系统的角度统筹规划一个公司整体的各种物流活动，处理好物流活动与商流活动及公司目标之间、物流活动与物流活动之间的关系，不求单个活动的最优化，但求整体活动的最优化。

四、现代物流的功能与分类

微课 1-2 物流的职能与作用

1. 现代物流的功能

物流的功能指的是物流活动所具有的基本能力，这些基本能力有效地组合、联结在一起，成了物流的总功能，能合理、有效地实现物流系统的总目的。它主要有七大功能，这些功能从方方面面影响着物流运作效果。

（1）运输功能。

运输是物流的核心业务之一，也是物流系统的一个重要功能。选择何种运输手段对于物流效率具有十分重要的意义，必须权衡运输系统要求的运输服务和运输成本，可以从运输机具的服务特性作判断的基准：运费、运输时间、频度、运输能力、货物的安全性、时间的准确性、适用性、伸缩性、网络性和信息等。

（2）仓储功能。

在物流系统中，仓储和运输是同样重要的构成因素。仓储功能包括了对进入物流系统的货物进行堆存、管理、保管、保养、维护等一系列活动。仓储的作用主要表现在两个方面：一是完好地保证货物的使用价值和价值，二是为将货物配送给用户，在物流中心进行必要的加工活动而进行的保存。随着经济的发展，物流由少品种、大批量物流进入到多品种、小批量或多批次、小批次物流时代，仓储功能从重视保管效率逐渐变为重视如何才能顺利地进行发货和配送作业。

物流系统现代化仓储功能的设置，以生产支持仓库的形式，为有关企业提供稳定的零部件和材料供给，将企业独自承担的安全储备逐步转为社会承担的公共储备，减少企业经营的风险，降低物流成本，促使企业逐步形成零库存的生产物资管理模式。

（3）包装功能。

为使物流过程中的货物完好地运送到用户手中，并满足用户和服务对象的要求，需要对大多数商品进行不同方式、不同程度的包装。包装分工业包装和商品包装两种。工业包装的作用是按单位分开产品，便于运输，并保护在途货物。商品包装的目的是便于最后的销售。因此，包装的功能体现在保护商品、单位化、便利化和商品广告等几个方面。前三项属物流功能，最后一项属营销功能。

（4）装卸搬运功能。

装卸搬运是随运输和保管而产生的必要物流活动，是对运输、保管、包装、流通加工等物流活动进行衔接的中间环节，以及在保管等活动中为进行检验、维护、保养所进行的装卸活动，如货物的装上卸下、移送、拣选、分类等。装卸作业的代表形式是集装箱化和托盘化，使用的装卸机械设备有吊车、叉车、传送带和各种台车等。对装卸搬运的管理，主要是对装卸搬运方式、装卸搬运机械设备的选择和合理配置与使用以及装卸搬运合理化，尽可能减少装卸搬运次数，以节约物流费用，获得较好的经济效益。

（5）流通加工功能。

流通加工功能是在物品从生产领域向消费领域流动的过程中，为了促进产品销售、维护产品质量和实现物流效率化，对物品进行加工处理，使物品发生物理或化学性变化的功能。这种在流通过程中对商品进一步的辅助性加工，可以弥补企业、物资部门、商业部门生产过程中加工程度的不足，更有效地满足用户的需求，更好地衔接生产和需求环节，使流通过程更加合理化，是物流活动中的一项重要增值服务，也是现代物流发展的一个重要趋势。

流通加工功能其主要作用表现在：进行初级加工，方便用户；提高原材料利用率；提高加工效率及设备利用率；充分发挥各种运输手段的最高效率；改变品质，提高收益。

（6）配送功能。

配送是物流中一种特殊的、综合的活动形式，是商流与物流的紧密结合。从物流来讲，配送几乎包括了所有的物流功能要素，是物流的一个缩影或在某小范围中物流全部活动的体现。一般的配送集装卸、包装、保管、运输于一身，通过这一系列活动完成将货物送达的目的。特殊的配送则还要以加工活动为支撑，所以包括的方面更广。从商流来讲，配送和物流不同之处在于，物流是商物分离的产物而配送则是商物合一的产物，配送本身就是一种商业形式。虽然配送具体实施时，也有以商物分离形式实现的，但从配送的发展趋势看，商流与物流越来越紧密的结合，是配送成功的重要保障。配送功能的设置，可采取物流中心集中库存、共同配货的形式，使用户或服务对象实现零库存，依靠物流中心的准时配送，而无须保持自己的库存或只需保持少量的保险储备，减少物流成本的投入。配送是现代物流的一个最重要的特征。

（7）信息服务功能。

现代物流是需要依靠信息技术来保证物流体系正常运作的。物流系统的信息服务功能，包括进行与上述各项功能有关的计划、预测、动态（运量、收、发、存数）的情报及有关的费用情报、生产情报、市场情报活动。物流情报活动的管理，要求建立情报系统和情报渠道，正确选定情报科目和情报的收集、汇总、统计、使用方式，以保证其可靠性和及时性。

从信息的载体及服务对象来看，该功能还可分成物流信息服务功能和商流信息服务功能。商流信息主要包括进行交易的有关信息，如货源信息、物价信息、市场信息、资金信息、合同信息、付款结算信息等。商流中交易、合同等信息，不但提供了交易的结果，也提供了物流的依据，是两种信息流主要的交汇处；物流信息主要是物流数量、物流地区、物流费用等信息。物流信息中库存量信息、不但是物流的结果，也是商流的依据。

信息服务功能的主要作用表现为：缩短从接受订货到发货的时间；库存适量化；提高搬运作业效率；提高运输效率；使接受订货和发出订货更为省力；提高订单处理的精度；防止发货、配送出现差错；调整需求和供给；提供信息咨询等。

2. 现代物流的分类

根据分类的标准不同，物流可以被划分为不同的类型，但目前没有一个统一的分类标准，常见的物流分类有以下几种。

（1）按照物流涉及的领域分类。

按照物流涉及的领域，物流可分为宏观物流和微观物流。

1）宏观物流是从社会再生产总体角度进行认识和研究的物流活动。研究重点是社会再生产总体物流，主要特点是综观性和全局性。

微课 1-3　现代
物流的分类

2）微观物流主要是指企业、消费者所从事的实际的、具体的物流活动。研究重点是企业物流、生产物流、生活物流等，特点是具体性和局部性。

（2）按照物流系统性质分类。

按照物流系统性质，物流可分为社会物流和企业物流。

1）社会物流是指超越一家一户的以整个社会为范畴，以面向社会为目的的物流。这种物流的社会性很强，经常是由专业的物流承担者来完成。

2）企业物流是从企业角度上研究与之有关的物流活动，是具体的、微观的物流活动的典型领域，它由企业生产物流、企业供应物流、企业销售物流、企业回收物流、企业废弃物物流几部分组成。

（3）按照所从事业务的属性分类。

按照所从事业务的属性，物流可分为供应物流、生产物流、销售物流、逆向物流和废弃物物流。

1）供应物流是指"提供原材料、零部件或其他物料时所发生的物流活动"。供应物流应当力求以最低成本、最少消耗、最大保证来组织供应物流活动。

2）生产物流是指企业生产过程中发生的涉及原材料、在制品、半成品、产成品等所进行的物流活动。

3）销售物流是指企业在出售商品过程中所发生的物流活动。

4）逆向物流是指不合格物品的返修、退货及周转使用的包装容器从需方返回到供方所形成的物品实体流动。

5）废弃物物流是指将经济活动或人民生活中失去原有使用价值的物品，根据实际需要进行收集、分类、加工、包装、搬运、储存等，并分送到专门处理场所的物流活动，例如，生产过程产生的废渣废水、销售过程产生的废弃包装材料、消费过程中产生的垃圾等的回收。

（4）按照物流活动的覆盖范围分类。

按照物流活动的覆盖范围，物流可分为国际物流和区域物流。

国际物流是指跨越不同国家（地区）之间的物流活动。国际物流是伴随和支撑国际经济交往、贸易活动和其他国际交流所发生的物流活动，是现代物流系统发展很快、规模很大的一个物流领域。

相对于国际物流而言，一个国家范围内的物流，一个城市的物流，一个经济区域的物流都处于同一法律、规章、制度之下，都受相同文化及社会因素影响，都处于基本相同的科技水平和装备水平之中，因而，区域物流既有其独特的特点，又有其区域个性化的特点。区域物流研究的一个重点是城市物流。世界各国的发展，一个非常重要的共同点是社会分工。国际合作的加强，以致使一个城市及周边地区，都逐渐形成小的经济地域，这成了社会分工及国际分工的重要微观基础。

（5）按照物流活动的执行主体分类。

按照物流活动的执行主体，物流可分为第一方物流、第二方物流、第三方物流和第四方物流。

1）第一方物流是指卖方物流，即生产者或者供应方组织的物流活动。这些组织的主要业务是组织生产和供应商品。

2）第二方物流是指买方物流，即销售者或流通企业组织的物流活动。这些组织的核心业务是采购并销售商品，为了销售业务的需要而投资建设物流网络、物流设施和设备，并进行具体的物流业务运作组织和管理。

3）第三方物流是由供方与需方以外的物流企业提供物流服务的业务模式。这里所指的第三方，是相对于买方和卖方来说的，通过与第一方或者第二方的合作来提供专业化的物流服务。一般意义的第三方物流还应该是独立的，是同第一方和第二方物流相比具有明显资源优势的物流公司。

4）第四方物流是指用一个调配和管理组织自身的及具有互补性的服务提供商的资源、能力与技术，来提供全面的供应链解决方案的供应链集成商。它不是物流的利益方，而是通过拥有的信息技术、整合能力及其他资源提供一套完整的供应链解决方案，以此获取一定利润。

（6）按照物流活动的特殊性分类。

按照物流活动的特殊性，物流可分为一般物流和特殊物流。

1）一般物流指具有普遍性、通用性和共同性的物流活动，或者说没有特殊要求的物流活动。

2）特殊物流是指专门范围、专门领域、特殊行业，在遵循一般物流规律的基础上，带有特殊制约因素、特殊应用领域、特殊管理方式、特殊劳动对象、特殊机械装备等特点的物流。例如，危险品具有腐蚀性、自燃性、易燃性、毒害性、爆炸性等特质，其对运输工具、保管条件、物流设施设备都有特殊的要求。

知识拓展

绿色物流

绿色物流是指以降低对环境的污染、减少资源消耗为目标，利用先进物流技术规划和实施运输、储存、包装、装卸、流通加工等物流活动。绿色物流是以经济学一般原理为基础，建立在可持续发展理论、生态经济学理论、生态伦理学理论、外部成本内部化理论和物流绩效评估的基础上的物流科学发展观。同时，绿色物流也是一种能抑制物流活动对环境的污染，减少资源消耗，利用先进的物流技术规划和实施运输、仓储、装卸搬运、流通加工、包装、配送等作业流程的物流活动。

绿色物流的内涵包括以下五个方面：

集约资源。这是绿色物流的本质内容，也是物流业发展的主要指导思想之一。通过整合现有资源，优化资源配置，企业可以提高资源利用率，减少资源浪费。

绿色运输。运输过程中的燃油消耗和尾气排放，是物流活动造成环境污染的主要原因之一。因此，要想打造绿色物流，首先要对运输线路进行合理布局与规划，通过缩短运输路线，提高车辆装载率等措施，实现节能减排的目标。另外，还要注重对运输车辆的养护，使用清洁燃料，减少能耗及尾气排放。

绿色仓储。绿色仓储一方面要求仓库选址要合理，有利于节约运输成本；另一方面，仓储布局要科学，使仓库得以充分利用，实现仓储面积利用的最大化，减少仓储成本。

绿色包装。包装是物流活动的一个重要环节，绿色包装可以提高包装材料的回收利用率，有效控制资源消耗，避免环境污染。

废弃物流。废弃物流是指在经济活动中失去原有价值的物品，根据实际需要对其进行搜集、分类、加工、包装、搬运、储存等，然后分送到专门处理场所后形成的物品流动活动。

德育之窗

我国物流市场规模位居全球第一

交通物流是经济循环"大动脉"。2022年，我国社会物流总额达347.6万亿元，同比增长 3.4%，我国物流市场规模连续 7 年位居全球第一。2022 年我国物流业总收入 12.7 万亿元，同比增长 4.7%。2020 年以来社会物流总额增速持续高于 GDP 增长，物流需求系数持续提升，物流需求规模实现稳定增长。

"十四五"期间，我国物流业仍处于增量阶段，仍有足够的发展动力与拓展空间。在构建现代物流体系、由"物流大国"迈向"物流强国"的新征程中，我国物流业迎来新的发展机遇。

任务 1.2 理解现代物流管理与供应链管理

课堂笔记

【任务目标】

以学习小组为单位，通过查找资料、实际调研，加强对现代物流管理与供应链管理的认识与理解，培养分析问题能力及团队合作精神。

【任务内容】

通过网络查找资料及课后实地调研选择一家实体企业，了解其物流管理现状，了解供应链管理开展情况和实施成效。

请各学习小组完成以下任务：

(1) 选择一家企业开展线上线下调研，了解其物流管理及供应链管理现状。

(2) 对调研资料认真整理、分析，形成报告。

【组织过程】

(1) 以学习小组为单位，课前收集资料或进行实地调研。

(2) 通过小组讨论与分析，得出该企业物流管理现状及存在问题，评判是否具备实施供应链的条件。

【考核指标】

考核指标如表 1-4 所示。

表 1-4 考核指标

考核项目	考核要求	分值	得分
调研材料	调研：企业名称、经营业务、物流管理状况、存在问题及是否具备实施供应链管理的条件等，要求用书面形式呈现，内容全面、完整	30	
调研结论	整理调研材料，形成结论，要求结论合理、全面	20	
方案汇报	由小组负责人带领成员汇报调研的过程、内容和结论，要求表达清晰、完整、有效	30	
团队精神	通力合作、分工合理、相互补充	10	
	发言积极，乐于与同学分享成果，组员参与积极性高	10	

【知识讲解】

一、现代物流管理的概念与内容

现代物流管理是近一二十年以来在国外兴起的一门新学科，它是管理科学中新的重要分支。随着生产技术和管理技术的提高，企业之间的竞争日趋激烈，人们逐渐发现，企业在降低生产成本方面的竞争似乎已经走到了尽头，产品质量的好坏也仅仅是一个企业能否进入市场参加竞争的敲门砖。这时，竞争的焦点开始从生产领域转向非生产领域，即转向过去那些分散、孤立的，被视为辅助而不被重视的环节，诸如运输、存储、包装、装卸、流通加工等物流活动领域。人们开始研究如何在这些领域里降低物流成本，提高服务质量，创造"第三个利润源泉"。物流管理从此从企业传统的生产和销售活动中分离出来，成为独立的研究领域和学科范围。物流管理科学的诞生使原来在经济活动中处于潜隐状态的物流系统显现出来，它揭示了物流活动的各个环节的内在联系，它的发展和日臻完善，是现代企业在市场竞争中制胜的法宝。

1. 现代物流管理的概念

现代物流管理是指在社会生产过程中，根据物质资料实体流动的规律，应用管理学的基本原理和科学方法，对物流活动进行计划、组织、指挥、协调、控制和监督，使各项物流活动实现最佳的协调与配合，以降低物流成本，提高物流效率和经济效益。现代物流管理是建立在系统论、信息论和控制论的基础上的，包括对物流活动诸环节（运输、包装、储存、装卸、流通加工）的管理，对物流诸因素（人、财、物、设备、方法、信息）的管理和对物流活动中具体职能（计划、质量、技术、经济等）的管理。

2. 现代物流管理的对象

现代物流管理的对象包括三个方面：一是对物流活动诸要素的管理，包括运输、储存等环节的管理；二是对物流系统诸要素的管理，即对其中人、财、物、设备、方法和信息等六大要素的管理；三是对物流活动中具体职能的管理，主要包括物流计划、质量、技术、经济等职能的管理等。

3. 现代物流管理的基本原则

（1）客户导向原则。

物流管理的首要原则是以客户为中心。企业应该了解客户的需求和期望，并根据这些需求和期望来制定物流策略。通过提供及时、准确和可靠的物流服务，满足客户的需求，建立良好的客户关系。

（2）经济效益原则。

物流管理的目标之一是降低物流成本，并提高物流效率。企业应该通过优化物流网络和流程，合理利用资源，降低库存成本和运输成本，提高仓储和运输效率，从而实现经济效益的最大化。

（3）信息化原则。

物流管理需要大量的信息支持。企业应该建立完善的信息系统，实时监控物流活动，收集和分析物流数据，提供准确的信息支持决策。通过信息化手段，可以提高物流活动的可见性和透明度，降低信息传递和处理成本。

（4）协调统一原则。

物流管理涉及多个部门和环节的协调合作。企业应该加强内部各部门之间的沟通与协作，实现物流活动的高效协调。同时，企业还应与供应商、承运商和客户等外部合作伙伴建立良好的合作关系，实现物流活动的统一管理。

（5）持续改进原则。

物流管理是一个持续改进的过程。企业应该不断地评估物流活动的绩效，发现问题并采取措施加以改进。通过引入新的技术和方法，优化物流网络和流程，提高物流服务质量和效率，实现物流管理的持续改进。

（6）灵活适应原则。

物流管理需要灵活应对市场变化和客户需求的变化。企业应该具备快速反应的能力，及时调整整物流策略和计划，以适应市场需求的变化。同时，企业还应根据不同的产品和客户需求，制订不同的物流方案，提供个性化的物流服务。

（7）生态环保原则。

物流管理应该注重生态环保。企业应该采取措施降低碳排放，减少能源消耗，推行绿色物流。通过优化运输路线和运输工具，提高运输效率，减少对环境的影响。同时，企业还应鼓励供应商和客户采取环保措施，共同推动绿色物流的发展。

二、现代物流管理的发展阶段

现代物流管理经历了以下三个发展阶段：

第一阶段：运输管理阶段。此时的物流管理主要针对企业的配送部分，即在成品生产出来后，如何快速而高效地经过配送中心把产品送达客户，并尽可能维持最低的库存量。在这个初级阶段，物流管理只是在既定数量的成品生产出来后，被动地去迎合客户需求，将产品运到客户指定的地点，并在运输的领域内去实现资源最优化利用，合理设置各配送中心的库存量。准确地说，这个阶段物流管理并未真正出现，有的只是运输管理、仓储管理、库存管理。

第二阶段：现代物流管理阶段。现代意义上的物流管理出现在 20 世纪 80 年代。人们发现利用跨职能的流程管理的方式去观察、分析和解决企业经营中的问题非常有效。通过分析物料从原材料运到工厂，流经生产线上的每一个工作站，产出成品，再运送到配送中心，最后交付给客户的整个流通过程，企业可以消除很多看似高效却实际降低了整体效率的局部优化行为。因为每个职能部门都想尽可能利用其产能，没有留下任何富余，一旦需求增加，则处处成为瓶颈，导致整个流程中断。又如运输部作为一个独立的职能部门，总是想方设法降低其运输成本，这本身是一件天经地义的事件，但若因此将一笔需加快的订单交付海运而不是空运，虽然省下了运费，却失去了客户，导致整体的失利。所以传统的垂直职能管理已不适应现代大规模工业化生产，而横向的物流管理却可以综合管理每一个流程上的不同职能，以取得整体最优化的协同作用。

在这个阶段，物流管理的范围扩展到除运输外的需求预测、采购、生产计划、存货管理、配送与客户服务等，以系统化管理企业的运作，达到整体效益的最大化。一个典型的制造企业，其需求预测，采购和原材料运输环节通常叫作进向物流，材料在工厂内部工序间的流通环节叫作生产物流，而配送与客户服务环节叫作出向物流。物流管理的关键则是系统管理从原材料、在制品到成品的整个流程，以保证在最低的存货条件下物料畅通的买进、运入、加工、运出交付到客户手中。对于有着高效物流管理的企业而言，这意味着以最少的资本作出最大的生产，产生最大的投资回报。

第三阶段：供应链管理阶段。20 世纪 90 年代随着全球一体化进程的加快，企业分工越来越细化，各大生产企业纷纷外包零部件生产，把低技术、劳动密集型的零部件转移到人工最廉价的国家去生产。以通用、福特、戴姆勒-克莱斯勒三大车厂为例，一辆车上的几千个零部件可能产自十几个不同的国家，几百个不同的供应商。这样一种生产模式给物流管理提出了新课题：如何在维持最低库存量的前提下，保证所有零部件能够按时、按质、按量，以最低的成本供应给装配厂，并将成品车运送到每一个分销商。

这已经远远超出了一个企业的管理范围，它要求与各级供应商，分销商建立紧密的合作伙伴关系，共享信息，精确配合，集成跨企业供应链上的关键商业流程，才能保证整个流程的畅通。只有实施有效的供应链管理，方可达到同一供应链上企业间协同作用的最大化。市场竞争已从企业与企业之间的竞争转化到供应链与供应链的竞争。

三、物流管理的内容

物流管理主要包括六大部分：物流作业管理、物流战略管理、物流成本管理、物流服务管理、物流质量管理、物流信息管理。

1. 物流作业管理

物流作业就是物流业务过程中的各个工作程序或工作环节，包括订单处理环节，以及以订单为触发器，为完成货物从供应地向接收地的实体流动过程中所进行的运输、仓储、装卸搬运、包装、流通加工、配送、信息处理等功能性活动。

物流作业管理就是对这些作业过程所实施的计划、组织、控制等管理活动，以实现物流企业的经营目标。

（1）物流作业活动。

1）订单作业。

订单是物流业务发生的触发器，也是各种业务环节的黏合剂，有了订单才有物流业务的开始，有了订单才把物流业务的各环节有机地联系在一起。

2）采购作业。

物流采购作业过程主要是组织货源的过程。在供应链环境下，物流企业的采购活动是以订单驱动方式进行的。当物流企业拿到客户的订单后，会在管理订单的过程中产生采购计划，根据采购计划制定采购单，并开始采购作业过程。

3）运输作业。

运输的作用是借助运输工具，通过一定的线路，实现货物的空间移动，克服生产和需要的空间分离，创造货物的空间效益。运输作业分为两类：一类是作为具体生产过程的有机组成部分的生产内部运输，另一类是作为物资生产部门的专门运输业从事的运输活动。

4）仓储作业。

仓储是物流企业暂时存放和保管货物的活动，不但发挥着储存这一重要的功能，而且还兼具包装、分拣、整理、简单装配等多种辅助性功能。仓储是联结各个物流环节的纽带。

5）配送作业。

配送是指在经济合理区域范围内，对货物进行拣选、加工、包装、分割、组配等作业，并按照客户要求送达指定地点的物流活动。配送是物流活动的最后阶段，以配货、理货、发货的形式最终将货物送达消费者手中。

6）装卸搬运作业。

装卸搬运是整个物流活动不可缺少的组成部分，它作为各个环节的结合部是物流运行的纽带。装卸搬运既是其他物流环节相互联系的桥梁，又不附属于其他环节。

7）流通加工作业。

流通加工是货物从生产领域向消费领域流通的过程中，为了促进销售，维护产品质量和提高物流效率而对产品进行的加工，使货物发生物理、化学、形状或者分布组合上的变化，以更好地满足消费者的多样化需求和提高货物的附加值。

流通加工作业一般包括简单的组装、剪切、套裁、贴标签、刷标志、分类、弯管、打孔等。

8）包装作业。

包装是为了维持产品状态、方便储运、促进销售，采用适当的材料、容器等，使用一定的技术方法，对货物包封并予以适当的装潢和标志的操作活动。包装作业包括物流过程中的换装、分装和再包装等活动，其目的在于通过对销售包装进行组合、拼配和加固，形成适于物流作业的组合包装单元。

（2）物流作业管理目标。

1）优化作业流程。

物流企业作业管理的首要目标是优化作业流程。通过分析和评估物流作业的各个环节，找出瓶颈并采取相应的措施进行优化，以实现作业流程的顺畅和高效。优化作业流程可以减少作业时间和人力成本，提高运输效率，满足客户对快速和准时交付的需求。

为了实现这个目标，物流企业可以采取以下措施：使用先进的信息技术和物流管理系统，实现作业流程的自动化和数字化；设立合理的作业流程和标准操作程序，并对作业人员进行培训和管理，确保操作流程的规范执行；对作业流程进行持续改进和优化，借鉴最佳实践和先进的技术手段，提高作业效率和质量。

2）降低物流成本。

物流企业作业管理的另一个重要目标是降低物流成本。物流成本包括人力成本、运输成本、仓储成本等各种费用。降低物流成本可以提高企业的竞争力和利润率，使企业能够以更具竞争力的价格提供产品和服务。

为了实现这个目标，物流企业可以采取以下措施：优化运输路线和运输方式，减少运输距离和货运周期，降低运输成本；通过合理的仓储管理和库存控制，减少仓储成本和库存积压；采用合理的人力资源管理策略，提高作业人员的效率和工作满意度，降低人力成本。

3）提高配送准确性和客户满意度。

物流企业作业管理的另一个目标是提高配送准确性和客户满意度。配送准确性是指按照客户要求准确、及时地将产品送达客户手中的能力。客户满意度则是指客户对物流企业提供的产品和服务的满意程度。提高配送准确性和客户满意度可以增强客户对物流企业的信任和忠诚度，提高品牌形象和市场竞争力。

为了实现这个目标，物流企业可以采取以下措施：建立完善的物流运输网络和配送渠道，确保产品能够准时、准确地送达客户；提供及时的订单跟踪和信息查询服务，方便客户随时了解订单状态和物流进展；建立客户投诉处理机制，及时处理客户的投诉和问题，确保客户的满意度。

4）提高安全性和环境保护。

物流企业作业管理的最后一个目标是提高安全性和环境保护。安全性是指在物流作业过程中避免事故和损失的能力，环境保护则是指在物流作业中减少对环境的负面影响，保护生态环境和可持续发展。

为了实现这个目标，物流企业可以采取以下措施：建立安全管理制度和培训机制，加强对作业人员和车辆的安全意识和培训，提高作业安全性；使用节能环保的运输方式和设备，减少能源消耗和环境污染；加强废物管理和资源回收利用，降低物流作业对环境的影响。

2. 物流战略管理

物流战略管理是企业在物流系统的运营过程中，通过物流战略设计、战略实施、战略评价与控制等环节，调整物流资源和组织结构，实现物流系统战略目标的一系列运作过程。其核心是使企业的物流活动与环境相适应，以实现物流的长期、可持续发展。

物流战略管理的核心是持续保持和增加企业在物流领域的竞争力。具体表现在以下3个方面：

（1）提高投资收益。

物流战略设计的目标是物流系统投资回报率高于社会平均收益率。物流系统中的固定资产集中在港口、码头、配送中心和仓库等设施上，对投资资本回报的首要考核是投入与产出的平衡点，即在最短的周期内形成收支平衡。然后是盈利的周期长短，即在多长时间内保持正常的盈利能力。

（2）降低运营成本。

物流战略实施的目的是降低物流总成本中的可变资本支出，通过评价不同作业方案，在保持一定服务水平时，寻求可变成本最低的方案，特别是运输和配送方案的选择。

（3）改进服务水平。

随着市场竞争的加强，原有物流系统提供的物流服务水平会下降或相对下降。如果在原物流系统的基础上提高服务水平，会引起物流成本大幅回升。因此需要设计新的物流系统，以新的物流运作能力改进物流服务水准。要使物流战略取得良好的效果，必须制定与竞争对手不同的服务战略。

3. 物流成本管理

物流成本是物品在物流过程中所付出的人力、物力和财力的总和。物流成本管理是以成本控制为手段的物流管理方法，物流成本管理通过物流成本计算、物流活动预算编制、物流成本分析等具体工作完成。物流成本管理的目的是保证在确定物流服务水平下的物流成本最低。

（1）物流成本管理的概念。

物流成本管理是指企业在物流活动中对各项成本进行有效控制和管理的过程。物流成本是指企业在物流过程中所发生的所有费用，包括运输费用、仓储费用、包装费用、保险费用等。物流成本管理的核心是降低物流成本，提高物流效率，从而提高企业的竞争力和盈利能力。

（2）物流成本构成。

物流成本构成是指物流过程中所涉及的各种费用。一般来说，物流成本主要包括以下几个方面：

1）运输成本：运输成本是指物流过程中由于货物的运输而产生的各种费用，包括运输工具的费用、燃料费用、司机工资、维修费用等。

2）仓储成本：仓储成本是指物流过程中由于货物在仓库中存储而产生的各种费用，包括租赁费用、人工费用、设备费用等。

3）包装成本：包装成本是指物流过程中由于对货物进行包装而产生的各种费用，包括包装材料费用、人工费用等。

4）保险成本：保险成本是指物流过程中由于对货物进行保险而产生的各种费用，包括保险费用、理赔费用等。

5）信息成本：信息成本是指物流过程中由于信息沟通和处理而产生的各种费用，包括信息传递费用、信息处理费用等。

（3）物流成本管理的方法。

1）物流成本核算：通过对物流成本的核算，可以清晰地了解物流过程中各项成本的构成和分布情况，有针对性地制定成本控制措施。

2）物流成本优化：通过对物流过程进行优化，可以降低物流成本，提高物流效率。例如，通过优化物流配送路线、改善仓库布局、改善运输工具等方式，可以降低物流成本。

3）物流信息化：通过物流信息化的手段，可以实现物流过程的自动化、智能化，从而提高物流效率，降低物流成本。

4）供应链管理：通过供应链管理的手段，可以实现物流过程的协同化、集成化，从而提高物流效率，降低物流成本。

5）合理采购：通过合理采购的方式，可以降低物流成本。例如，采用批量采购、集中采购等方式，可以获得更优惠的采购价格，降低采购成本。

（4）物流成本管理的意义。

物流成本管理对企业具有重要的意义：

1）降低物流成本：通过物流成本管理，可以降低物流成本，提高企业的盈利能力。

2）提高物流效率：通过物流成本管理，可以优化物流过程，提高物流效率，缩短物流周期，提高客户满意度。

3）提高企业竞争力：通过物流成本管理，可以降低企业的运营成本，提高企业的竞争力。

4）改善供应链管理：通过物流成本管理，可以改善企业的供应链管理，实现物流过程的协同化、集成化，提高供应链的效率和运作水平。

5）促进企业可持续发展：通过物流成本管理的手段，可以实现企业的可持续发展，提高企业的社会责任感和环境保护意识。

物流成本管理是企业在物流活动中必须重视的一个方面。通过对物流成本的管理，可以降低物流成本，提高物流效率，促进企业的可持续发展。因此，企业应该加强对物流成本管理的研究和应用，不断优化物流过程，提高企业的竞争力和盈利能力。

4. 物流服务管理

物流服务是现代物流产业的核心功能之一，它影响着物流企业的市场竞争力和客户满意度。在物流服务中，除了传统的物流运输服务外，还包括了库存管理、订单处理、供应商管理、售后服务等各个环节。而物流服务管理则是指对这些环节进行规划、组织、运营、控制等方面的管理活动。

（1）物流服务管理的概念。

物流服务管理就是对货物在整个物流过程中所保持的服务态度、服务内容、服务质量、服务保障等方面进行规划、组织、协调、运营、监督和控制的一系列管理活动。它包括物流服务立项、物流服务流程分析与设计、物流服务标准制定、物流服务实施与监督、物流服务评估与改进等多个方面。

物流服务管理是站在物流提供商的角度，物流服务管理要建立供应链管理的思想，物流服务管理要有市场意识。

（2）物流服务管理的内容。

从物流服务管理的概念可以看出，物流服务管理大致可以分为两个方面：针对客户的物流服务管理及针对物流活动本身的服务管理。

1）针对客户的物流服务管理。

针对客户的物流服务管理是以提高客户的满意度为基本前提，以提高竞争能力为目的，通过各种活动，提高客户的忠诚度和精准度。针对客户的物流服务管理可以从两个角度入手：客户关系管理及服务形象管理。

2）针对物流活动本身的服务管理。

物流活动包括运输、仓储、配送、流通加工、信息等方面。物流服务活动就是提供上述的一项或多项服务，但物流活动本身的服务管理并不简单地等于对这些活动的管理。物流活动本身的服务管理是以客户的需求为前提开展的管理，具体来讲可以分为以下几个方面：物流系统与物流中心的建设管理、基本物流活动服务管理、物流信息服务管理和物流代理服务管理等。

（3）物流服务管理的基本原理。

1）顾客导向原则。

顾客导向是物流服务管理的核心原则之一，指的是将顾客的需求和期望放在首位，以满足顾客需求为目的。为了做好物流服务管理，必须深入了解客户的需求和服务要求，根据客户反馈进行服务优化，提升客户满意度，实现良性循环。

2）系统化管理原则。

物流服务涉及的环节众多，必须建立系统化、有序的管理模式，实现各个环节的协作与协调，确保服务质量和效率。物流服务管理需要与库存管理、供应商管理等其他管理活动进行协同，确保企业资源的有效利用。

3）绩效导向原则。

物流服务管理的终极目标是提供高质量、高效率的服务，实现企业的利润最大化。因此，物流服务管理应该以绩效评价为导向，对服务的各个方面、每个环节进行量化、可视化的考核，以及持续改进和优化。

4）科学决策原则。

物流服务管理需要经过科学的分析和统计，对数据进行挖掘和分析，以辅助决策。物流服务管理需要在数据和统计信息的基础上实现决策，以及持续改进活动的推动和落实。

5）团队合作原则。

物流服务的实施涉及多个部门，必须实现团队合作，确保各个部门之间畅通无阻的沟通协作，实现整个服务体系的高效运转，提高服务质量。

物流服务管理是提升企业市场竞争力的重要手段之一，物流服务管理的实际效用是通过服务标准的制定和质量控制、服务流程的分析与设计、运营监控的实施和服务评价体系的建设，实现物流服务环节的一体化管理，达到减少管理成本，提高服务品质和客户满意度，提升企业市场竞争力和市场占有率。

5. 物流质量管理

（1）物流质量的概念和内容。

物流质量是指物流服务活动本身固有的特性以及满足物流客户和其他相关要求的能力。包含下面四个方面的内容：

1）物流产品的质量。

在生产企业严格的质量保证要求下，产品出厂既有其本身的质量指标。物流过程中，必须采用一定的技术手段，保证产品的质量（包括外观质量和内在产品质量）不受损坏，并且通过物流服务提高客户的愉悦性和满意度，实质上是提高客户对产品质量的满意度。

2）物流服务质量。

物流服务的过程中需要掌握和了解客户的需求，如商品质量的保持程度、流通加工对商品质量的提高程度、批量及数量的满足程度、配送额度、间隔期及交货期的保证程度、成本水平及物流费用的满足程度、相关服务（如信息提供、索赔及纠纷处理等）的满足程度等方面现实的和潜在的需求。

如在最短时间内向客户提供产品和零部件，做好产品的售前（样机、操作说明的及时提供）和售后服务（换件和退换货及产品应用过程中的问题），做好客户最后一公里的服务。

3）物流工作质量。

物流各环节、各工种、各岗位具体工作的质量。为实现总的服务质量，要确定具体的工作要求。形成日常的工作质量指标。

具体包括：

① 商品损坏的管控（包括客户提出的隔离和召回）。

② 商品丢失、错发、破损等影响质量因素的管控。

③ 商品的维护（维修、超期送检）。

④ 商品的验收及出库检查。

⑤ 商品标签、标志、货位、账目管理，建立正常的规章制度。

⑥ 库存量的控制。

⑦ 质量成本的控制。

⑧ 库房工作制度、温湿度控制、工作标准化控制。

⑨ 各供需设备正常运转、完好程度管理。

⑩ 上下道工序（货主、客户）服务。

4）物流工程质量。

物流质量体系作为一个系统来管理，用系统论的观点和方法，对影响物流质量的诸要素进行分析、计划，并进行有效控制。它受到物流技术水平、管理水平、技术装备、工程实施等要素的影响。

对人员素质、体制因素、设备性能、工艺方法、测量器具和环境等条件的控制和调整体现物流工程质量的水平。

（2）物流质量管理的概念。

物流质量管理是为了确保物流业务的高效、安全、可靠和客户满意度的提高而进行的计划、组织、控制等各项工作，以确保物流业务的质量和效率达到预期目标。物流质量的概念既包含物流对象质量，又包含物流手段、物流方法的质量，还包含工作质量，因而是一种全面的质量观。

（3）物流质量管理的特点。

1）管理的对象全面。物流质量管理不仅管理物流对象本身，而且还管理工作质量和工程质量，又最终对成本及交货期起到管理作用，具有很强的全面性。

2）管理的范围全面。物流质量管理对流通对象的运输、储存、包装、装卸搬运、配送、流通加工等若干环节进行全过程的质量管理，同时又是对产品在社会再生产全过程中进行全面质量管理的重要一环。在这一全过程中，必须一环不漏地进行全过程管理才能保证最终的物流质量，达到目标质量。

3）全员参加管理。要保证物流质量，就涉及有关环节的所有部门和所有人员，绝不是依靠哪个部门和少数人能搞好的，必须依靠各个环节中各部门和广大职工的共同努力。物流管理的全员性，正是物流的综合性、物流质量问题的重要性和复杂性所决定的，它反映着质量管理的客观要求。

由于物流质量管理存在"三全"特点，因此，全面质量管理的一些原则和方法（如PDCA循环），同样适用于物流质量管理。但应注意，物流是一个系统，在系统中各个环节之间的联系和配合是非常重要的。物流质量管理必须强调"预防为主"，明确"事前管理"的重要性，即在上一道物流过程就要为下一道物流过程着想，估计下一道物流过程可能出现的问题，预先防止。

（4）物流质量管理的具体内容。

物流质量管理是物流公司为了确保物流业务的高效、安全、可靠和客户满意度的提高而进行的一系列管理活动，它涉及物流计划管理、物流组织管理、物流实施管理、物流监控管理、物流服务管理和物流质量控制等方面。物流公司应根据物流业务的特点和要求，制定相应的物流质量管理制度和流程，确保物流业务的高效、安全、可靠和客户满意度的提高。

1）物流计划管理。

物流计划管理是物流质量管理的重要组成部分，它涉及物流计划的制订、实施和监控。物流计划应根据客户需求、物流运输特点、物流成本和风险等因素来制订，确保计划的合理性和可行性。同时，物流计划应实时监控，及时发现问题并进行调整，以保证物流业务的高效和安全。

2）物流组织管理。

物流组织管理是物流质量管理的另一重要组成部分，它包括人员管理、设备管理、资源调配和信息管理等方面。物流公司应根据物流业务的特点和要求，制定相应的组织管理制度和流程，确保物流业务能够高效、安全地进行。

3）物流实施管理。

物流实施管理是物流质量管理的核心内容，它涉及物流业务的执行和监控。物流公司应制定相应的物流操作规程和标准化操作流程，确保物流业务的规范化、标准化和高效化。同时，物流实施过程中应及时监控，发现问题及时解决，确保物流业务的安全、可靠和高效。

4）物流监控管理。

物流监控管理是物流质量管理的重要环节，它涉及物流业务的监控和反馈。物流公司应建立完善的物流监控系统和信息反馈机制，及时掌握物流业务的动态和问题，确保物流业务的高效和安全。

5）物流服务管理。

物流服务管理是物流质量管理的重要组成部分，它涉及物流公司对客户的服务质量和客户满意度的提高。物流公司应根据客户需求，提供全面、优质的物流服务，建立良好的客户关系，提高客户满意度和忠诚度。

6）物流质量控制。

物流质量控制是物流质量管理的重要手段，它涉及物流业务的质量检验和控制。物流公司应制定相应的物流质量控制标准和程序，对物流业务进行质量检验和控制，确保物流业务的质量和安全。

6. 物流信息管理

（1）物流信息管理的概念。

物流信息管理是指在物流作业过程中根据物流制度、要求或方案，采用科学的物流技术和管理手段对物流信息资源进行统一规划和组织，并对物流信息的收集、加工、存储、检索、传递和应用的全过程进行合理控制，从而使物流供应链各环节协调一致，以实现物流系统的效益最大化，满足客户要求的全过程管理活动。

（2）物流信息管理操作的步骤。

1）信息收集。

首先需要对物流过程中的各种信息进行收集。这包括货物来源、目的地、运输方式、运输时间、数量、重量、货物的状态、运输费用等。可以通过电子数据交换（EDI）、信息系统和数据库、条形码技术等方式收集信息。

2）信息整理。

收集到的信息需要进行整理，以确保其准确性和完整性。例如，需要对错误或重复的数据进行修正，对缺失的信息进行补充。

3）信息分析。

分析整理后的数据可以帮助理解物流过程。例如，分析运输时间和成本可以帮助优化运输路径，分析退货率可以了解产品质量和客户服务的质量，分析库存周转率可以帮助确定最佳库存水平。

4）信息利用。

分析后的信息可以用于多种目的，如决策支持、过程优化、成本控制等。例如，基于历史数据分析的预测可以帮助企业预测未来的需求并据此安排库存和运输。

5）信息储存与保护。

收集和储存的物流信息涉及公司的机密和客户的隐私，因此需要采取适当的安全措施来保护这些信息，防止数据泄露和未经授权的访问。

6）持续改进。

物流信息管理是一个持续优化的过程。企业应定期评估其物流信息管理流程，并根据需要进行调整和改进，以提高效率和降低成本。

通过以上步骤，可以对物流信息进行有效的管理，从而提高物流效率、降低成本并提升客户服务质量。

（3）物流信息的服务工作内容。

1）信息发布和传播服务。

按一定要求将信息内容通过新闻、出版、广播、电视、报纸杂志、音像影视、会议、文件、报告、年鉴等形式予以发表或公布，便于使用者搜集、使用。

2）信息交换服务。

通过资料借阅、文献交流、成果转让、产权转移、数据共享等多种形式进行信息的交换，以起到交流、宣传、使用信息的作用。

3）信息技术服务。

包括数据处理、计算机、复印机等设备的操作和维修及技术培训、软件提供、信息系统开发服务等活动。

4）信息咨询服务。

包括公共信息提供、行业信息提供、政策咨询、管理咨询、工程咨询、信息中介、计算机检索等，实现按用户要求收集信息、查找和提供信息，或就用户的物流经营管理问题，进行针对性信息研究、信息系统设计与开发等，帮助用户提高管理决策水平，实现信息的增值和放大，以信息化水平的提高带动用户物流管理水平的提高。

7. 现代物流管理与供应链管理

（1）供应链。

供应链是由供应商、制造商、仓库、配送中心和渠道商等构成的物流网络。同一企业可能构成这个网络的不同组成节点，但更多的情况下是由不同的企业构成这个网络中的不同节点。比如，在某个供应链中，同一企业可能既在制造商、仓库节点，又在配送中心节点等占有位置。在分工更细，专业要求更高的供应链中，不同节点基本上由不同的企业组成。在供应链各成员单位间流动的原材料、在制品库存和产成品等就构成了供应链上的货物流。统计数据表明，企业供应链可以耗费企业高达 25% 的运营成本。

供应链最早来源于彼得·德鲁克提出的"经济链"，后经由迈克尔·波特发展成为"价值链"，最终演变为"供应链"。供应链的定义为："围绕核心企业，通过对信息流、物流、资金流的控制，从采购原材料开始，制成中间产品以及最终产品，最后由销售网络把产品送到消费者手中。它是将供应商、制造商、分销商、零售商，直到最终用户连成一个整体的功能网链模式。"所以，一条完整的供应链应包括供应商（原材料供应商或零配件供应商)、制造商(加工厂或装配厂)、分销商(代理商或批发商)、零售商(卖场、百货商店、超市、专卖店、便利店和杂货店)以及消费者。从中可以看到,它是一个范围更广的企业机构模式。它不仅是一条连接供应商到用户的物料链、信息链、资金链,同时更为重要的是它也是一条增值链。因为物料在供应链上进行了加工、包装、运输等过程而增加了其价值,从而给这条链上的相关企业带来了收益。

(2)供应链管理。

供应链管理就是协调企业内外资源来共同满足消费者需求。当我们把供应链上各环节的企业看作一个虚拟企业同盟,而把任意一个企业看作这个虚拟企业同盟中的一个部门,同盟的内部管理就是供应链管理。只不过同盟的组成是动态的,根据市场需要随时在发生变化。有效的供应链管理可以帮助实现四项目标:缩短现金周转时间、降低企业面临的风险、实现盈利增长、提供可预测收入。

供应链管理的最终目的有三个意义:

1)提升客户的最大满意度(提高交货的可靠性和灵活性);

2)降低公司的成本(降低库存,减少生产及分销的费用);

3)企业整体"流程品质"最优化(错误成本去除,异常事件消弭)。

(3)供应链管理和物流管理的联系与区别。

1)供应链管理和物流管理的联系。

物流贯穿于整个供应链,它连接供应链的各个企业,是企业间相互合作的纽带。从时间上看物流管理的产生早于供应链管理,现代物流管理也呈现出一体化的趋势。在纵向上要求企业将产品或运输服务等供货商和用户纳入管理范围,并作为物流管理的一项中心内容;在横向上通过同一行业中多个企业在物流方面的合作而获得规模经济效益和物流效率;同时在网络技术的支持下与生产企业和物流企业之间形成多方位、互相渗透的协作有机体,即实现垂直一体化、水平一体化和网络化。从某方面来看,供应链管理正是物流垂直一体化管理的扩展和延伸,但是供应链的范围更为广泛,它涵盖了物流、资金流、信息流、业务流等,而且它的目标是将多个具有供需关系的企业通过合作协调机制集成一个共同对应市场的有机整体,这种供需关系不仅涉及产品需求,可能还有服务需求、资金需求甚至信息需求。总之,供应链管理比物流管理涉及的内容更复杂、范围更广、层次更高。

2)供应链管理和物流管理的区别。

一般而言,供应链管理涉及制造问题和物流问题两个方面,物流管理涉及的是企业的非制造领域问题。两者的主要区别表现在:一方面,物流涉及原材料、零部件在企业之间的流动,而不涉及生产制造过程的活动。供应链管理则包括物流活动和制造活动。另一方面,供应链管理涉及从原材料到产品交付给最终用户的整个物流增值过程。物流涉及企业之间的价值流过程,是企业之间的衔接管理活动。另外,供应链管理注重结果,物流管理注重过程;物流管理对物流的各个环节都要实时跟踪、监控,而供应链管理更注重各节点企业自身情况,对各节点企业之间如何运作不太关心。基于此,供应链管理更偏向管理,而物流管理更偏向技术。

(4)供应链与物流管理的重要性。

1)提高效率:通过优化供应链和物流管理,企业可以实现生产过程的快速和准确,同时降低库存成本和运输成本,提高资源的利用效率。

2)提升竞争力:有效的供应链与物流管理可以加快产品上市速度,提供更好的客户服务和满足客户需求,从而增强企业的竞争力。

3)解决信息不对称:通过优化供应链和物流管理,解决供应链中的多个环节之间存在信息不对等和信息延迟的问题,提升整个供应链的效率和可靠性。

4）满足灵活性需求：随着市场需求的变化，供应链需要具备灵活性和适应性，能够快速响应和调整，以满足消费者的需求。

（5）供应链与物流管理的解决方案。

1）数据共享与协同：通过建立共享平台和信息系统，实现各环节间的数据共享和协同，减少信息不对称和延迟，提高供应链的运作效率。

2）运输与仓储优化：采用先进的运输和仓储技术，包括智能物流设备、自动化仓库管理系统等，提高物流效率和准确性。

3）预测与规划：运用先进的供应链规划工具和预测模型，准确预测需求、市场走向和风险，并作出合理的采购、生产和库存规划，以降低风险和成本。

4）合作与创新：通过建立合作伙伴关系和共享资源，实现供应链中参与方的协作和创新，提高整个供应链的效率和质量。

综上所述，供应链与物流管理在现代商业运作中具有重要的地位和作用。通过优化供应链和物流管理，企业可以提高效率、降低成本、提升竞争力，并实现可持续发展。然而，供应链与物流管理面临的挑战也不可忽视，需要采用合适的解决方案来应对。只有不断创新和改进，才能不断提升供应链和物流管理的水平，适应不断变化的市场需求和竞争环境。

（6）供应链管理的有效途径。

供应链管理是现代企业成功的关键之一，高效的供应链管理系统可以帮助企业提高运营效率、降低成本、提供更好的客户服务，并增强企业在市场竞争中的优势。供应链管理的有效途径有以下六个方面。

1）建立稳定的供应商关系。

供应商是供应链管理的关键环节之一。建立稳定的供应商关系可以确保企业获得高质量的原材料和产品，并确保供应链的稳定性。为了建立稳定的供应商关系，企业可以采取以下措施：

① 与供应商建立长期合作关系，共同发展；

② 定期与供应商进行沟通和交流，及时解决问题；

③ 对供应商进行评估和监控，确保其符合企业的要求和标准。

2）优化库存管理。

库存管理是供应链管理中的重要环节。过多的库存会增加企业的成本，而过少的库存则会影响企业的生产和交付能力。为了优化库存管理，企业可以采取以下方法：

① 使用先进的库存管理系统，实时监控库存水平；

② 与供应商建立紧密的合作关系，实现供需的平衡；

③ 采用预测和需求规划技术，准确预测需求，并及时调整库存。

3）提高物流效率。

物流是供应链管理中不可忽视的一环。提高物流效率可以减少运输时间和成本，并提供更好的客户服务。为了提高物流效率，企业可以采取以下措施：

① 优化物流网络，选择合适的运输方式和路线；

② 使用先进的物流管理系统，实时跟踪货物的运输状态；

③ 与物流服务提供商建立紧密的合作关系，确保货物的及时交付。

4）加强信息共享和沟通。

信息共享和沟通是供应链管理中至关重要的一环。良好的信息共享和沟通可以帮助企业及时获取市场信息、预测需求，并与供应商和客户保持紧密联系。为了加强信息共享和沟通，企业可以采取以下措施：

① 使用先进的信息管理系统，实现信息的实时共享和传递；

② 与供应商和客户建立紧密的合作关系，共享市场信息和需求预测；

③ 定期组织会议和培训，加强内部和外部的沟通和交流。

5）实施供应链风险管理。

供应链管理中存在各种潜在的风险，如供应商倒闭、天灾人祸等。为了降低供应链风险，企业可以采取以下措施：

① 对供应商进行风险评估和监控，选择可靠的供应商；

② 建立备用供应商和备用物流渠道，以应对突发情况；

③ 定期进行供应链风险评估和演练，及时调整风险管理策略。

6）不断改进和创新。

供应链管理是一个不断改进和创新的过程。企业应该不断寻求改进和创新的机会，以提高供应链的效率和竞争力。为了实现不断改进和创新，企业可以采取以下方法：

① 定期进行供应链绩效评估和改进，发现问题并采取相应措施；

② 鼓励员工提出改进和创新的建议，并给予奖励和认可；

③ 寻求与供应商和客户的合作，共同推动供应链的改进和创新。

总结起来，有效管理供应链是企业成功的关键之一。通过建立稳定的供应商关系、优化库存管理、提高物流效率、加强信息共享和沟通、实施供应链风险管理以及不断改进和创新，企业可以实现更好的供应链管理，提高运营效率并在市场竞争中获得竞争优势。

知识拓展

供应链发展趋势

习近平总书记在党的二十大报告中强调"着力提升产业链、供应链韧性和安全水平"，这为我国完善产业政策、科技政策、开放政策，加快构建新发展格局指明了方向。提升我国供应链国际竞争力，必须深入把握当前全球供应链的发展新趋势，并在此基础上实施有针对性的政策措施。

趋势一：全球供应链国际合作呈现区域化或俱乐部化特征。近年来，越来越多的国家签订了区域性多边或双边贸易协定，这些贸易协定通过在成员国之间降低关税税率和非关税壁垒、提升贸易和投资便利度等方式促进区域内部贸易自由化，间接增加了与区域外其他国家和地区之间的贸易和投资成本，也进一步推动了全球供应链的区域化和俱乐部化发展。

趋势二：全球供应链重要环节和关键产品的本土化和近岸化。除了区域贸易协定之外，许多国家直接以生产补贴、税收优惠、政府投资和政府采购等手段推动全球供应链重要环节和关键产品的本土化和近岸化生产。

趋势三：多链并行推动全球供应链竞争格局多极化。在以往的全球供应链中，相关企业在全球范围内遵循成本最低和效率最高的原则进行合作，当前，全球供应链逐渐走向分化，相同产品的生产和流通形成不同的平行供应链，不同供应链之间的竞争性往往更强。

趋势四：推动全球供应链向绿色低碳化转型成为全球共识。一是大部分新签署的区域贸易协定都有关于绿色低碳产业的合作条款。二是通过专门签订绿色产业合作协议推动供应链的绿色化转型。三是一些国家和地区在生产、采购、流通等环节提高了环保标准，从而推动供应链绿色化转型。四是全球供应链中的一些重要企业也将环境绩效纳入供应链管理指标体系，对上下游企业的绿色转型施加影响。

趋势五：全球供应链呈现数字化发展趋势。主要表现在供应链管理过程和供应链内容均呈现出数字化发展趋势。

德育之窗

中国在全球供应链中占据重要地位

新加坡国立大学南亚研究所高级研究员阿米滕杜·帕利特 2023 年 11 月 14 日在《中国日报》撰文称，多年来，中国在全球供应链中占据重要地位，可谓无可替代。中国制造业的崛起对全球供应链产生了深远的影响。中国在全球多条供应链中占据极其重要的地位。在制造业供应链中，中国一直是原材料、中间产品和成品组装的关键一环。与此同时，作为全球主要消费市场，中国已经成为各大供应链的终端。中国在全球供应链中发挥着双重作用。

首先，中国成了全球制造业的中心，很多跨国公司选择在中国建立生产基地，以利用中国庞大的劳动力资源和较低的生产成本，这使中国成了许多跨国公司的重要供应商，并为全球消费者提供了大量丰富的商品。

其次，中国的技术进步和创新实力也在全球供应链中发挥着重要作用。中国的科学研究和技术发展取得了显著的进展，许多中国企业在技术领域中崭露头角。例如，中国的电子制造业在全球市场上具有竞争力，中国的高铁技术和新能源汽车技术也在全球范围内受到瞩目。这些技术的发展和应用进一步强化了中国在全球供应链中的地位。

最后，中国在全球供应链中的地位还体现在金融和物流方面。中国的金融体系逐渐完善，在国际贸易中提供了灵活的支付和融资工具，为全球供应链提供了支持。同时，中国的物流网络也不断完善，通过建设高速公路、高速铁路和物流中心，提高了商品的运输效率，降低了物流成本，进一步提升了中国在全球供应链中的竞争力。

【思考题】

（1）物流的含义与概念是什么？传统物流与现代物流的区别是什么？

（2）试论述物流业对国民经济发展的影响。

（3）供应链管理和物流管理的联系与区别是什么？

（4）简述供应链与物流管理的解决方案。

（5）供应链管理的基本途径有哪些？

【案例分析】

日本 7-11 便利店的供应链管理

在日本，零售业是首先建立先进物流系统的行业之一。便利店作为一种新的零售商业业态迅速成长起来，现已遍及日本，正影响着日本其他的零售商业形式。这种新的零售商业业态需要利用新的物流技术，以保证店内各种商品的供应顺畅。

一、日本 7-11 简介

日本 7-11 是有着日本最先进物流系统的连锁便利店集团。7-11 原是美国一个众所周知的便利店集团，后被日本的主要零售商伊藤洋华堂引入，日本 7-11 作为下属公司成立于 1973 年。

日本 7-11 把各单体商店按 7-11 的统一模式管理。自营的小型零售业，例如小杂货店或小酒店在经日本 7-11 许可后，按日本 7-11 的指导原则改建为 7-11 门店，日本 7-11 随之提供独特的标准化销售技术给各门店，并决定每个门店的销售品类。7-11连锁店作为新兴零售商特别受到年青一代的欢迎，从而急速扩张。现在，全日本有2万家7-11商店。

二、频繁、小批量进货的必要性

便利店依靠的是小批量的频繁进货，只有利用先进的物流系统才有可能发展连锁便利店，因为它使小批量的频繁进货得以实现。典型的7-11便利店非常小，场地面积平均仅100 m² 左右，但就是这样的门店提供的日常生活用品达3 000多种。虽然便利店供应的商品广泛，通常却没有储存场所，为提高产品销售量，售卖场地原则上应尽量大。这样，所有商品必须要能通过配送中心得到及时补充。如果一个消费者光顾商店时不能买到本应有的商品，商店就会失去一次销售机会，并使便利店的形象受损。所有的零售企业都认为这是必须首先避免的事情。

JIT体系不完全是交货时间上的事，它也包含以最快的方式通过信息网络从各个门店收到订货信息的技术，以及按照每张特定的订单最有效率地收集商品的技术，有赖于一个非常先进的物流系统支持。

三、分销渠道的改进

为使每个门店都能有效率地供应商品是配送环节的重要职责。首先要从批发商或直接从制造商那里购进各种商品，然后按需求配送到每个门店。配送中心在其中起着桥梁作用。为了保证有效率地供应商品，日本7-11不得不对旧有分销渠道进行合理化改造。许多日本批发商过去常常把自己定性为某特定制造商的专门代理商，只允许经营一家制造商的产品。在这种体系下，零售商要经营一系列商品的话，就不得不和许多不同的批发商打交道，每个批发商都要单独用货车向零售商送货，送货效率极低，而且送货时间不确定。

7-11在整合及重组分销渠道上进行改革。在新的分销系统下，一个受委托的批发商被指定负责若干销售活动区域，授权经营来自不同制造商的产品。此外，7-11通过和批发商、制造商签署销售协议，能够开发有效率的分销渠道与所有门店连接。批发商是配送中心的管理者，为便利店的门店送货。而日本7-11本身并没有在配送中心上投资，即使他们成了分销渠道的核心。批发商自筹资金建设配送中心，然后在日本7-11的指导下进行管理。通过这种协议，日本7-11无须承受任何沉重的投资负担就能为其门店建立一个有效率的分销系统。为了与日本7-11合作，许多批发商也愿意在配送中心上做必要的投资，作为回报，批发商得以进入一个广阔的市场。

7-11重组了批发商与零售商，改变了原有的分销渠道，由此，配合先进物流系统，使各种各样的商品库存适当，保管良好，并有效率地配送到所有的连锁门店。从为便利店送货的货车数量下降上可以体现出物流系统的先进程度。如果是在十几年前，每天为便利店送货的货车就有70辆，现在只有12辆左右。显然，这来自新的配送中心的有效率的作业管理。

四、形成生产—物流—销售的综合性网络

1996年年底，7-11在日本已拥有店铺7 000家，年销售额达2兆日元，年入店顾客16.5亿人次，相当于日本总人口的10倍。然而，7-11并没有完全属于自己的物流和配送中心，而是凭借自身的知名度和经营实力，借用其他企业的配送中心，采取汇总配送、共同配送的方式。起初，制造商把不同产品送至批发商处，由各批发商负责配送，每一个批发商负责一定地区的配送。后来，由生产不同产品的制造商共同出资建立配送中心，各公司把产品送至共同配送中心，再实行统一配送，以保证对7-11便利店的货物供应。7-11在物流管理中，充分运用供应链管理的思想。公司认为实现连锁经营基本政策和连锁化战略的目的是提高物流的效率、降低物流成本。物流效率化离不开由商品生产到销售的整个供应链的有效管理，即综合考虑生产厂家、批发商、配送中心、连锁公司总部、加盟店和

消费者之间所形成的供应链的物流情况，争取系统的最优化。

7-11 公司的硬件和软件信息系统，形成了生产—物流—销售的综合性网络，使商品的销售信息灵活应用于商品供应计划及物流中，防止因无计划而造成的低效率和浪费，使以顾客需求为出发点的生产、物流、销售三个环节紧密结合。该系统能根据商品的销售情况，定期发出订单；当生产厂家、批发商接到订单后，开始制造或筹备所需商品；共同配送中心则根据总部、生产厂家和批发商提供的商品明细表和指示单，对不同商店配送商品。由于向批发商、配送中心订货的数据能迅速、定期地发送，使接受订货到送货的作业均实现程序化和计划化。

7-11 凭借成功的供应链管理实现了物流低成本化、效率化，在同其他零售企业的竞争中占领了优势地位。

思考题：

（1）便利店的物流具有什么特色？

（2）在没有完全属于自己的物流和配送中心的情况下，7-11 采取什么方式进行物流管理？

（3）7-11 便利店经营成功的关键是什么？

（资料来源：https：//www.docin.com/p-832940414.html）

【综合实训】

一、实训目的

（1）通过实施任务，分析不同类型企业供应链管理的特点，深刻理解供应链管理的精髓。

（2）通过任务实施，锻炼和提高学生运用所学知识分析问题、解决问题的能力。

二、实训内容

选择两家不同类型的企业，一家制造业，一家连锁销售企业，比较分析两家企业物流管理及供应链管理的模式，分析总结其特点，理解不同行业企业物流管理及供应链管理的做法。

三、实训要求

（1）6~10 人一组实施任务。

（2）抽取 1~2 个小组进行汇报交流。

（3）教师对每一小组进行点评。

项目 2

了解物流包装

【学习目标】

学习目标如表 2-1 所示。

表 2-1　学习目标

知识目标	技能目标	素质目标
（1）了解物流包装的概念、功能及发展历程； （2）了解各种包装材料的特点； （3）掌握常用包装技术及应用方法； （4）掌握包装合理化的内容	（1）能结合不同包装材料特点选择合理的包装材料； （2）能通过包装不合理现象，解决物流包装中的问题，实现包装管理合理化； （3）能够灵活运用所学包装技术知识，结合案例对包装管理状况进行分析	（1）从物流企业角度，加大学生理论研究向专业研究转变的自我成长信念和创新认知能力； （2）深度挖掘学生设计能力，培养学生的文化自信、专业自信，产品自信； （3）全方位提升学生对中华优秀文化元素内涵的理解，同时结合现代设计理念和技术手段，进行产品开发和创新

案 例导入

沃尔玛包装合理化案例

沃尔玛有六条基本原则：一是要抓住做生意的本质（即客户需要什么），要给客户提供正确的产品；二是如果希望顾客到你的店里来，价格必须是合理的；三是要使购物过程简单，顾客没有很多时间，需要尽快找到所需的产品；四是要根据不同的地点销售不同的产品；五是要保持适当数量的产品，也就是说不能出现断货的情况；六要保证质量，以此赢得顾客的信任。

沃尔玛每天都在按照这六条基本原则运营。沃尔玛现在使用的包装材料有 70% 是 RPC（可回收塑料包装框），而不是瓦楞纸箱，这主要是由于纸箱没有统一的占地标准和展示产品的功能。产品堆码整齐、统一的重要性不言而喻。比如，农产品配送中心会有来自不同产地的商品，如果商品的种类繁多，而包装的尺寸大小不一，那么如何搬运这些货物就是一个很大的难题。

如果商品的包装标准化，拥有统一的占地面积，而且一个完整的占地尺寸和托盘的尺寸相等，这个问题就迎刃而解了。RPC 是最早实现标准化的运输材料，因为其规格一致，所以便于堆码。RPC 底部均有插槽，其堆码稳定性优于纸箱。RPC 不仅具有标准化的优势，而且具有很强的展示功能。

由于 RPC 没有顶盖，因此可以直接看到内装的产品，不必在外包装上印刷图案，既省去了一笔印刷费，又不失包装的推销功能。但是，瓦楞纸箱对商品的保护性能很强，是 RPC 不能与之相比的。而且 RPC 是经回收后才可以重复使用的包装产品，从外观上看是比较陈旧的，而纸箱却是干净美观的。但值得注意的是纸箱制造业正在受到 RPC 的挑战。

纸箱产品存在两个最重要的弊端：一是纸箱的规格成千上万，这对于追求个性化包装的商家当然是重要的，但却给整个物流环境带来了很大的麻烦。不便于堆码，不便于运输，还会占用大量宝贵的空间。二是由于其结构封杀了产品自身展示的功能，虽然可以在包装箱的外面印刷精美图案，但需要加大包装成本。

前不久，欧洲瓦楞纸制造商联合会与美国纸箱协会和一些大型纸箱企业联合推出了《欧洲通用瓦楞纸箱占地标准》，目的是加强瓦楞纸箱便于堆码和展示产品的功能。这一措施将有效地推动瓦楞纸箱行业的发展，更重要的是这是一种观念的转变。这套标准不仅改变了人们对原本在销售及堆码方面和 RPC 相比处于劣势地位的纸箱的认识，而且成为纸箱行业向更成熟的方向发展的一个标志。

思考：

(1) 沃尔玛是如何设计物流包装的？

(2) 试分析沃尔玛包装合理化的特点。

任务 2.1　认识物流包装

课堂笔记

【任务目标】

以学习小组为单位，设置你们的物流包装部门，加强对不同包装分类的理解，能够认知物流包装的意义与作用，培养团队合作精神和分工、协调能力。

【任务内容】

欧美国家已经开始了食品专用纸的研究与生产，并且已领先一步。如全新的包材 PLMEX 食品专用纸是百分之百纯纸浆，不含荧光剂和危害人体的化学物质，具有防水、防油、抗黏、耐热的特点，使用方便，清理简单，安全卫生，符合美国 FDA 和德国 BGA 食品卫生标准。这种食品专用纸使用后经清水清洗又可回收，并可反复使用 50 次。食品纸有成卷的，也有压制成各种纸杯形状的，不管是用于蒸制还是烘烤、微波加热，都不会变形和褪色。

在食品专用纸中，亟须开发的还有食品保温包装纸。这种纸所应具备的功能，是能将熟食包装后保持香、鲜、热度，供人们在不同的场地和时间方便地食用，以适应当今人们生活快节奏的需求。这种保温纸的原理是像太阳能集热器一样，能够将光能转化为热能。通常人们只需把这种特制的纸放在阳光能照射的地方，该纸所包围的空间就会不断有热量补充进去，从而使纸内的食物保持一定的热度，以便人们随时吃到香热适口的美食。

请各学习小组完成以下任务：

(1) 进行市场调研，确定物流包装的不同分类以及各自特点。

(2) 对物流包装管理中的问题及实现包装管理合理化进行分析，并书面表达。

【组织过程】

（1）以学习小组为单位，事先收集资料或进行实地调研，了解物流包装分类的注意事项。

（2）通过小组讨论与研究，小组成员分别扮演包装岗位的角色，其中一位同学扮演负责人，负责设置过程的说明工作。

【考核指标】

考核指标如表 2-2 所示。

表 2-2　考核指标

考核项目	考核要求	分值	得分
包装岗位分析材料	岗位名称、岗位目标、岗位职责及对仓库选址人员的要求等，要求方案采用书面形式呈现，内容全面、完整	40	
现场讨论包装分类选择和依据	讨论并分配小组成员在"任务内容"的包装部门中扮演的角色，制定运输优化策略方法，要求口头描述，内容全面、完整	20	
设置方案汇报	由小组负责人带领成员汇报包装分类的过程，要求表达清晰、完整、有效	20	
团队精神	通力合作、分工合理、相互补充	10	
	发言积极，乐于与同学分享成果，组员参与积极性高	10	

【知识讲解】

一、包装的发展史

微课 2-1
包装发展史

包装伴随着人类文明的发展，经历了漫长的演变和发展过程。包装发展的历史，大致可分为原始包装萌芽、古代包装、近代包装和现代包装四个基本阶段。其中古代包装和近代包装又可统称为传统包装。

1. 原始包装萌芽阶段

原始包装萌芽始于原始社会的旧石器时代。那时人类的生产力十分低下，仅靠双手和简单的工具采集野生植物，捕鱼狩猎以维持生存。人类从对自然界的长期观察中受到启迪，学会使用植物茎条进行捆扎，学会使用植物叶、果壳、兽皮、动物膀胱、贝壳、龟壳等物品来盛装转移食物和饮水。这些几乎没有技术加工的动、植物的某一部分，虽然还称不上是真正的包装，但从包装的含义来看，已是萌芽状态的包装了。原始包装材料如图 2-1 所示。

图 2-1　原始包装材料

2. 古代包装

此阶段历经了人类原始社会后期、奴隶社会、封建社会的漫长过程。在这个阶段中，人类文明发生了多方面的巨大变化，生产力的逐步提高使越来越多的产品用于交易目的，产生了商品和商业。商品的出现即要求对其进行适当的包装以适应远距离运输和交易的便利。人类开始以多种材料作为商品的生产工具和生活用具，其中也包括了包装器物。

在古代包装材料方面：人类从截竹凿木，模仿葫芦等自然物的造型制成包装容器，到用植物茎条编成篮、筐、篓、席，用麻、畜毛等天然纤维粘结成绳或织成袋、兜等用于包装，经历了一个很长的历史阶段。

而陶器、玻璃容器、青铜器的相继出现，以及造纸术的发明使包装的水平得到了更明显的提高。古代包装材料如图 2-2 所示。

图 2-2　古代包装材料

在古代包装技术方面：开始采用了透明、遮光、透气、密封和防潮、防腐、防虫、防震等技术及便于封启、携带、搬运的一些方法。

古代包装技术如图 2-3 所示。

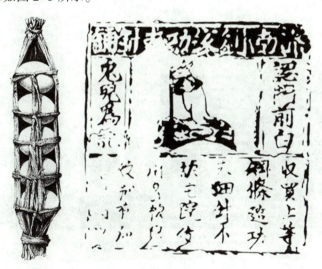

图 2-3　古代包装技术

在古代包装造型艺术方面：已掌握了对称、均衡、统一、变化等形式美的规律，并采用了镂空、镶嵌、堆雕、染色、涂漆等装饰工艺，制成极具民族风格的多彩多姿的包装容器，使包装不但具有容纳、保护产品的实用功能，还具有审美价值。

古代包装造型艺术如图 2-4 所示。

图 2-4   古代包装造型艺术

3. 近代包装

此阶段相当于 16 世纪末到 19 世纪。西欧、北美国家先后从封建社会过渡到资本主义社会，社会生产力和商品经济都得到较快的发展。自 18 世纪中期到 19 世纪晚期，在西方国家所经历的两次工业革命中，先后出现了蒸汽机、内燃机，以至电力的广泛使用，使人类的社会生产力成倍增长。大量产品的生产又导致商业的迅速发展，轮船、火车及汽车的发明使交通发展到海、陆路大规模的运输。这样，就要求商品必须经过适宜的包装才能适应流通的需要。大量的商品包装使一些发展较快的国家开始形成机器生产包装产品的行业。

包装材料：18 世纪发明了马粪纸及纸板制作工艺，出现纸制容器；19 世纪初发明了用玻璃瓶、金属罐保存食品的方法，从而产生了食品罐头工业等。近代包装材料及包装技术如图 2-5 所示。

包装技术：各种容器的密封技术更为完善。16 世纪中叶，欧洲已普遍使用了锥形软木塞密封包装瓶口。如 17 世纪 60 年代，香槟酒问世时就是用绳系瓶颈和软木塞封口，到1856 年发明了加软木垫的螺纹盖，1892 年又发明了冲压密封的王冠盖，使密封技术更简捷可靠。

罐头包装　　　　　　　　　　冲压密封的王冠盖

图 2-5   近代包装材料及包装技术

随着商品经济的高速发展，商品日益丰富多彩，为了吸引顾客、扩大销售，厂商开始重视印刷标记的作用。如 1793 年西欧国家开始在酒瓶上贴挂标签。1817 年英国药商行业规定对有毒物品的包装要有便于识别的印刷标签等。

4. 现代包装

现代包装设计，实质上是进入 20 世纪以后开始的。伴随着商品经济的全球化扩展和现代科学技术的高速发展，包装的发展也进入了全新时期。现代包装材料如图 2-6 所示，主要表现在以下几个方面：

（1）新的包装材料、容器和包装技术不断涌现；

（2）包装机械的多样化和自动化；

（3）包装印刷技术的进一步发展；

（4）包装测试的进一步发展；

（5）包装设计进一步科学化、现代化。

图 2-6　现代包装材料

二、包装概念

包装的核心对象是产品，现代包装的基本职能包括两个方面：一是保护产品，二是促进产品的销售。"包装"二字，"包"为裹扎，"装"为填放。包装作为名词，是指盛装和保护物品的容器，包括桶、箱、盒、罐、坛、瓶、筐、篮等；作为动词，则是指盛装、包扎物品的操作行为。被用来生产容器和包扎物品的叫包装原材料，如木材、纸板、铝片、塑料等；进行包装材料、容器的生产，以及与其相关的科学技术的研究、机械制造、装潢设计、印刷制作等，则属于包装工业的范畴。关于包装的定义，很多国家的包装用语词典中都有解释，现将美国、英国、加拿大、日本诸国对包装定义的论述列出，以供参考。

美国对包装的定义为：包装是为产品的运输和销售所做的准备行为（美国包装协会《包装用语集》）。英国对包装的定义为：包装是为货物的运输和销售所做的艺术、科学和技术上的准备工作（英国标准协会《包装用语》）。加拿大对包装的定义为：包装是将产品由供应者送至顾客或消费者而能保持产品于完好状态的工具。日本对包装的定义为：包装是使用适当之材料、容器而施以技术，使产品安全到达目的地，即产品在运输和保管过程中能保护其内容物及维护产品之价值（《日本包装用语词典》）。

中华人民共和国国家标准《包装术语》（GB/T 4122—2010）中将包装明确定义为：在流通过程中为保护产品，方便储存，促进销售，按一定技术方法而采用的容器、材料及辅助物等的总体名称。也指为了达到上述目的而采用容器，材料和辅助物的过程中施加一定方法等的操作活动。

三、包装的特性与功能

商品包装具有三大特征，即对产品的保护性、单位集中性和方便性。基于商品包装的这三个特征，包装具有四个功能，即保护产品、方便物流、促进销售和方便性。

1. 对产品的保护性

对产品的保护性体现了包装的目的，即保护产品不受损伤和损失。商品包装对产品的保护性主要体现在以下几个方面：

（1）防止产品破损变形。产品包装必须能够承受在装卸、运输、保管等过程中的各种冲击、振动、颠簸、压缩、摩擦等外力的作用，形成对内装产品的保护，具有一定的抗震作用。

（2）防止产品发生化学变化，从而影响产品的使用价值。产品在流通、消费过程中易因受潮、发霉、变质、生锈而发生化学变化，影响产品的正常使用。这就要求包装能在一定程度上起到阻隔水分、潮气、溶液、大气中有害气体的作用，避免外界环境对产品的不良影响。

（3）防止有害生物对产品的影响。鼠、虫及其他有害生物对产品有很大的破坏性。包装封闭不严，会给细菌、虫类造成侵入之机，导致变质。鼠、白蚁等生物还会直接吞蚀纸张、木材等。这就要求包装能够具有阻隔霉菌、虫、鼠侵入的能力，形成对内装产品的保护。

（4）防止异物混入、污物污染、丢失、散失和盗失。

2. 单位集中性

包装具有将产品以某种单位集中的特征。包装成多大的单位，既取决于企业的生产情况，又要兼顾物流、消费的需要。一般来讲，包装要求既能分割又能重新组合，以适应多种装运条件和分货的需要。

3. 方便性

为产品流通、消费提供方便是合理包装必备的特征。这就要求产品包装的大小、形态、包装材料、包装重量、包装标志等各个要素应为运输、保管、验收、装卸、销售等各项作业创造便利条件，也要求包装完的产品容易进行计量，包装、拆装作业能够简便快速地进行，拆装后的包装材料应当容易处理。

四、包装的种类

微课 2-2
包装的种类

1. 按照包装用途分类

（1）商业包装，又称销售包装、小包装、内包装。根据《物流术语》（GB/T 18354—2021）的定义，销售包装指直接接触商品并随商品进入零售店和消费者见面的包装。其特点是在市场上陈列展销，不需要重新包装、分配、衡量。消费者可以直接选购所需要和喜爱的商品。

（2）工业包装，又称运输包装。根据《物流术语》（GB/T 18354—2021）的定义，运输包装指以满足运输、仓储要求为主要目的的包装。工业包装要在满足物流的基础上使包装费用越低越好。普通物资的工业包装，其程度应当适中，才会有最佳经济效果。

2. 按照包装形态层次分类

（1）个包装，个包装是直接盛装和保护商品最基本的包装形式，是在商品生产的最后一道工序中形成的，随商品直接销售给顾客。个包装起着直接保护、美化、宣传和促进商品销售的作用。

（2）内包装，又称中包装，是个包装的组合形式，是个包装之外再加一层包装，以便在销售过程中起到保护商品、简化计量和利于销售的作用。

（3）外包装，又称大包装。生产部门为了方便记数、仓储、堆积、装卸和运输，必须把单体的商品集中起来，装成大箱，这就是外包装。它要求坚固耐用，不使商品受损，并要求提高使用率，在一定体积内合理地装更多的产品。由于它一般不和消费者见面，故较少考虑外表设计。为了方便计数和标明内在物，这种包装只以文字标记货号、品名、数量、规格、体积，用图形标记防潮、防火、防倒、防歪等要求。外包装最常用的材料是瓦楞纸箱、麻包、竹篓、塑料筐、化纤袋、铁皮等。

3. 按照容器质地分类

（1）硬包装。指取出包装的内装物后，容器形状基本不发生变化，材质坚硬或质地牢固的包装。硬包装往往脆性很大，如玻璃包装、金属包装、陶瓷包装等。

（2）软包装。与硬包装相反，软包装指填充或取出包装的内装物后，容器形状会发生变化，且材质较软的包装。

（3）半硬包装。介于硬包装和软包装之间的包装。

4. 按照使用范围分类

（1）专用包装，是指根据内装物的状态、性质、技术保护、流通条件的需要而专门为某种或某类货物的运输而设计制造的包装。

（2）通用包装，指一种包装能盛装多种商品，能够被广泛使用的包装容器。除此之外，还有很多其他的分类方式，但是不管根据什么标准分类，包装的作用是不会变的。

五、包装的要素

包装要素有包装对象、材料、造型、结构、防护技术、视觉传达等。一般来说，商品包装应该包括商标或品牌、形状、颜色、图案、材料和产品标签等要素。

1. 商标或品牌
商标或品牌是包装中最主要的构成要素，应在包装整体上占据突出的位置。

2. 形状
适宜的包装形状有利于储运和陈列，也有利于产品销售，因此，形状是包装中不可缺少的组合要素。

3. 颜色
颜色是包装中最具刺激销售作用的构成元素。突出商品特性的色调组合，不仅能够加强品牌特征，而且对顾客有强烈的感召力。

4. 图案
图案在包装中如同广告中的画面，其重要性、不可或缺性不言而喻。

5. 材料
包装材料的选择不仅影响包装成本，而且影响商品的市场竞争力。

6. 产品标签
在产品标签上一般都印有包装内容、产品所包含的主要成分、品牌标志、产品质量等级、产品厂家、生产日期和有效期以及使用方法。

任务 2.2　了解物流包装材料

`课堂笔记`

【任务目标】

以学习小组为单位，设置你们的包装管理部门，增进对包装不同材料的认识，能够根据物流的性质选择合适的包装材料，培养团队合作精神和分工、协调能力。

【任务内容】

白色污染

一次性发泡塑料饭盒日耗百万只

一次性发泡塑料饭盒被称为"白色污染元凶"，在广州日消耗高达 100 多万只。倘若加以回收利用，白色污染则可以变成精美的文具或玩具。但是，由于现行法规限制，这一两全其美的举措无法推行。日前，广州市多名人大代表提交建议，呼吁广州先行一步，为一次性餐具回收"松绑"。

六号令禁而不止

"一次性发泡塑料餐具"一向被认为是制造白色污染的元凶。原国家经贸委在 1999 年颁布的六号令中，将其列入污染严重的产品，限于 2000 年年底前实现"三禁止"（禁生产、销售和使用），并曾推出不少替代产品。有市人大代表提出，近年来经环保专家鉴定，发泡塑料餐具并不存在致癌物质二噁英的产生条件。这就使得颁布七年之久的六号令在禁止使用方面形同虚设。据不完全统计，广州日消费一次性餐具约为 120 万～150 万只，其中发泡塑料餐具占 90% 以上，造成较严重的污染，并加大了环卫部门的工作量。

广州日回收量曾达 2 吨

"造成污染的原因是人类乱丢弃不回收，而不是餐具本身"，梁小明等代表提交建议称，应该改变对待发泡塑料餐具的思路。北京、上海等市多年前就已经实施。2001 年，广东也曾经有企业从事专门的回收利用。在广州，日回收量一度达 2 吨之多，回收率约为 40%。其间，广州市容景观明显好转，也取得一定的社会效益。但是，有关部门以违反六号令为由介入，这些民间机构和企业仅运行了一年多就被迫关停。

据了解，国家环保总局已经表态，对处理发泡塑料餐具等的再生资源利用企业要加大支持力度。梁小明等代表呼吁，广州应该尽快效仿上海，制定"广州市一次性餐具管理办法"，对一次性餐具回收给予政策和经济上的扶持。

请各学习小组完成以下任务：

（1）请从包装角度分析包装材料发展趋势，对我国包装材料的现状及发展提出具体建议。

（2）对上述任务，从包装角度分析这一现象，提出具体建议，并书面表达。

【组织过程】

（1）以学习小组为单位，事先收集资料或进行实地调研，了解包装材料的性质、特点及注意事项。

（2）通过小组讨论与研究，小组成员分别扮演包装岗位的不同角色，其中一位同学扮演负责人，负责设置过程的说明工作。

【考核指标】

考核指标如表 2-3 所示。

表 2-3　考核指标

考核项目	考核要求	分值	得分
包装岗位分析材料	完成任务内容中包装岗位设置，内容包括岗位名称、目标、岗位职责及对选址人员的要求等，要求方案采用书面形式呈现，内容全面、完整	40	

续表

考核项目	考核要求	分值	得分
现场讨论包装材料特征及方法	讨论并分配小组成员在任务内容中包装部门里扮演的角色，制定包装材料选择优化方法，要求口头描述，内容全面、完整	20	
设置方案汇报	由小组负责人带领成员汇报运输方式选择流程和优化方案的过程，要求表达清晰、完整、有效	20	
团队精神	通力合作、分工合理、相互补充	10	
团队表现	发言积极，乐于与同学分享成果，组员参与积极性高	10	

【知识讲解】

一、包装材料应具有的性能

微课 2-3
包装材料

包装材料是指用于包装容器和包装运输的材料，以及包装装潢、包装印刷，包装辅助材料、与包装有关的材料的总称。包装材料与包装功能存在着不可分割的联系。无论是包装材质的选择，还是包装技术的实施，都是为了保证和实现物资包装的保护性和方便性等。包装材料在产品包装中占有重要的地位，是发展包装技术、提高包装质量、降低包装成本的重要基础。为了对产品进行必要的说明，在包装物上常常注有包装标记和标志，以引起人们对产品的销售、流通等活动中应注意事项的重视。

从现代包装所具备的使用价值来看，包装材料应具备以下几个方面的性能：保护性能、加工操作性能、外观装饰性能、方便使用性能、节省费用性能、易处理性能等。

1. 保护性能

保护性能是指保护包装内装物，防止其变质，保证质量。企业在选择包装材料时，应注意研究包装材料的机械强度、防潮吸水性、耐腐蚀性、耐热耐寒性、透光性、透气性、防紫外线穿透性、耐油性、适应气温变化性，以及是否无毒、无异味等。

2. 加工操作性能

加工操作性能是指易加工、易包装、易充填、易封合，且适合自动包装及机械操作。企业在选择包装材料时，应注意研究包装材料的刚性、挺力、光滑度、易开口性、热合性和防静电性等。

3. 外观装饰性能

外观装饰性能是指材料的形、色、纹理的美观性，它能产生陈列效果，提高商品的身价和激发消费者的购买欲。企业在选择包装材料时，应注意研究包装材料的透明度、表面光泽、印刷适应性，以及是否因不带静电而吸尘等。

4. 方便使用性能

方便使用性能是指便于开启包装和取出内装物，便于再封闭。企业在选择包装材料时，应注意研究包装材料的开启性能、安全性能，以及是否不易破裂等。

5. 节省费用性能

节省费用性能是指经济合理地使用包装材料。企业在选择包装材料时，应注意研究如何节省包装材料费用、包装机械设备费用、劳动费用，提高包装效率，减少自身重量等。

6. 易处理性能

易处理性能是指包装材料要有利于环保，有利于节省资源。企业在选择包装材料时，应注意研究包装材料的回收、复用、再生等。包装材料的性能，一方面决定于包装材料本身的性能，另一方面还取决于各种材料的加工技术。随着科学技术的发展，以及新材料、新技术的不断出现，包装材料的性能会不断地完善。

二、纸质包装材料与容器

纸在包装材料中占有重要地位，根据一些工业发达国家的统计，纸质包装（见图 2-7）在包装材料中占到 40%~50% 的份额，我国的纸制包装约占 40% 的比例。

图 2-7　纸质包装

纸质包装具有如下优势：
（1）原料充足、价格低廉。造纸的原料很广泛，如纤维。
（2）易于加工成型，折叠性能优良。
（3）瓦楞纸板制成的包装容器富有弹性，具有良好的缓冲防震性能，而且自重外力较轻。
（4）纸质包装容器既能透气，又能完全封闭，具有无毒、无污染的良好卫生条件。
（5）纸纤维能吸收油墨和涂料，具有良好的印刷性能，图案与字迹清晰、美观牢固。
（6）已使用过的纸质包装可以回收利用，防止环境污染。

三、木质包装材料与容器

木材是一种优良的包装材料，能够较好地满足储运条件的要求，如图 2-8 所示。

图 2-8　木质包装

在工业发达国家，木质包装在包装价值总额中占 6%~12%，如日本约为 10%。但是木材的过度使用已经对环境造成了一定的负面影响，所以木质包装材料正在被其他材料所取代。木质包装的特点如下：

（1）木材具有优良的比强度，有一定的弹性，能承受冲击、震动、重压等外力作用。

（2）木材资源广泛，可以就地取材。

（3）木材方便加工，不需要复杂的机械设备。

（4）木材可加工成胶合板，外观好，可减轻包装质量，提高木材的均匀性，扩大了木材的适用范围。

（5）木材存在吸水性、易变形分裂、易腐朽、易受白蚁蛀蚀等缺点。

（6）木材资源有限，价格会因资源紧缺而上升。

四、塑料包装材料与容器

塑料是一种可塑性高分子材料，是近代发展起来的新型材料。塑料具有质量轻、耐腐蚀、机械性能好、易加工、易着色和美观等特点，被广泛应用于各类产品包装，如图 2-9 所示。

图 2-9　塑料包装

塑料作为包装材料，在近几十年中发展很快，特别是工业发达国家。德国和日本塑料包装材料在包装材料总量中居第二位，在美国和英国，塑料包装材料在包装材料总量中居第三位。我国的塑料包装材料虽然起步晚，但发展较快，比重已上升到 20%，无论是在数量、质量、品种和规格等方面都有很大的变化。特别是包装塑料薄膜、复合包装材料、钙塑箱、周转箱、编织袋、防震缓冲泡沫塑料等都有较大的发展。

各种塑料虽不尽相同，但都具有高聚化物的共同性能，其特点如下：

（1）物理机械性能好。具有一定的抗拉强度、抗压强度、抗弯曲强度、抗冲击强度和防潮性等。

（2）阻隔性能好。具有对气体和水蒸气的阻隔性。

（3）抗化学制品性能好。具有耐酸碱、耐化学试剂、耐油脂、防锈蚀、无毒等特质。

（4）加工适应性能好。塑料，特别是热塑性塑料的加工适应性能好，无论是热成型、机械加工还是热封，都有良好的适应性，便于塑料成型、机械加工和封热包装。塑料成型的技术有很多种，如吹塑、挤压、真空、热收缩、拉升等，利用这些技术可以将其制成薄膜、片材、管材、编织布、无纺布、发泡材料等。但是塑料的缺点在于不耐高温和低温，遇到高温时会变软、变形、强度变低，甚至分解变质；遇到低温时，塑料又会变硬、变脆、甚至变质。

（5）透光性和表面光泽度良好，印刷和装饰性能好。

五、金属包装材料与容器

金属包装材料是指把金属压制成薄片，用于产品包装的材料。主要包括钢材和铝材，其形式为薄板和金属箔，前者为刚性材料，后者为软性材料。

金属材料用于包装的优点有：

（1）金属材料牢固、不易破碎、不透气、防潮、防光，能有效地保护内装物。

（2）金属具有良好的延展性，容易加工成型。金属加工技术成熟。钢板镀上锌、锡、铬等具有很好的防锈能力。

（3）金属表面有特殊的光泽，使金属包装容器具有良好的装潢效果。

（4）金属材料易于再生使用。

但是，金属材料在包装上的应用受到成本高、能耗大，在流通中易产生变形，易生锈等因素的限制。刚性金属包装材料主要用于加工运输包装的铁桶、集装箱，也可用于加工饮料、食品销售包装的金属罐，还有少量用于加工各种瓶罐的盖底和捆扎材料等。目前，刚性金属材料的用量有逐步下降的趋势。软性金属包装材料主要用于制造软管、金属箔和复合材料，如食品的包装。目前，软性金属包装材料的使用有逐步增加的趋势，金属和纸的复合材料包装更具广泛的应用前景，如图2-10所示。

图 2-10　金属包装

六、玻璃包装材料与容器

玻璃包装材料是指用于制造玻璃容器，满足玻璃产品包装要求所使用的材料。它既可以用于工业包装，也可以用于销售包装，越来越多的食品、饮料、酒水等倾向于玻璃包装。

玻璃包装材料具有以下优点：

（1）玻璃包装材料具有良好的阻隔性能，可以很好地阻止氧气等气体对内装物的侵袭，同时可以阻止内装物的可挥发性成分向大气中挥发。

（2）玻璃包装材料可以反复多次使用，可以降低包装成本，且原材料资源丰富。

（3）玻璃包装材料容易改变颜色和透明度。

（4）玻璃包装材料安全、卫生，有良好的耐腐蚀能力和耐酸蚀能力，适合进行酸性物质（如果蔬汁、饮料等）的包装。由于玻璃包装材料适合自动灌装生产线的生产，国内的玻璃瓶自动灌装技术和设备发展也较成熟，采用玻璃瓶包装果蔬汁、饮料在国内有一定的生产优势。

玻璃包装材料具有以下缺点：

（1）耐冲击力小，脆性大，碰撞时易碎，存在很多安全隐患。

（2）自身重量大，运输成本高，从物流角度看，玻璃包装在物流过程中的优势几乎为零。

任务 2.3　了解物流包装技术

课堂笔记

【任务目标】

以学习小组为单位，设置你们的包装管理部门，增进对包装技术的理解，能够选择最优包装技术，培养团队合作精神和分工、协调能力。

【任务内容】

随着我国商品经济的繁荣和人民生活水平的提高，食品包装机械、包装技术的前景十分乐观。近年来，国家加大了对食品质量和安全的监督力度，对食品的生产加工及包装技术都提出了新的要求。一批食品生产企业先后投入资金进行包装设备的技术改造和生产技术的创新，在一定程度上提升了我国食品行业的水平和市场竞争力。

我国的食品包装机械、包装技术与发达国家的相比在竞争中还是明显处于弱势。我国包装机械行业有 30%左右的企业存在低水平的重复建设，这种状况不但浪费了有限的资金、人力等重要资源，还造成了包装机械市场的无序混乱，阻碍了行业的健康发展，制约了我国中小食品企业包装机械的升级换代和包装技术的创新。

我国的食品包装机械多以单机为主，科技含量和自动化程度低，在新技术、新工艺、新材料方面应用的少，满足不了我国当前食品企业发展的要求。一些食品企业为了技术改造，不得不花费大量的资金从国外引进一些技术先进、生产效率高、包装精度高的成套食品包装生产线，导致很大一部分国内的市场份额被国外品牌所占领。我国的食品包装机械发展空间依然广阔，食品包装机械、包装技术的水平有亟待开发的需要。

国产食品包装机械与国际的主要差距：

首先是生产效率低、能耗高、稳定性和可靠性差、产品造型落后、外观粗糙、基础件和配套件寿命低，国产的气动件和电器元件质量差。其次，控制技术应用得少。比如远距离遥控技术、步进电机技术、信息处理技术等。专家指出，世界上德国、意大利、美国和日本的包装机械水平处于领先地位，其中，在美国成型、充填、封口三种机械设备的技术更新很快。

外国包装机械的发展现状：

德国的包装机械在计量、制造、技术性能方面均属世界一流。该国生产的啤酒、饮料灌装成套设备生产速度快、自动化程度高、可靠性好。主要体现在工艺流程的自动化、生产效率高，满足了交货期短和降低工艺流程成本的要求；设备具有更高的柔性和灵活性，主要体现在生产的灵活性、构造的灵活性和供货的灵活性，以适应产品更新换代的需要；利用计算机和仿真技术提供成套设备，故障率低，可以进行远程诊断服务；对环境污染少，主要包括噪声、粉尘和废弃物的污染。

意大利生产的包装机械中，40%是食品包装机械，如糖果包装机、茶叶包装机、灌装机等。产品的特点是外观考究、性能优良、价格便宜。意大利包装机械行业的最大优势就在于可以按照用户的要求进行设计和生产，并能保证很好地完成设计、生产、试验，实现监督、检验、组装、调整和用户需求分析等。

日本的食品包装机械，虽然以中小单机为主，但设备体积小、精度高、易于安装、操作方便、自动化程度也较高。

请各学习小组完成以下任务：

（1）讨论不同的包装技术，以及包装技术的优缺点。

（2）讨论我国的食品包装机械、包装技术与发达国家的相比处于竞争弱势的原因，存在的问题及未来的发展方向，提出优化解决方案，并书面表达。

【组织过程】

（1）以学习小组为单位，事先收集资料或进行包装技术调研，了解不同的包装技术。

（2）通过小组讨论与研究，小组成员分别扮演包装岗位的不同角色，其中一位同学扮演负责人，负责设置过程的说明工作。

【考核指标】

考核指标如表2-4所示。

表2-4　考核指标

考核项目	考核要求	分值	得分
包装管理岗位分析材料	完成任务内容中包装管理岗位设置，内容包括岗位名称、岗位目标、岗位职责及对设备管理人员的要求等，要求方案采用书面形式呈现，内容全面、完整	40	
现场讨论不同的包装技术，并分析寻求优化方案	讨论并分配小组成员在任务内容中包装部门扮演的角色，制定不同包装技术及方法，要求口头描述，内容全面、完整	20	
设置方案汇报	由小组负责人带领成员汇报运输合理化的分过程，要求表达清晰、完整、有效	20	
团队精神	通力合作、分工合理、相互补充	10	
	发言积极，乐于与同学分享成果，组员参与积极性高	10	

【知识讲解】

包装技术是包装系统中的一个重要组成部分，是研究包装过程中所涉及的技术机理、原理、工艺过程和操作方法的总称。包装技术的原则是科学、经济、牢固、美观、适用。要考虑的因素有：被包装物品的性质、外观状况、包装材料、包装容器和包装机械设备的选用和开发、经济因素、相关法规等。

一、商品包装的一般方法

1. 对内装物的合理置放、固定和加固

在方体的包装中装进形状各异的产品，必须要注意产品的合理置放、固定和加固。这类方法也可称为技巧。置放、固定和加固得巧妙，就能达到缩小体积、节省材料、减少损

失的目的。例如，对于外形规则的产品，要注意套装；对于薄弱的部件，要注意加固；包装内的重量分布要注意均衡；产品与产品之间要注意隔离和固定等。

2. 对松泡产品进行体积压缩

对于羽绒服、枕芯、絮被、毛线等松泡产品，在包装时占用容器的容积太大会导致运输储存费用的增加，所以对于松泡产品需要压缩体积。其有效的方法是采用真空包装技法，可大大缩小松泡产品的体积，压缩率可达 85%，对于普通服装、毯子，也可达50% 左右。真空包装技法的经济效益是显著的，有文献指出，平均可节省费用 15% ~ 30%，从而节省了可能出现的额外费用，节省了来自包装材料、运输、储存、重新熨烫等各个环节的费用。

3. 外包装形状尺寸的合理选择

有的商品运输包装件，还需装入集装箱，这就存在包装件与集装箱之间的尺寸配合问题。如果配合得好，就能在装箱时不出现空隙，有效地利用箱容，并有效地保护商品。包装尺寸的合理配合主要是指容器底面尺寸的配合，也就是说都应采用包装模数系列。至于外包装高度的选择，则应由商品的特点来确定，松泡商品可选高一些，沉重的产品可选低一些。所以包装件装入集装箱时应注意只能平放，不能立放或侧放。在外包装形状尺寸的选择中，要避免过高、过扁、过大、过重等。过高的包装（如针棉织品包装）会导致重心不稳，不易堆垛；过扁的包装则会给标志刷字和标志的辨认带来困难；过大包装的量太多，不易销售，而且体积大也给流通带来困难；过重纸箱容易破损。

4. 内包装（盒）形状尺寸的合理选择

内包装（盒）一般属于销售包装。在选择其形状尺寸时，要与外包装（尺寸）相匹配，内包装（盒）的底面尺寸必须与包装模数协调，而且其高度也应与外包装高度相匹配。当然内包装的形状尺寸还应考虑产品的置放和固定，但它作为销售包装，更重要的是考虑有利于销售，包括有利于展示、装潢、购买（数量成套性）和携带等。例如，展销包装多数属于扁平型，很少有立方形的，这都是为了满足销售的需要。例如，500 g 作为礼物的巧克力，做成扁形就很醒目、大方、气派，而如果做成立方体，所产生的效果就不大一样了。

5. 包装外的捆扎

包装外的捆扎对发挥运输包装的功能起着重要作用，有时还能起到关键性作用。捆扎的直接目的是将单个物件或数个物件捆紧，以便于运输、储存和装卸。捆扎能防止失盗而保护内装物品，能压缩容积而减少保管费和运费，还能加固容器。合理捆扎一般可使容器的强度增加 20% ~ 40%。捆扎有多种方法，一般根据包装形态、运输方式、容器强度、内装物重量等不同情况，可分别采用井字、十字、双十字和平行捆等不同方法。对于体积不大的普通运输包装，捆扎一般在打包机上进行，而对于托盘这种集合包装，用普通方法捆扎费工费力，所以发展形成了新的捆扎方法：收缩薄膜包装技术和拉伸薄膜包装技术。

（1）收缩薄膜包装技术。

收缩薄膜包装技术是用收缩薄膜包裹集装的物件，然后对包裹好的物件进行适当的加热处理，使薄膜收缩而紧紧贴于物件上，使集装的物件固定为一体。收缩薄膜是一种经过特殊拉伸和冷却处理的聚乙烯薄膜，当薄膜重新受热时，其横向和纵向产生急剧收缩，薄膜厚度增加，收缩率可达 30% ~ 70%。这种收缩性是由薄膜内部结构的变化而造成的。

（2）拉伸薄膜包装技术。

拉伸薄膜包装技术是在 20 世纪 70 年代开始采用的一种新的包装技术，依靠机械装置，在常温下将弹性薄膜围绕包装件拉伸、捆紧，最后在其末端进行封口，薄膜的弹性使集装的物件紧紧固定为一体。

二、防震包装技术

防震包装的方法有四种：全面防震包装法、部分防震包装法、悬浮式防震包装法、联合方式防震包装法。

1. 全面防震包装法

全面防震包装法是指产品与外包装之间全部用防震材料填满来进行防震的包装方法，根据所用防震材料不同又可分为以下几种：

（1）压缩包装法。

用包装材料把易碎物品填塞起来或进行加固，这样可以吸收振动或冲击的能量，并将其引导到产品强度最高的部分。所谓包装材料一般为泡棉、珍珠棉、气泡袋等，以便于对形状复杂的产品也能很好地填塞，防震时能有效地吸收能量，分散外力，有效保护产品。

（2）浮动包装法。

浮动包装法和压缩包装法基本相同，所不同之处在于所用包装材料为小块衬垫。这些材料可以位移和流动，这样可以有效地充满直接受力部分的间隙，分散产品所受的冲击力。

（3）裹包包装法。

采用各种类型的片材（如胶合板）把单件产品裹包起来放入木箱内。这种方法多用于小件物品的防震包装上。

（4）模盒包装法。

模盒包装法是利用模型将聚苯乙烯树脂等材料做成和制品形状一样的模盒，用其来包装达到的防震作用。这种方法多用于小型、轻质产品的包装上。

（5）就地发泡包装法。

是以产品和外包装箱为准，在其间充填发泡材料的一种防震包装技术。这种方法很简单，主要包装设备包括盛有异氰酸酯和盛有多元醇树脂的容器及喷枪，使用时首先需把盛有两种材料的容器内的温度和压力按规定调好，然后将两种材料混合，用单管道通向喷枪，由喷头喷出。喷出的化合物在 10 s 后即开始发泡膨胀，不到 40 s 的时间即可发泡膨胀到本身原体积的 100~140 倍，形成的泡沫体为聚氨酯，经过 1 min，变成硬性和半硬性的泡沫体。这些泡沫体将任何形状的物品都能包住。发泡的具体程序为：

1）用喷枪将化合物喷入外包装箱底部，待其发泡膨胀成面包状；

2）在继续发泡的泡沫体上迅速覆盖一层 2 μm 聚乙烯薄膜；

3）将待包装物品放进泡沫体上成巢形；

4）在物品上再迅速覆盖一层 2 μm 聚乙烯薄膜；

5）再继续喷入聚氨酯化合物进行发泡；

6）外包装盖封口。

2. 部分防震包装法

对于整体性好的产品和有内包装箱（如纸箱）的产品，仅在产品或内包装的拐角或局部地方使用防震材料进行衬垫即可，这种方法叫部分防震包装法。所用防震材料主要有泡沫塑料的防震垫、充气塑料薄膜防震垫、宝丽龙和橡胶弹簧等。

这种方法主要是根据产品特点，使用较少的防震材料，在最适合的部位进行衬垫，力求取得好的防震效果，并降低包装成本。本法适用于大批量物品的包装，目前广泛用于电视机、收录机、洗衣机、仪器仪表等的包装上。

3. 悬浮式防震包装法

对于某些贵重易损的物品，为了有效地保证在流通过程中不受损害，往往采用坚固的外包装容器，把物品用带子、绳子、吊环、弹簧等物吊于外包装中，不与四壁接触。这些支撑件起着包装阻尼器的作用。

三、防锈包装技术

1. 防锈包装技法的概念

防锈包装技法是指在运输储存金属制品与零部件时，为了防止其生锈而降低价值或性能所采用的包装技术和方法。其目的是：消除和减少致锈的各种因素，采取适当的防锈处理，在运输和储存过程中，除了防止防锈材料的功能受到损伤外，还要防止一般性的外部物理性破坏。防锈的主要成分是水合的氧化铁类的腐蚀性生成物，故生锈通常是指铁或铁合金被腐蚀的情况。但在实际工作中常将生锈看成金属发生电化学或化学变化，在其表面生成了有害化合物。严格地讲，钢铁所用的防锈剂对于防止非铁金属的腐蚀不一定都是有效的。需要特别指出的是，腐蚀抑制剂对于铁和非铁金属有效者虽然很多，但其中有的仅仅对于铁是有效的，而对于某些非铁金属是效的，有的不仅无效，反而还有促进腐蚀和变色的作用。

2. 防锈包装的操作步骤

防锈包装操作是按清洗、干燥、防锈处理和包装等步骤逐步进行的。清洗是尽可能消除后期生锈原因必不可少的一步，根据需要又可细分为脱脂和除锈两个阶段。

干燥是指消除清洗后残存的水和溶剂的工作。干燥应迅速可靠地进行，否则将使清洗工作变得毫无意义。

防锈处理是指清洗、干燥后，选用适当的防锈剂对金属制品进行处理的阶段。这是最根本、最重要的工作。在缺少适当的防锈剂或防锈剂应用得不理想时，应代之以密封防锈处理。

最后是包装阶段。这一阶段除了要保存防锈处理效果、保护制品不受物理性损伤、防止防锈剂对其他物品污染之外，还要达到便利储运和提高商品价值的目的。

3. 防锈包装的方法技术

一般采用金属表面涂覆防锈材料、气相蚀剂、塑料封存等方法。例如，轴承在包装前，需在清理表面后用黄油涂覆，然后再用防水蜡纸进行包裹后，放入内包装中；在采用容器包装时，还可采用在容器内或周围放入适量吸油剂（如硅胶）的做法，以吸收包装内部残存的或由外部进入的水汽，使相对湿度下降，破坏电解液的形成，从而达到防锈的目的。

钢铁表面防锈处理的方法有：表面镀层、化学防护、涂漆防锈。铝合金制品表面的防锈处理方法有阳极化和化学氧化法两种。

金属及其制品的塑料封存防锈包装方法主要有：普通塑料袋封存、收缩或拉伸薄膜封存、可剥性塑料封存、茧式防锈包装和套封式防锈包装。此外，商品的包装防锈方法还有充氮和干燥空气等封存法。充氮封存是指在金属容器内填充干燥氮气；干燥空气封存是指在容器内放置干燥剂后密封，或达到平衡干燥度后取出干燥剂再予以密封。

4. 进行防锈包装时的注意事项

（1）尽量使作业场的环境对防锈有利，有可能的话，应使用空调控制温湿度，最好能在低湿度、无尘和没有有害气体的洁净空气中进行包装，还应在尽量低的温度下进行作业。

（2）进行防锈包装时，应使包装内部所容纳空气的容积最小，这样能减少潮气、有害气体和尘埃等的影响。

（3）在对金属及其制品进行防锈处理时，尽量不要沾上指纹，一旦沾上了指纹，需要使用指纹消除剂妥善地进行处理。

（4）要特别注意防止包装对象凸出部分和锐角部分的损坏，或因移动、翻倒使隔离材料遭到破损。在使用防锈包装袋缓冲材料进行堵塞、支撑和固定等方面，需要比其他包装更周密些。在实际工作中，防锈包装因隔离材料的破损而遭受致命损害的情况较多。

四、防潮包装技术

防潮包装技法是指采用防潮材料对产品进行包装，以隔绝外部空气相对湿度的变化对产品的影响，使包装内的相对湿度符合产品的要求，从而保护产品质量。所以防潮包装技法要达到的目标是保持产品质量，采取的基本措施是以包装来隔绝外部空气湿度变化的影响。实施防潮包装的方法是用低透湿度或透湿度为零的材料，将被包装物与外界潮湿大气相隔绝。凡是能阻止或延缓外界潮湿空气透入的材料均可用做防潮阻隔层材料，如金属、塑料、陶瓷，以及经过防潮处理的棉、麻、木材等。现代防潮包装中，应用最广泛的材料为聚乙烯、聚丙烯、聚氯乙烯、聚苯乙烯、聚酯、聚偏二氯乙烯等。

在具体进行防潮包装时，应注意以下几点：

（1）产品在包装前必须是清洁干燥的，不清洁处应擦净，不干燥时应进行干燥处理。

（2）防潮阻隔性材料应具有平滑均一性，无针孔、砂眼、气泡及破裂等现象。

（3）当产品在进行防潮包装的同时尚需有其他防护时，则应同时按其他防护标准的相应措施来加以解决。

（4）产品有尖突部，并有可能损伤防潮隔层时，应预先采取包扎等保护措施。

（5）为防止在运输途中因震动和冲击使内装物发生移动、摩擦等而损伤防潮阻隔层材料，应使用缓冲衬垫材料予以卡紧、支撑和固定，并应尽量将其放在防潮阻隔层的外部。所用缓冲衬垫材料应用不吸湿或湿性小的，不干燥时应进行干燥处理，并且对内装物不得有腐蚀及其他损害作用。

五、现代集合包装技术

1. 商品集装化和集合包装的概念

商品集装化又称为组合化或单元化，是指将一定数量的散装或零星成件物组合在一起，在装卸、保管、运输等物流环节中作为一个整件，进行技术上和业务上的包装处理。

集合包装是将若干个相同或不同的包装单位汇集起来，组成一个更大的包装单位或装入一个更大的包装容器内的一种包装形式。

2. 商品集合包装与集装运输的关系

商品集合包装是实现集装运输的条件，是运输业高度发展的必然结果。集装运输是以集合包装为基础的、集零为整的一种先进运输方式。集合包装的最大特点，就是把商品的包装方式和运输方式融为一体。离开了集装运输就谈不上集合包装，而没有集合包装就无法实现集装运输，两者是相互依存、互相促进的关系。为了提高装载能力，保证商品储运安全，提高装卸运输效率，必须协调好集合包装与集装运输的关系。集合包装要求装卸搬运高度机械化，而集装运输则要求商品包装的集装化。

3. 商品集装容器及选用

商品集装容器主要有集装箱、托盘、集装袋和其他集装容器。

（1）集装箱。

集装箱是指具有固定规格和足够强度，能装入若干件整装货或散装货的专用周转的大型容器。集装箱也称货箱或货柜。

根据国际标准化组织（ISO）对集装箱所下的定义和技术要求，以及我国 2023 年发布的国家标准《集装箱术语》（GB/T 1992—2023）对集装箱的定义，集装箱应具有如下特点和技术要求：

1）材质坚固耐久，具有足够的强度，能反复使用。

2）适用于各种运输形式，便于货物运送，在使用多种运输方式进行运输时，中途转运，箱内货物无须更换。

3）备有便于装卸和搬运的工具，转移到另一种运输工具时更是如此。

4）要求形状整齐划一，便于货场装卸和堆码，能充分利用车、船、货场等的容积，设计时还应考虑货物的装满或卸空。

5）至少有 1 立方米以上的内容积。

（2）托盘。

托盘又称集装托盘、集装盘。托盘是目前被普遍采用的一种搬运商品的工具，是一种特殊的包装形式，具有和集装箱类似的作用。托盘是指为了便于装卸、运输、保管商品，由盛载单位数量物品的负荷面和叉车插口构成的装卸用垫板。托盘供铲车、叉车进行装卸作业、运送作业和堆放作业。

托盘的优点：

1）自重量小。托盘用于装卸、运输所消耗的劳动强度较小，无效运输及装卸负荷相对比集装箱小。

2）返空容易。托盘返空时占用的运力很少。由于托盘造价不高，又很容易互相联系代用，因此可以互相以对方的托盘抵补，减少返空量，即使有返空也较容易操作。

3）装盘容易。托盘装盘作业容易，装盘后采用捆扎紧包等技术处理，使用简便快捷。

4）装载量适宜，组合量较大。

5）节省包装材料，降低包装成本。

托盘的不足：

1）保护商品的能力不如集装箱。

2）露天存放困难，需要有仓库等配套设施。

（3）集装袋和其他集装容器。

除了集装箱、托盘这两种集装容器应用很广、适用于货场主体的集装方式外，还有若干种在某些货物、某些领域能发挥特殊作用的集装容器，如集装袋、集装网络、罐体集装、货捆、框架等。

1）集装袋。

集装袋是一种柔软且可折曲的、用于周转的大型软包装容器。它是由可折叠的涂胶布、树脂加工布、交织布、塑料或化纤等材料制成的。集装袋的使用范围很广，几乎所有的粉状和颗粒状商品都可以使用集装袋完成流通过程。例如粒状、粉状食品，如面粉、食糖、淀粉、食盐、大米、玉米、豆类等；矿砂，如白云石烧结块、重烧菱苦土、萤石粉、水泥、黏土、石膏等；化工原料和商品，如硫酸铵、尿素、化肥、纯碱、芒硝、染料及高分子塑料树脂等。

2）集装架。

集装架（或框架集装）是一种根据商品外形特征选择或特制的各种形式的框梁，以适用于商品的集装方法。有的框架对商品的适应性较广，如"几"形框架几乎对所有长方形材料都可使用，而有些框架则专用性很强，只适合某种特殊形状的商品使用。集装架具有轻便、牢固、易于搬运，提高装卸速度，减少包装和运输费用，降低商品损耗等优点。

3）货捆。

货捆是指采用各种材料的绳索，对货物进行多种形式的捆扎，使若干单件货物汇集成一个单元。货捆可以更好地利用运输工具，提高运载能力，更好地利用仓容面积，提高库容利用率。我国在货捆方面常采用自货预垫和绳索预垫两种方法。自货预垫是指装车前用货物本身在车、船底板和货层间预垫，在车、船侧旁预隔（将货物与车帮分离开）以便卸车时套索；绳索预垫是指装车前将带套扣的绳索预垫在货物下，卸车时吊钩吊住套扣即可将货物直接吊起。这两种操作都十分简单，物流效率较高。

4）无托盘集装。

无托盘集装是利用收缩薄膜将堆集的货物集装成一个牢固的整体，形成一种特殊的集合包装。其具体做法是：先用通用型托盘机将货物组装，然后送入自动捆扎机，从垂直方向把收缩薄膜包裹在组装货物上，并将薄膜搭缝封焊，再从平行方向包裹，最后在热收缩烘箱内进行收缩、冷却、卷边等工序。无托盘集装的结构简单，可节约大量包装物料，包装牢固，节省仓容，自动化程度高，便于运输，具有防潮作用，常用做化肥、水泥等商品的包装。此外，无托盘集装使用后的包装废弃物处理也较方便。

六、包装合理化

微课 2-5　包装
合理化案例

1. 不合理包装的具体表现

（1）包装不足。

1）包装强度不足，导致包装防护性不足，造成被包装物的损失。

2）包装材料选择不当，导致包装不能很好地承担运输防护和促进销售的作用。

3）包装容器的层次和容积不足。

4）包装成本过低。

（2）包装过度。

1）包装物强度设计过高，使包装防护性过高。

2）包装材料选择不当，选择过高。

3）包装技术过高。

4）包装成本过高。

（3）包装污染。

1）包装材料中大量使用纸箱、木箱、塑料容器等，要消耗大量的自然资源。

2）商品包装的一次性、豪华性，甚至采用不可降解的包装材料，严重污染环境。

2. 合理包装的具体表现

（1）智能化。包装上的信息详细而准确。

（2）标准化。包装规格尺寸标准化、包装工业产品标准化、包装强度标准化。

（3）绿色化。遵循绿色化原则，通过减少包装材料，重复使用、循环使用、回收使用材料，以及降解、分解等措施来推行绿色包装，节省资源。

（4）单位大型化。大型化包装有利于机械的使用，提高物流活动效率。

（5）作业机械化。提高包装作业效率，减轻人工包装作业强度。

（6）成本低廉化。在保证功能的前提下，尽量降低材料的档次，节约材料。

3. 合理包装的途径

（1）包装的轻薄化，可以降低包装、装卸搬运的成本。

（2）要符合集装单元化和标准化的要求。

（3）提高包装的机械化。

（4）包装的大型化。

（5）包装要有利于环境。

【思考题】

（1）什么是商品包装，请联系实际说一下商品包装的功能。

（2）简述商品包装的分类方法。

（3）从物流角度分析各种包装材料各有何优缺点。

（4）主要的包装技术有哪些?

德育之窗

京东快递绿色包装的案例

具体来看，在包装物替代项目方面采用捆扎带代替缠绕膜。改造前，普通商品入库、上架等过程整箱打包时，先用缠绕膜缠再运输，缠绕膜得不到二次利用。改造后，捆扎带具有一定弹性，可适应各类商品的固定；捆扎带拆卸方便，可循环使用，投入 1 万个捆扎带，能减少一次性缠绕膜使用 36.5 t。

京东发起了绿色包装联盟，制定了行业首个电商包装标准，不仅带领行业快速升级，更是在碳中和等可持续发展上贡献一份力量，同时也在践行一个企业的社会责任。京东的"青流箱"，使用的 3 层瓦楞纸包装箱比例超过 95%，确保每个纸箱的质量不超过 400 g，仅这一项每年就可以减少使用 20 多万 t 纸浆。

另外，早在 2017 年，京东物流就携手上下游合作伙伴发起"青流计划"，推动供应链绿色化，探索在包装、仓储、运输等多个环节实现低碳环保、节能降耗。

之所以能获得补助资金，源于公司推行的包装物替代和废纸箱再利用两个项目，均是降低物耗的清洁生产方案，属于这两年北京市清洁生产的重点支持范围。

试分析绿色包装的意义。

知识链接

电商快递包装的挑战

近年来，随着信息技术的飞速发展和互联网的迅速普及，企业的生产成本报价信息越来越透明，很多企业都会在网上对比产品价格、产品性能并选择具有优势的厂商进行合作。

挑战一：包装材料规格标准

电商包装的形式、规格可谓五花八门，只要可以用的包装材料，在电商包装上都有用武之地。包装材料规格繁杂，没有统一标准，这是最常见的问题。大部分电商企业会储备一定量的商品和包装材料，然后根据客户订单进行分拣、包装、发货。如果包装材料规格过多，就会造成仓储成本及物流管理成本的增加。因此，包装材料规格的标准化非常有必要，不仅有助于包装企业实行批量化生产，而且有助于电商企业有效利用仓储空间以及快速打包。

包装材料的规格可以基于大数据达到标准化，这需要通过大量数据验证得到经常使用的包装规格。例如，外包装规格可以根据电商产品的特性（如尺寸、重量等信息），进行信息收集整理统计，尽可能少地定义出多个标准外包装尺寸，这样才可以减少外包装材料的规格。缓冲包装材料可以根据产品的保护性、操作便利性、成本及环保性等四要素，总结出内包装缓冲材料的特性，然后根据电商包装需求选择恰当的缓冲材料。也就是说，对电商包装的要求从最初的单一整合要求开始上升到技术和研发层面。

挑战二：规范物流操作，降低破损率

目前快递物流行业的操作方式还处于人工搬运阶段，且周转搬运次数较多。因此在物流操作过程中，不同程度的破损现象时有发生，导致客户直接拒收或退货，从而引起不必要的损失。物流的不可控，确实令企业非常头疼和困惑，如果在物流操作规范性上做得更好一些，设计电商包装就会比较好做。规范物流分拣和配送作业已经势在必行，这也对电商包装提出了更高的要求。首先，包装企业在设计电商包装时应该考虑到电商包装便于搬运、装卸、打包和配送等特性，以及外包装箱的强度应能满足对内包装物的保护功能，以减少破损现象的发生。

对物流场景进行信息收集以使其与电商包装物流环境相匹配，从而减少物流过程中发生破损的概率。为此，一些大型电商企业将电商包装供应链进行细化，根据不同的运输路径对包装进行优化，并最大限度地降低成本。因为同一电商包装针对不同的运输路径，破损率是不一样的。例如，亚马逊在短途运输中会使用低成本包装，对于远距离运输则会使用强度更高的包装；1号店针对一些外观笨重的产品，从仓库取出后会先发送到配送站，重新打包或整合后再去配送。

挑战三：控制成本，避免过度包装或包装保护不足

当前电商企业的利润空间越来越小，特别是日化产品，其附加值较低，因此理想的电商包装是既能较好地保护产品，又能合理降低物流包装成本。纸箱作为电商的主要包装形式，用量非常大，有可能实现技术突破，从而进一步合理控制成本。电商企业都非常关注成本问题，这个问题的核心在于如何平衡好产品价值与其包装成本，同时兼顾电商包装的保护性能，避免过度包装与包装保护不足的问题。产品的脆弱性不同、缓冲包装材料的保护性能不同，只有深入研究两者之间的平衡关系，才能制订出合理的包装解决方案，从而妥善解决过度包装或包装保护不足的问题。可根据其产品特性采取恰当的保护措施，如带有喷头的产品将其喷头的脆弱部位进行局部加强保护。

思考：

（1）快递业的包装标准化可以通过怎样的途径来实现？

（2）对于快递包装的回收再利用你有什么建议？

【综合实训】

商品过度包装的调查

一、实训目标

市场中商品过度包装的现象屡见不鲜，政府下大力气整顿。通过调查，使学生从感性上了解合理包装和不合理包装的区别，分析不合理现象，为学生今后的工作做好铺垫。

二、实训内容与要求

（1）调查某超市货物上架包装情况。亲自到现场感受观察商品包装，根据理论学习初步判断合理包装与不合理包装，以及对包装的分类、作用等知识的把握。

（2）通过分析，找出产生不合理包装、过度包装的原因，进一步梳理包装的特性及作用。

要求：每个小组（不超过 5 人）在超市参观完后，根据相关资料和信息完成调查报告，报告内容要求资料翔实，数据准确，程序描述清楚、规范。请以小组的形式到市场调查过度包装的问题，完成下列两个问题的问卷调查。

（1）分析发改委颁布该项政策的原因。

（2）请回答如何改变过度包装的现象。

项目 3

熟悉物流装卸搬运与流通加工

【学习目标】

学习目标如表 3-1 所示。

表 3-1 学习目标

知识目标	技能目标	素质目标
（1）掌握现代装卸搬运的基本概念； （2）掌握不同装卸搬运设备的选择与运用； （3）熟悉物流流通加工的内涵及作业内容； （4）了解现代装卸搬运设备的特征和发展	（1）了解装卸搬运设备的类型与选择、流通加工的类型和技术； （2）理解流通加工合理化问题； （3）熟悉装卸搬运合理化的途径； （4）掌握装卸搬运的内涵、特点与分类； （5）掌握流通加工的内涵、内容与作用	（1）从物流企业角度，培育学生对物流工作负责的态度，培养学生的专业人才意识和职业素养； （2）帮助学生关注社会发展和公共利益，引导学生深入社会实践、关注现实问题； （3）培养学生具备良好的沟通与协作能力，能与其他团队成员协作配合，共同完成物流任务，提高整体效率

案 例导入

我国储粮新技术处于国际领先水平——"智慧粮库"让小麦"冻龄"

"藏粮于地，还要藏粮于技"。随着智能化和机械化在粮食产后的应用，不仅在粮食烘干环节实现了粮食减损，我国的储粮设施功能也不断完善。如今，小麦储存实现了减损增效的目标。在我国现代粮食储备库中，平房仓占 75% 以上。平房仓散粮装粮线高度不低于 6 m，单间仓房长度为 60 m，仓房的跨度大，一般为 21 m、24 m、27 m、30 m、33 m、36 m 六种规格，这种平房仓称为高大平房仓，如图 3-1 所示。

图 3-1 用于粮食储备的高大平方仓

在这家华北大型的粮食储备库里，矗立着 40 栋高大平房仓，粮食储备仓容量达 55 万吨。沿着高大平房仓外部的侧梯登上仓门走进仓内，一股谷物特有的香醇和凉爽的气息扑面而来。据了解，低温的储粮方式，可以有效让小麦"冻龄"，保证小麦的营养和新鲜度，最大限度减少损失。但要实现精准低温，背后的技术可不简单。

"锁鲜"储存之外，粮情实时监测也不容马虎。库区的每一个仓房，仓房内的每一粒粮食，温湿度的变化如何？是否发生虫害等？在这里的粮库管理信息系统上都能看得清清楚楚。库区内的每一个仓房都均匀分布着数百个传感器，通过这些传感器可以将实时数据传输至后台系统，工作人员在电脑前就能远程查看粮食温度、湿度等。

通过安装在库区、仓内的高清摄像机，工作人员可以 24 小时查看粮库仓内、仓外实况，并将截取的视频流、抓拍的图片进行大数据分析、对比。如果出现异常情况，系统就会发出警报，推送异常粮情。保管员可以第一时间得知异常点，进仓检查，分析原因后进行针对性的处置。

据了解，目前，我国在粮仓房升级改造上运用了大量储粮新技术，技术处于国际领先水平，国有粮食储备企业粮食储藏周期综合损失率已降到了 1% 以内。

思考：

（1）在阅读本案例资料基础上，考虑现代粮食储备库中配备的主要设备有哪些？不同设备有哪些优缺点？

（2）高大的大型平方仓的长、宽、高尺寸为多少？

（3）通过华北大型粮食储备库，思考先进的设施设备和技术在提升物流运作效率中的重要作用。

任务 3.1　认识现代装卸搬运

课堂笔记

【任务目标】

熟悉一般装卸搬运技术的基本知识，了解散装技术，掌握合理选择、配备、运用装卸搬运设备及机械系统的基本方法，了解大型装卸搬运系统组织与管理技术的相关知识。

【任务内容】

韵达是中国特色的物流及快递品牌，致力于不断提供创新且满足客户多样需求的解决方案。长沙县韵达快运公司品牌以"传爱心、送温暖更便利"为企业使命，确保每一票快件的安全、时效和服务质量。韵达快递将持续以客户为中心，通过不懈努力，提供更加安全快捷、周到的服务，造福全社会和每一位客户。

长沙县韵达快运公司是一家集快递、物流、电子商务配送和仓储服务为一体的全国网络型品牌快运企业，是中国主流快递公司"三通一达"中的"一达"。就长沙县韵达快运公司的装卸搬运作业现状而言，作业人员自行分配并使用装卸搬运工具，卸运货物的人员为 6 队，装货人员为 6 小队，一小队包含两组人员。作业内容包括货物的接收登记、装卸、搬运、扫描和货物的堆放。如出现货物损坏、纰漏或缺失，需及时向小组长报告。长沙县韵达快运公司承担着县内客户的快件装卸搬运工作，作业量极大。目前卸货人员为 6 队，每小时卸货一辆车快递，作业量巨大。装货也分为 6 小队，其中扫码岗位的作业量最大，大约每天要完成两万件左右的扫码任务，另外货物的码放工作量也很大。按照日常快递收发情况来看，快递码放员平均每天要完成近万件快递商品的码放工作，而这需要快递员具备较强的体力。这样繁重的作业量给快递员带来了很大的工作压力。请各学习小组完成以下任务：

（1）进行市场调研，确定该企业装卸搬运存在的不合理之处。

（2）通过综合考虑公司经营、设备、人员、作业线路等因素，制订出该公司合理化的装卸搬运方案。

（3）结合案例中存在的装卸搬运组织与管理中的问题，对实现装卸搬运的合理化进行分析，并书面表达。

【组织过程】

（1）以学习小组为单位，事先收集资料或进行实地调研，了解装卸搬运工具选择的注意事项；在此基础上模拟装卸搬运的工作流程，并运用所学知识解决物流运输管理中的问题，实现装卸搬运过程组织和管理合理化。

（2）通过小组讨论与研究，小组成员分别扮演装卸搬运各岗位的不同角色，其中一位同学扮演负责人，负责设置过程的说明工作。

【考核指标】

考核指标如表 3-2 所示。

表 3-2　考核指标

考核项目	考核要求	分值	得分
装卸搬运组织与管理岗位分析材料	岗位名称、岗位目标、岗位职责及对人员的要求等，要求方案采用书面形式呈现，内容全面、完整	40	
现场讨论影响装卸搬运设施设备的选择和依据	讨论并分配小组成员在"任务内容"的装卸搬运部门中扮演的角色，制定装卸搬运的优化策略方法，要求口头描述，内容全面、完整	20	
设置方案汇报	由小组负责人带领成员汇报寻求装卸搬运过程优化策略的过程，要求表达清晰、完整、有效	20	
团队精神	通力合作、分工合理、相互补充	10	
	发言积极，乐于与同学分享成果，组员参与积极性高	10	

【知识讲解】

一、装卸搬运的概述

微课 3-1　装卸搬运的含义与作用

物流装卸搬运是指在一定的区域内（通常指某一个物流节点，如车站、码头、仓库等），以改变物品的存放状态和空间位置为主要内容的活动。仓库物流作业系统中的装卸搬运环节起着至关重要的作用，类似于人体的关节需要润滑才能灵活活动。这一环节将各个作业项目有机地连接并形成连贯的"流"，使仓库物流的概念得以实现。在整个物流过程中，装卸搬运是发生频率最高的作业之一，其效率和成本将直接影响着企业物流的整体效率和成本。"装卸"一词强调货物存放状态改变，装卸是指在指定地点进行的物品垂直移动的作业。"搬运"一词强调货物空间位置改变。搬运则是指在同一场所内对物品进行水平移动的作业。因此装卸搬运活动是一项复合概念，其目的是改变货物的存放状态和空间位置。装卸搬运活动在物流活动中起着承上启下的关键联结作用，装卸搬运活动使运输、保管、包装、流通加工、配送等物流活动形成连续的流动过程，在实际操作中，装卸和搬运两者常常伴随在一起进行，它们密不可分，且通过协同作用以完成物流活动中的关键环节。

二、装卸搬运的作用

1. 联结物流环节

装卸搬运是物流过程中关键的联结环节，有效地连接着运输、储存、配送、包装和流通加工等活动。尽管在整个宏观物流中装卸搬运只是一个"节"，然而从局部和微观的视角来看，它是一个不可忽视的子系统，如以装卸搬运活动为核心的港口物流系统即为大型社会、区域或行业物流系统的子系统。

2. 提升流转效率

搬运和装卸过程的效率对物流流转的效率起着关键作用。提高装卸效率，节省劳动力，减轻装卸工人的劳动强度，改善劳动条件。缩短装卸搬运作业时间，加速运输工具周转，加快货物的送达速度。在物流中，装卸搬运是一个不断重复的过程，因此这两个环节的高效与否直接影响着后续作业的效率和顺利进行。据统计，铁路货运列车运距低于 500 km 时，装卸时间过长会超过运输时间。例如，美日间的海上运输往返需要 25~30 天，其中运输 13 天，而装卸占据了 12~17 天的时间。根据我们海关出口数据显示，机械加工一吨产品需要进行高达 250 次的装卸和搬运，这极大地消耗了时间和精力，占据了加工成本的 15.5%。

3. 物流成本重要组成部分

由于当前装卸搬运效率不高，需要大量的人力和物力进行搬运和装卸。因此，这两个环节的费用占据了相当大的比例。以我国远洋运输为例，装卸搬运费用占据了铁路运输费用的几乎 20%，在船舶运输中占据了约 40% 的费用，同样在制造业中也占据了相当高的比例。

4. 提高装卸搬运作业的质量

减少货损货差，保证货物的完好和运输安全。保证堆场、仓库等利用率。

德育之窗

首个全国产全自主自动化码头刷新装卸效率世界纪录

在刚刚投产运营的首个全国产全自主自动化码头——山东港口青岛港自动化码头（三期）作业现场，随着"新泉州"轮最后一个集装箱顺利装船，桥吊平均单机作业效率达到 60.2 自然箱/时，刷新装卸效率世界纪录。

山东港口青岛港自动化码头（三期）于 2023 年 12 月 27 日投产运营。该项目攻克了一系列关键部件国产化和规模化应用难题，形成 6 大自主突破、12 项创新攻坚成果，标志着我国在自动化码头建设领域有了完全自主可控的整套解决方案。弘扬了自力更生、严谨认真、精益求精的新时代"工匠精神"。

三、装卸搬运流程

1. 货物接收

最初，接收货物的工作人员需执行货物验收工作，核实货物种类、数量和质量是否与订单匹配。在验收过程中，应专注于货物包装的完好性，以及是否存在破损或泄漏。客户送货过来时，搬运组要主动迎接、指挥倒车及停车、开车门及卸货，始终保持微笑服务，不得污言秽语。装卸搬运人员作业前，要做好安全防护措施，如佩戴手套、口罩、安全帽或穿鞋等。装卸搬运人员作业前，还需了解作业对象，防止在作业过程中因操作不当引起货物被腐蚀、污染或损坏。搬运组负责人根据仓管组确认卸货的种类和数量，安排参加作业人员，明确分工，确定合理的搬运路线和方法。

2. 装卸操作

在完成货物接收后，需进行装卸操作。针对金属板材，可使用叉车或吊车进行装卸；对于塑料颗粒和玻璃纤维等易碎货物，应小心搬运，避免碰撞和摔落。必须妥善存放货物至指定区域，确保货物不受潮湿影响。搬运货物时，应先检查货物是否有钉外漏、各部件是否松动，以免造成损伤。正确使用装卸搬运方法。搬运时应用手掌紧握货物，以免货物滑落。脚步移动要稳，小心行走，防止滑倒或绊倒。搬运货物时，要轻拿轻放，不可猛撞，以防货物损坏。

3. 货物存放

装卸作业完成后，需关注高温或其他不良环境对货物的影响。针对易燃、易爆货物，还需依据相关规定进行专门存放。货物有标识的，要按标识要求放置，不能倒放。同时将装卸搬运实施货物的物料标签朝向外，便于读取和识别。装卸搬运人员应根据货物的大小及重量，合理堆放在卡板上，并用手叉车拖至地磅上过秤，将重量报给仓管员。分区存放，同一票货不得分开放置。货物在卡板上的堆放原则是：大在下，小在上；重在下，轻在上；重量分布均衡，排列整齐。

4. 运输安排

根据生产计划和货物特性，需合理安排运输车辆和运输路线，以确保货物能够快速、安全地到达目的地。

四、装卸搬运的特点

1. 装卸搬运在生产和流通领域中的共性特点

（1）装卸搬运是附属性、伴生性的活动。在每项物流操作的开始和结束时必然发生。具有"伴生"（伴随产生）和"起讫"性的特点。装卸搬运的目的总是与物流的其他环节密不可分的，是伴随物流其他环节所产生的必要的物流活动，因此与其他环节相比，它具有"伴生"性的特点。在运输、储存、包装等环节，一般都以装卸搬运为起始点和终结点，因此它又有"起讫"性的特点。

（2）具有提供"保障"和"服务"性的特点。装卸搬运保障了生产中其他环节活动的顺利进行，具有保障性质。装卸搬运过程不消耗原材料，不排放废弃物，不大量占用流动资金，不产生有形产品，因此具有提供服务的性质。

（3）具有"闸门"和"咽喉"的作用。装卸搬运制约着生产与流通领域其他环节的业务活动。这个环节处理不好，整个物流系统将处于瘫痪状态。

微课 3-2 装卸搬运的特点

2. 装卸搬运是支持、保障性活动

其他物流功能的发挥离不开装卸搬运的支持。例如，在仓库作业过程中，大量的装卸搬运活动是必须的，若无装卸搬运，整个仓储作业无法顺利完成。装卸搬运在生产和流通领域中的个性特点：生产和流通两个领域的生产规律不同，因此装卸搬运活动在这两个领域中也各有个性特点。

（1）均衡性与波动性。装卸搬运的均衡性主要是针对生产领域而言的，因为生产过程的基本要求是保证生产的均衡。因此，作为生产过程的装卸搬运活动必须与生产过程的节拍保持一致，装卸搬运基本上是均衡的、连续的、平稳的，具有节奏性。而在流通领域的装卸搬运，虽然力求均衡作业，但随着车船的到发和货物的出入库，其作业是突击的、波动的、间歇的。在流通领域中，对装卸搬运作业波动性的适应能力是装卸搬运的特点之一。

（2）稳定性和多变性。装卸搬运的稳定性主要是指生产领域的装卸搬运作业。这是与生产过程的相对稳定相联系的，特别是在大批量生产的情况下更是如此，虽可能略有变化，但也具有一定的规律性。在流通领域里，由于物质产品各不相同，输送工具类型又各异，再加上流通过程的随机性等，所有这些决定了装卸搬运作业的多变性。因此，在流通领域里，装卸搬运应具有适应多变作业的能力。

（3）局部性与社会性。生产领域是由各生产企业单元所组成的，因此，生产领域的装卸搬运作业所涉及的面一般限于企业内部。在流通领域里，装卸搬运作业恰恰相反，它涉及的面和因素是整个社会。所以，流通领域里所有装卸作业点的装备、设施、工艺、管理方式、作业标准都必须相互协调。这样才能发挥装卸搬运活动的整体效益。而流通过程，由于装卸搬运与运输、存储紧密衔接，为了安全和输送的经济性，需要同时进行堆码、满载、加固、计量、取样、检验、分拣等作业，并且较为复杂。因此，装卸搬运作业必须具有适应这种复杂性的能力，这样才能加快物流的速度。

3. 装卸搬运是衔接性的活动

不同物流环节间的有机组合依赖于装卸搬运。因此，装卸搬运常常成为整个物流系统能否形成密切联系和紧密衔接的瓶颈，是各物流功能相互衔接与联系的关键所在。

4. 装卸运搬是增加物流成本的活动

物流过程中的大量装卸搬运活动不仅会延长物流时间，也需要大量的人力和物力投入。这些劳动无法为物流对象带来附加价值，只会增加物流成本的负担。

五、装卸搬运的分类

1. 按装卸搬运用的物流设施、设备对象分类

（1）仓库装卸。

仓库装卸是针对仓库进行的一系列活动，包括出库、入库、维护保养等操作。这些操作涉及堆垛、上架、取货等装卸搬运过程，可以分为整装零卸和零装整卸两种。

（2）铁路装卸。

铁路装卸指的是对火车车辆进行装入和卸出操作。其特点是一次作业就能完成一辆车皮的散装货物的装入或卸出。铁路装卸常借助于装车仓、翻车机等设施进行操作，主要针对整箱、整包的包装货物进行。对于铁路装卸涉及的整装整卸货物，常使用运输机和吊车等设备进行操作。

（3）港口装卸。

港口装卸是指在港口进行的装船和卸船操作，既包括码头前沿的装船作业，也包括后

方的支持性装卸、运输等工作。有些港口装卸还会采用小船在码头与大船之间进行货物过驳的方式，因此其装卸流程相对复杂。通常需要经过几次装卸搬运作业，才能最终实现货物在船与陆地之间的过渡。

（4）汽车装卸。

汽车装卸通常指的是对汽车货物的装载和卸载操作。由于汽车的灵活性，一次装卸的货物批量通常不大。汽车装卸作业由于车辆本身的灵活性，可以减少或避免搬运活动，并直接利用装卸作业实现汽车与物流设施之间货物的过渡。

2. 按装卸搬运的运动方向和作业性质分类

（1）吊上吊下方式（见图3-2）。

采用各种起重机械从货物上部起吊，依靠起吊装置的垂直移动实现装卸，并在吊车运行或回转的范围内实现搬运或依靠搬运车辆实现小件搬运。这种装卸方式属垂直装卸。

（2）叉上叉下方式（见图3-3）。

采用叉车从货物底部托起货物，并依靠叉车的运动进行货物位移，搬运完全靠叉车本身，货物可不经中途落地直接放置到目的处。这种装卸方式属水平装卸。

图3-2　吊上吊下方式

图3-3　叉上叉下方式

（3）滚上滚下方式（见图3-4）。

这是港口装卸采用的一种水平装卸方式。利用叉车或半挂车、汽车承载货物，连同车辆一起开上船，到达目的地后再从船上开下，称"滚上滚下"方式。滚上滚下方式需要有专门的船舶，对码头也有不同的要求，这种专门的船舶称为"滚装船"

（4）散装散卸方式（见图3-5）。

这是对散装物进行装卸的方式。一般从装点到卸点，中间不再落地。这是集装卸与搬运于一体的装卸方式。

图3-4　滚上滚下方式

图3-5　散装散卸方式

3. 按装卸搬运的连续性和移动性分类

（1）连续装卸。

这是同种大批量散装或小件杂货通过连续输送机械，连续不断地进行作业，中间无停顿，货间无间隔。在装卸量较大，装卸对象固定、不易形成大包装的情况下适合采取这一方式，如码头散装货物装船。

（2）间歇装卸。

这种装卸有较强的机动性，装卸地点可在大范围内变动，主要适用于货流不固定的各种货物，尤其适用于包装货物、大件货物，散粒货物也可采取此种方式，如大型堆场货物的装卸。

除上述分类方式以外，还可以按装卸搬运作业对象分类的方法，包括单件作业法、托盘作业法、框架作业法、集装箱作业法、货捆作业法、网袋作业法、挂车作业法、重力法、倾翻法、机械法和气力输送法等。单件作业法适用于单件货物的装卸搬运，可以采用人工作业法、机械化或半机械化作业法。其他方法涵盖了不同的装卸搬运情景和具体操作方式，例如利用集装工具、框架、捆装工具、各种机械设备以及气力输送管等。

六、装卸搬运注意事项

装卸搬运作为物流环节中至关重要的一环，对货物的安全运输和高效管理起着重要作用，其重要性不可低估。为确保货物在装卸搬运过程中安全无损地到达目的地，为企业的生产经营提供有力支持，必须在严格遵守操作规程和注意事项的前提下进行。因此，对于装卸搬运工作，我们应高度重视，并加强管理，以确保每一个细节都能得到严格执行和有效控制。

（1）人员培训。

对于从事装卸搬运工作的人员，需要进行专业的培训，掌握正确的操作技巧和安全意识，提高工作效率和减少事故风险。

（2）装卸设备。

选择适合的装卸设备，如叉车、吊车、起重机等，确保设备的正常运转和安全使用。

（3）货物保护。

在装卸搬运过程中，要注意货物的包装和保护，避免在搬运过程中受损或丢失。

（4）安全意识。

在操作过程中，要时刻保持安全意识，注意周围环境和其他工作人员的安全，避免发生意外事故。

知识拓展

如何提高装卸搬运的"合理化"

1. 提高装卸搬运灵活性

装卸搬运灵活性是指把物品从静止状态转变为装卸搬运状态的难易程度。如果很容易转变为下一步的装卸搬运而不需要做过多装卸搬运前的准备工作，则灵活性就高；反之就是灵活性不高。为了区别灵活性的不同程度，可用活性指数表示。活性指数分 0～4 共 5 个等级，分别表示活性程度从低到高。货物杂乱地堆放在地面上；货物已被成捆地捆扎或集装起来；货物被置于箱内，下面放着枕木或衬垫，或放置于托盘内；货物被放置于台车或起重机等装卸、搬运机械上，处于即可移动状态；货物已被起动，处于装卸、搬运的直接作业状态。

由于装卸搬运是在物流过程中反复进行的活动，因而其速度可能决定整个物流速度。每次装卸搬运的时间缩短，多次装卸搬运的累计效果则十分可观，因此，提高装卸搬运灵活性对装卸搬运合理化是很重要的因素。但是，也要考虑装卸搬运成本，一般来说，装卸搬运灵活性越高，则其成本也越高。因此，应该根据装卸搬运的对象（价值）来设计它的装卸搬运灵活性，对于价格低廉的物品、无须多次转移的物品，就不必采用高等级的灵活性状态。

2. 防止无效装卸搬运

无效装卸会造成装卸成本的浪费，装卸质量受损的可能性增大，同时降低物流速度。因此应该尽量防止无效装卸。无效装卸具体反映在过多的装卸次数、过大的包装以及无效物资的装卸搬运。

3. 充分利用重力或消除重力影响，减少装卸搬运的消耗

在装卸搬运时要考虑重力因素，可以利用货物本身的重量，进行有一定落差的装卸，以减少或根本不消耗装卸搬运的动力，这是合理化装卸的重要方式。例如，从货车或火车上卸货时，使其与地面转运的运输工具间有一定的高度差，利用溜槽、溜板之类的简单工具，可以依靠货物本身重量从高处自动下滑到低处，比起采用起重机、叉车进行同样的装卸搬运显然可以节省动力的消耗。

在装卸搬运时尽量消除或减弱重力的影响，也能减少装卸搬运劳动的消耗。例如，进行两种运输工具的换装时，采用不落地搬运就比落地搬运要好。后者使物品落地后再抬升一定高度进入第二种运输工具，就会因为克服物品的重力而发生动力消耗，如能减少这个消耗，就是合理化装卸的体现。在人力装卸时，一装一卸是爆发力的运用，如果还要搬运行走一段距离，体力消耗就很大，会出现疲劳。所以人力装卸时如果能配合以简单机具，做到"持物不步行"，则可以大大减少装卸劳动量，实现装卸搬运合理化。

4. 移动距离（时间）最小化

搬运距离的长短、搬运作业量大小和作业效率是联系在一起的。在货位布局、车辆停放位置、出入库作业程序等设计上应该充分考虑物品移动距离的长短，以物品移动距离最小化为设计原则。搬运作业时可将物品集中成一个单位进行搬运，即单元化。单元化是实现装卸搬运合理化的重要手段。在物流作业中应广泛使用托盘，通过叉车与托盘的结合提高装卸搬运的效率。通过单元化不仅可以提高作业效率，而且还可以防止物品损坏和丢失，数量的确认也变得更加容易。

5. 机械化

机械化是指在装卸搬运作业中用机械作业替代人工作业。实现作业的机械化是实现省力化和效率化的重要途径，通过机械化改善物流作业环境，可将人从繁重的体力劳动中解放出来。当然，机械化的程度除了与技术因素有关外，还与物流费用的承担能力等经济因素有关。机械化的同时也包含了将人与机械合理化地组合到一起，发挥各自的长处。在许多场合，人与简单机械的配合同样可以达到省力和提高效率的目的。

6. 系统化

所谓系统化是指将各个装卸搬运活动作为一个有机整体实施系统化管理。运用综合系统化的观点，提高装卸搬运活动之间的协调性，提高装卸搬运系统的柔性，以适应多样化、高度化的物流需求，提高装卸搬运效率。

任务 3.2　选择与运用物流装卸搬运设备

课堂笔记

【任务目标】

了解不同装卸搬运设备的工作特点、性能、结构及其运用与管理，掌握装卸搬运机械设备的选择原则、数量确定方法和配套运用。

【任务内容】

1. 物流仓储中的智慧装卸搬运

在物流仓储领域，智慧装卸搬运系统广泛应用于货物的卸载、装载和转运等环节。以某知名电商平台的仓储为例，其采用智能搬运车、机器人等设备，通过激光雷达、视觉识别等技术，实现了对物品的自动分拣、贴标识、装箱等操作，有效提高了仓储效率和准确率，降低了人工成本。

2. 工业生产中的智慧装卸搬运

在工业生产中，重型设备的装卸搬运一直是一个难点。采用智慧装卸搬运系统可以实现设备自主运动、智能对接等功能，有效提高工作效率和安全性。例如，以某汽车制造厂为例，其采用智能轨道车、机械臂等设备，实现了整个生产线的自动化搬运和装配过程，有效提升了生产效率和产品质量。

3. 城市物流中的智慧装卸搬运

在城市物流中，智慧装卸搬运系统能够解决人力不足、堵车等问题，提高末端配送效率和服务水平。例如，以某快递公司为例，其采用智能快递车、机器人等设备，实现了自动投递、智能签收等功能，有效解决了末端配送的瓶颈问题。

综上所述，智慧装卸搬运系统在物流仓储、工业生产和城市物流等领域有广泛应用。通过智能化的设备和技术，可以实现自动化的搬运、装卸、转运等操作，提高工作效率，保障工作安全，并降低成本。

请各学习小组完成以下任务：

（1）装卸搬运设备的合理与否对企业发展有什么影响？

（2）物流装卸搬运设备有仓储搬运设备、物流运输设施设备、包装与流通加工设施与设备等，结合材料提示物流装卸搬运设备还有哪些？

（3）如何针对企业的业务需求合理配置装卸搬运设备？

（4）合理配置装卸搬运设备需要掌握哪些知识？

【组织过程】

（1）组织学生收集企业需求或进行实地调研，了解企业注意事项；在此基础上模拟装卸搬运设备合理设计与选择的工作流程。

（2）通过了解不同装卸搬运设备的工作特点、性能和结构制订装卸搬运设备的选择方案。选择一位同学作为负责人，负责选择过程的说明工作。

【考核指标】

考核指标如表 3-3 所示。

表 3-3　考核指标

考核项目	考核要求	分值	得分
装卸搬运设备选择需求分析材料	完成任务内容中企业对于装卸搬运设备选择的实际需求，要求方案采用书面形式呈现，内容全面、完整	40	
现场讨论装卸搬运设备的选择方法与注意事项	组织学生在企业实际需求分析的基础上，制订装卸搬运设备的选择方案，要求口头描述，内容全面、完整	20	
设置方案汇报	由小组负责人带领成员汇报装卸搬运方式选择流程和过程，要求表达清晰、完整、有效	20	
团队精神	通力合作、分工合理、相互补充	10	
团队表现	发言积极，乐于与同学分享成果，组员参与积极性高	10	

【知识讲解】

一、仓储设施与设备选择与运用

1. 仓库设施与设备

微课 3-3　仓库设施与设备

（1）货架认知。

货架泛指存放货物的架子，是用于存放成件物品的保管设备。从古老的中药店里的药柜，到现代各式商场店铺里所用的各种货架，到大型立体仓库里的钢筋或是更为先进的材质所制成的货架，人们都是耳熟能详。现代物流的发展，是立体仓库的出现与发展的前提，是与工业、科技发展相适应的。立体仓库技术得到迅速的发展，并已成为工厂设计中高科技的一个象征。

（2）常用货架介绍。

搁板式货架通常均为人工存取货方式，组装式结构，层间距均匀可调，货物也常为散件或不是很重的已包装物品（便于人工存取），货架高度通常在 2.5 m 以下，否则人工难以触及（如辅以登高车则可设置在 3 m 左右）。搁板式货架如图 3-6 所示。

图 3-6　搁板式货架

　　悬臂式货架是货架中重要的一种。悬臂式货架适用于存放长物料、环型物料、板材、管材及不规则货物。悬臂可以是单面或双面，悬臂式货架具有结构稳定、载重能力好、空间利用率高等特点。悬臂式货架立柱多采用 H 型钢或冷轧型钢，悬臂采用方管、冷轧型钢或 H 型钢，悬臂与立柱间采用插接式或螺栓连接式，底座与立柱间采用螺栓连接式，底座采用冷轧型钢或 H 型钢。悬臂式货架如图 3-7 所示。

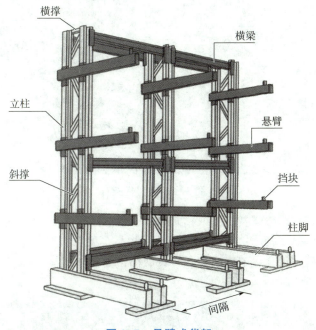

图 3-7　悬臂式货架

　　阁楼货架系统，通常利用中型搁板式货架或重型搁板式货架作为主体支撑，再加上楼面板（根据货架单元的总负载重量来决定选用何种货架）。楼面板通常选用冷轧型钢楼板、花纹钢楼板或钢格栅楼板。

　　阁楼式货架系统是在已有的工作场地或货架上建一个中间阁楼，以增加存储空间，可做二、三层阁楼，宜存取一些轻泡及中小件货物，适于多品种大批量或多品种小批量货物，人工存取货物。货物通常由叉车、液压升降台或货梯送至二楼、三楼，再由轻型小车或液压托盘车送至某一位置。阁楼式货架如图 3-8 所示。

图 3-8　阁楼式货架

流利货架，等同于流利式货架，产品常由中型横梁式货架演变而成，通过滚道将货物从配货端输送到取货端，货物借助重力自动下滑，可实现"先进先出"作业，使用成本低、存储速度快、密度大。通常使用在企业的精益生产流水作业。流利货架如图3-9所示。

图3-9 流利货架

托盘式货架又俗称横梁式货架，或称货位式货架，通常为重型货架，在国内的各种仓储货架系统中最为常见。既适用于多品种小批量物品，又适用于少品种大批量物品。此类货架在高位仓库和超高位仓库中应用最多（自动化仓库中货架大多用此类货架）。托盘式货架如图3-10所示。

图3-10 托盘式货架

2. 自动化立体库设施与设备

（1）自动化立体库基本认知。

自动化立体库作为现代物流系统中的重要组成部分，是用立体仓库设备实现仓库高层合理化，存取自动化，操作简便化；自动化立体库是当前技术水平较高的形式。自动化立体仓库的主体由货架、巷道式堆垛起重机、入（出）库工作台和自动运进（出）及操作控制系统组成。

（2）常见自动化立体库的种类。

货架按照立体化仓库高度，可分为低层立体化仓库、中层立体化仓库和高层立体化仓库。

1）低层立体化仓库：低层立体化仓库高度在5 m以下，主要是在原来老仓库的基础上进行改建的，是提高原有仓库技术水平的手段。

2）中层立体化仓库：中层立体化仓库高度在5~15 m，由于中层立体仓库对建筑以及仓储机械设备的要求不高，造价合理，是目前应用最多的一种仓库。

3）高层立体化仓库：高层立体化仓库的高度在15 m以上，由于其对建筑以及仓储机械设备的要求高，造价太高，安装难度大，相对来说应用也较少。高层立体化仓库如图3-11所示。

图3-11 高层立体化仓库

按照货架结构，可分为货格式立体化仓库、贯通式立体化仓库、自动化柜式立体仓库及条形货架立体仓库。

1）货格式立体化仓库。

货格式立体化仓库是应用较普遍的立体化仓库。它的特点是每一层货架都由同一尺寸的货格组成，货格开口面向货架之间的通道，堆垛机在货架之间的通道内行驶，以完成货物的存取。

2）贯通式立体化仓库。

贯通式立体化仓库又称为流动式货架仓库。这种仓库的货架之间没有间隔，不设通道，货架组合成一个整体。货架纵向贯通，贯通的通道存在一定的坡度，在每层货架底部安装滑道、辊道等装置，在货物在自重作用下，沿着滑道或辊道从高处向低处运动。

3）自动化柜式立体仓库。

自动化柜式立体仓库是小型可以移动的封闭立体化仓库。由柜外壳、控制装置、操作盘、储物箱和传动装置组成。其主要特点是封闭性强、小型化、智能化和轻量化，有很强的保密性。

4）条形货架立体仓库：条形货架立体仓库是专门用于存放条形和简形货物的立体化仓库。

按建筑形式，可分为整体式立体仓库和分离式立体仓库。

1）整体式立体仓库。

整体式立体仓库也称一体化立体仓库，高层货架与建筑物是一体的，不能单独拆装，是一种永久性的设施，所以层数较高，采用钢筋混凝土结构。货架除了储存货物以外，还可以作为建筑物的支撑结构，就像是建筑物的一个部分，即库房与货架形成一体化结构。

2）分离式立体仓库。

分离式：分离式中存放货物的货架在建筑物内部独立存在。分离式高度在12 m以下，但也有15~20 m的。适用于利用原有建筑物作库房或在厂房和仓库内单建一个高货架的场所。

二、物流运输设施与设备选择及运用

物流运输设施与设备根据运输方式的不同，有不同的设备选择。有水路设施与设备、陆路运输设施与设备、航空运输设施与设备和管道运输设施与设备。总体来说有起重机械、输送机械、搬运机械等。

（1）起重机械。

起重机械包括桥式起重机、门式起重机、龙门起重机等。这些起重机械通常用于重量较大的货物装卸，如集装箱、大型机械设备等。起重机械具有起重高度高、起重能力大的特点，适用于大型仓库。

（2）输送机械。

输送机械包括滚筒输送机、螺旋输送机、链式输送机等。这些设备主要用于处理大量连续的货物运输，适用于流水线作业。输送机械具有运输效率高、工作连续稳定的特点，适用于自动化仓库。

（3）搬运机械。

搬运机械包括叉车、搬运车、手推车等。这些设备适用于物料短距离的搬运和装卸作业。搬运机械具有操作简单、灵活性强的特点，适用于小型仓库或狭小空间。

三、装卸搬运设备功能和特点分类

在选择货物装卸设备时，需要考虑以下几个方面。

1. 工作效率

仓储行业注重工作效率，选择工作效率高的装卸设备可以提高仓库的运营效率。根据货物的特点和装卸需求，选择适当的设备类型和型号，确保装卸过程能够顺利进行。

2. 劳动强度

考虑到从业人员的劳动强度，选择装卸设备能够减小劳动强度的同时，提高工作效率。例如，使用叉车可以减小人工搬运的劳动强度，提高装卸效率。

3. 安全性

仓储行业涉及大量的货物装卸，安全性是至关重要的。选择具备安全防护装置、操作简便、结构稳定的设备可以降低事故发生的概率，保障从业人员的安全。

4. 维护成本

在选择货物装卸设备时，需要考虑其维护成本。设备的维护保养对于设备的正常运转至关重要，选择易于维护的设备可以降低后期的维护成本。

四、货物装卸设备运用原则

1. 系统性原则

系统性原则指在选择和配置物流运输与装卸设备时，采用系统的观点和方法，对各环节进行分析，从而达到最佳配置和选择，以提高装卸设备的效能和整体效益。例如，在购置叉车时需考虑货架类型、托盘尺寸，并与之相匹配；选择叉车动力类型时需考虑员工操作能力及进行的培训；购置起重机时需考虑经常起重的货物类型，如袋装货物或集装箱货物等，以便进行设备的配置和选择。

2. 适用性原则

运输与装卸设备的适用性包括适应性和实用性，指其能满足使用要求。在配置与选择时，应考虑实际物流作业和发展规划，符合货物特性、货运量需求、工作条件和作业性能要求，操作使用灵活。需明确必要功能，根据作业任务确定需要的设备类型，实现配套使用，发挥效能。例如，叉车适用于普通货物装卸，具有拆码垛和短距离运输功能。因此，在配置、选择运输与装卸设备时，应根据物流作业特点，选择适应的设备，发挥其功能。

3. 技术先进性原则

运输设备的性能、自动化程度、结构优势以及时效性需要满足技术发展的要求。技术先进意味着在一定条件和时间期限内达到先进水平。运输设备的技术先进是实现物流代价最低化的关键，它是基于物流作业需求的前提条件。为了实现最佳经济效益，我们必须综合考虑实际情况和新颖的物流需求，有针对性地追求技术方面的不断进步。

4. 低成本原则

低成本指运输与装卸设备在全生命周期内的低成本，包括购置和后期维护费用。经济条件限制了企业购买设备，低成本是衡量设备技术可行性的重要标志。技术先进性和低成本可能有矛盾，但需在满足使用需求的前提下，全面考虑并权衡技术和经济成本，进行合理判断需求成本分析。

五、货物装卸设备的使用技巧

除了选择合适的装卸设备外，正确的使用技巧也是提高工作效率和减少事故发生的关键。

1. 操作培训

从业人员应接受相应的操作培训，掌握装卸设备的使用技巧和安全操作规范。培训内容包括设备起动、操作步骤、注意事项等，以保证装卸过程的顺利进行。

2. 定期维护

对于装卸设备要进行定期的维护保养，检查设备的运行状态和安全性能，确保设备处于正常的工作状态。及时修理和更换损坏的部件，避免因设备故障造成的工作中断。

3. 负荷控制

在使用装卸设备时，要合理控制货物的负荷，根据设备的额定承载能力进行装卸操作。超载会对设备和货物造成损坏，同时增加事故发生的风险。

知识拓展

近些年来，随着未来劳动力成本的上升，年轻人对从事物流搬运装卸工作的意愿逐渐降低。因此，智能装卸设备将成为物流技术装备中的一大市场机遇，具有巨大的潜力。近两年来，物流智能化、自动化发展迅速，并且已广泛应用于各行各业。然而，货物智能装卸设备作为新型自动化设备，尚未得到足够的关注，新产品的开发也较为有限，因此需要技术人员进行深入开发，将智能装卸设备应用于各个领域。

货物智能装卸设备是一种高度集成化设备，具备自主学习、判断和操作功能。它主要包括行走驱动系统、输送系统、作业执行系统、排列整形系统等组成部分，适用于物流站场、生产型企业、铁路站场等多种环境。通过对环境信息的感知、处理和控制，实现了货物从月台到运载工具之间快速准确的装载与卸载作业。

从整个装卸作业的过程来看，实现各类货物的自动化装卸作业面临着以下一些难点：

（1）作业对象的多样性。

货物在包装类型、材质、包扎方式、状态和码放形式等方面具有多样性，在不同国家的执行标准和规范也不统一。各类作业场景中，货物种类、包装类型、材质、包扎方式、货物状态等各不相同，还存在不同方式混摆，导致装卸设备的柔性度和适应性要求较高，制约了自动化装卸设备的发展。

（2）现有作业流程的不规范性。

目前存在标准不统一、不衔接等问题，导致实际作业中货物的包装、装载方式与标准要求存在一定差异。

（3）装卸系统整体布局所需空间较大。

拆垛系统占用了较多空间，并且为了实现最大作业长度所需的最小本体长度，整个装卸系统在长度方向上也占用较多空间。

（4）信息化技术的应用不够广泛。

例如在出库、入库作业中，未对作业对象的信息（如每托货物数量、货物规格、包装情况、码放状态，运载工具的货箱尺寸等）进行充分收集录入，导致信息涵盖不够全面。现场相关数据需要人工测量后才能输入到装卸系统，使得相关数据调用不够便利。

（5）运载工具尺寸多样化。

国内运输货车主要包括集装箱车、平板车、高栏车、厢式车等，它们之间尺寸有较大差异，并且运输车辆多为个体车辆和物流公司车辆，种类复杂。即使是同类车辆，也因为国内车辆改装现象严重，其内部尺寸存在较大偏差。

（6）高装车效率与高容积利用率的不匹配。

目前，人工装载一车（约 1 500 箱）需要约 90 min，每箱约 3 s，这使自动装车的效率要求较高，往往不能慢于人工。同时，由于机械机构的限制和安全空间预留，设备装车后通常会留下一部分空间，造成空间上的浪费。

德育之窗

价值亿元的超大号"抓娃娃机"

来到振华重工，最吸引人眼球的肯定是海岸线边让人仰头看的"钢铁侠"，上百台五颜六色的大家伙们一字排开装点着厂区，这就是岸桥。

岸桥，全名岸边集装箱起重机，专业来说，这是一种专门用于集装箱码头对集装箱船进行装卸作业的专业设备。为了容易理解一些，我们可以把它想成是一个超大号的抓娃娃机。从工作原理来讲，两者有异曲同工之妙：都是通过操控长长的前臂，移动、抓取，把物品放在特定位置。当然，这个超大号抓娃娃机是不会"抓空"的，而且它的样式也更加多变。

现在，振华重工长兴分公司每年可生产岸桥 200 多台，年产值超百亿。这里生产的岸桥产品连续 26 年保持全球市场占有率第一，占世界市场份额 70% 以上，长兴分公司也因此成为目前世界上最大的港口机械装备制造生产基地。

实际上，作为"国之重器"的企业代表，振华重工一直以来坚持以技术创新推动制造业高质量发展，自主研发了多项新技术，不断提升品牌的附加值。"世界上凡是有集装箱装卸的港口，就要有振华生产的集装箱起重机在作业。"中国品牌从这里走向世界。

上海振华港机在港口装卸设备的制造能力和水平已经成为世界第一，全球 80% 的港口岸边集装箱起重机都是由该企业生产，可以看出我国在重型装备制造领域的强势。此案例让学生认识到我国当今制造业也是非常强大的，"中国制造"已然成了"中国创造"，并享誉全球。

案例拓展

随着电子商务蓬勃发展，物流行业迅猛崛起。而装卸搬运在物流行业中起着至关重要的作用。安得物流装卸设备就是为物流搬运提供高效且安全解决方案的专业制造商和供应商。他们研发了多种先进设备，如起重机、叉车、输送带等。这些设备不仅提升了物流搬运效率，还确保了物品运输的安全。

安得物流每天必须处理大量包裹，而装卸搬运一直是他们的难题。在使用安得物流装卸设备之前，他们只能依赖人工搬运，这大大限制了业务发展。引入安得物流装卸设备后，装卸搬运效率大幅提高。他们购买了一台安得叉车，其强大的起重能力和稳定性让他们轻松搬运大型物品。借助叉车，他们不再需要耗费大量人力，从而节省了时间和成本。他们还采购了安得输送带，可以自动传送包裹，大大减轻了员工负担。输送带与其他设备配合使用，实现了自动化装卸搬运，提高了整个物流流程的效率。引入安得物流装卸设备后，这家公司的装卸搬运效率显著提升，不仅节省时间和成本，还提高了包裹的安全性。安得物流装卸设备凭借其先进技术和可靠性，为物流行业注入了新的动力。它们是物流行业的利器，以其高效和安全的特点为物流装卸搬运提供可靠解决方案。随着电子商务的发展，安得物流装卸设备必将在物流行业扮演越来越重要的角色。

请各学习小组完成以下任务：

(1) 装卸搬运设备的合理与否对企业发展有什么影响？

(2) 如何针对企业的业务需求合理配置装卸搬运设备？

(3) 合理配置装卸搬运设备需要掌握哪些知识？

任务 3.3　认识物流流通加工

课堂笔记

【任务目标】

了解流通加工的含义、产生的原因与类型，掌握流通加工的概念、作用，熟悉流通加工的方式，掌握流通加工合理化的方法。

【任务内容】

某钢材库房占地 220 亩（1 亩 = 666.6 m²），拥有四条铁路专用线、10~30 t 起重龙门吊车十台，年吞吐钢材近 100 万 t。过去钢卷出入库房运输都要用一种专用钢架固定，以防钢卷转动。因此，客户在购置钢卷时，必须租用钢架，这样既要支付钢架租金又要支付返还钢架的运费。

尽管此后一些钢厂开始使用不需返还的草支垫加固运输，但过大的钢卷（如 35 t 一卷）使有些客户无法一次购置使用，如果建议这些客户购置钢厂成品平板，其成本又会增加很多。因为钢厂成品平板一般以 2 m 倍尺交货，即长度分别为 2 m、4 m、6 m 等规格，而一些客户使用的板面长度要求为非标准尺寸，如 3.15 m、4.65 m，甚至 9.8 m，而且有的工艺要求不能焊接，这样的平板不是长度不够就是边角余料大。

请各学习小组完成以下任务：

(1) 讨论该钢厂存在的具体问题是什么？

(2) 思考针对问题的解决方案，并书面表达。

【组织过程】

(1) 组织学生事先调研案例资料以及物流流通加工方面的知识，了解流通加工的含义以及产生的原因与类型。

(2) 通过小组讨论与研究，为流通加工合理化提出自己的方法，其中一位同学扮演负责人，负责设置过程的说明工作。

【考核指标】

考核指标如表 3-4 所示。

表 3-4　考核指标

考核项目	考核要求	分值	得分
企业对于物流流通加工的实际需求分析	完成任务内容中对于案例问题的讨论，包括企业实际需求以及问题原因，并结合流通加工方面的知识进行总结，要求方案采用书面形式呈现，内容全面、完整	40	
现场讨论流通加工合理化的方式，并分析寻求解决方案	讨论并分配学生完成任务内容中对于流通加工合理化的解决方案，要求口头描述，内容全面、完整	20	
设置方案汇报	由小组负责人带领成员汇报流通加工合理化的分过程，要求表达清晰、完整、有效	20	
团队精神	通力合作、分工合理、相互补充	10	
	发言积极，乐于与同学分享成果，组员参与积极性高	10	

【知识讲解】

一、物流流通加工的概念

我国国家标准《物流术语》中对流通加工（Distribution Processing）的定义是：根据顾客的需要，在流通过程中对产品实施的简单加工作业活动（如包装、分割、计量、分拣、刷标志、拴标签、组装等）的总称。

流通加工是为了提升物流速度和物品利用率而进行的一种加工活动。它发生在物品进入流通领域后，根据客户需求进行。在物品从生产者到消费者的流动过程中，为了促进销售、保护商品质量和提高物流效率，对物品进行一定程度的加工是必要的。流通加工通过改变或完善物品的形态，起到连接生产和消费的作用，因此被视为流通中的一种特殊形式。随着经济增长和国民收入的增加，消费者需求变得多样化，这促使流通加工在流通领域得到广泛开展。流通加工指的是根据需要对物品进行简单作业，例如包装、分割、计量、分拣、标志刷写、标签贴合、组装等，以满足物品从生产地到使用地的过程。

二、流通加工在物流中的地位

1. 流通加工有效地完善了流通

流通加工在实现时间、场所这两个重要效用方面，确实不能与运输和储存相比，因而，不能认为流通加工是物流的主要功能要素。流通加工的普遍性也不能与运输、储存相比，因为流通加工不是所有物流中必然出现的。但这绝不是说流通加工不重要，实际上它也是不可轻视的，它有着补充、完善、提高、增加的功能，它的作用是运输、储存等其他功能要素无法替代的。所以，流通加工的地位可以描述为是提高物流水平，促进流通向现代化发展不可少的。

2. 流通加工是物流中的重要利润源

流通加工是一种低投入高产出的加工方式，往往以简单加工解决大问题。实践证明，有的流通加工通过改变装潢使商品档次跃升而充分实现其价值，有的流通加工将产品利用率一下子提高 20%～50%，这是采取一般方法提高生产率所难以企及的。根据我国近些年的实践，流通加工仅就向流通企业提供利润这一点，其成效并不亚于从运输和储存中挖掘的利润，是物流中的重要利润源。

3. 流通加工在国民经济中也是重要的加工形式

在整个国民经济的组织和运行方面，流通加工是其中一种重要的加工形式，对推动国民经济的发展、完善国民经济的产业结构和生产分工有一定的意义。

三、物流流通加工的作用

微课 3-4　流通加工的作用

1. 使物流系统服务功能大大增强

从工业化时代进入新经济时代，一个重要标志是出现"服务社会"，增强服务功能是所有社会经济系统必须要做的事情。在物流领域，流通加工在这方面有很大的贡献。

2. 使物流系统成为"利润中心"

通过流通加工，提高了物流对象的附加价值，这就使物流系统可能成为新的"利润中心"。

3. 使物流过程减少损失

加快速度即可降低操作成本，因而可能降低整个物流系统的成本。

4. 提高原材料利用率

利用流通加工环节进行集中下料，是将生产厂家直接运来的简单规格产品，按使用部门的要求进行下料。例如将钢板进行剪板、切裁，将木材加工成各种长度及大小的木板、方料等。

5. 进行初级加工，方便用户

用量小或临时需要的使用单位，缺乏进行高效率初级加工的能力，依靠流通加工可为使用单位省去进行初级加工的投资、设备及人力，从而搞活供应，方便用户。例如，净菜加工、将水泥加工成生混凝土、冷拉钢筋及冲制异形零件等加工。

6. 提高加工效率及设备利用率

由于建立集中加工点，可以采用效率高、技术先进、加工量大的专门机具和设备。一是提高了加工质量，二是提高了设备利用率，三是提高了加工效率。其结果是降低了加工费用及原材料成本。例如，在对钢板下料时，采用气割的方法，需要留出较大的加工数量，不但出材率低，而且加工质量也不好。集中加工后可采用高效率的剪切设备，在一定程度上防止了上述缺点。

7. 充分实现各种输送手段的最高效率

流通加工环节将实物的流通分成两个阶段。第一阶段是在数量有限的生产厂与流通加工点之间进行定点、直达、大批量的远距离输送，因此，可以采用船、火车等大量输送的手段；第二阶段是利用汽车和其他小型车辆来输送经过流通加工后的多规格、小批量、多用户的产品。这样可以充分发挥各种输送手段的最高效率，加快输送速度，节省运力运费。

8. 改变功能，提高收益

在流通过程中进行一些改变产品某些功能的简单加工，其目的除上述几点外还在于提高产品销售的经济效益。例如，内地的许多制成品（如洋娃娃、工艺美术品等）在深圳进行简单的包装装潢加工，改变了产品外观，仅此一项就可使产品售价提高 20% 以上。所以，在物流领域中，流通加工可以成为高附加价值的活动。这种高附加价值的形成，主要是满足用户的需要、提高服务功能而取得的，是贯彻物流战略思想的表现，是一种低投入、高产出的加工形式。

四、流通加工的类型

微课 3-5　流通加工的类型

1. 为弥补生产领域加工不足的深加工

有许多产品在生产领域的加工只能到一定程度，这是由于许多限制因素限制了生产领域不能完全实现终极的加工。这种流通加工实际是生产的延续，是生产加工的深化，对弥补生产领域加工不足有重要意义。

2. 为满足需求多样化进行的服务性加工

为了满足消费者多样化的要求，在流通加工前，经常是用户自己设置加工环节。对一般消费者而言，则可省去烦琐的预处置工作，而集中精力从事较高级的、能直接满足需求的劳动。

3. 为保护产品所进行的加工

在物流过程中，直到用户投入使用前都存在对产品的保护问题，防止产品在运输、储存、装卸、搬运、包装等过程中遭到损失，使使用价值能顺利实现。和前两种加工不同，这种加工并不改变进入流通领域的"物"的外形及性质。这种加工主要采取稳固、改装、冷冻、保鲜、涂油等方式。

4. 为提高物流效率，方便物流的加工

有一些产品本身的形态使之难以进行物流操作。如鲜鱼的装卸、储存操作困难，过大设备搬运、装卸困难，气体物运输、装卸困难等。进行流通加工，可以使物流各环节易于操作，如鲜鱼冷冻、过大设备解体、气体液化等。这种加工往往改变"物"的物理状态，但并不改变其化学特性，并最终仍能恢复原物理状态。

5. 为促进销售的流通加工

流通加工可以从若干方面起到促进销售的作用。例如：将过大包装或散装物分装成适合一次销售的小包装的分装加工；将原来以保护产品为主的运输包装改换成以促进销售为主的装潢性包装，以起到吸引消费者、指导消费的作用；将零配件组装成用具、车辆以方便直接销售；将蔬菜、肉类洗净切块以满足消费者要求等。这种流通加工可能是不改变"物"的本体，只进行简单改装的加工，也有许多是组装、分块等深加工。

6. 为提高加工效率的流通加工

许多生产企业的初级加工由于数量有限，加工效率不高，也难以投入先进科学技术，流通加工以集中加工形式，解决了单个企业加工效率不高的问题。以一家企业进行流通加工代替了若干生产企业的初级加工工序，促使生产水平有了很大发展。

7. 为提高原材料利用率的流通加工

流通加工利用其综合性强、用户多的特点，可以采用合理规划、合理套裁、集中下料的办法，这就能有效提高原材料利用率，减少损失浪费。

8. 衔接不同运输方式，使物流合理化的流通加工

在干线运输及支线运输的结点设置流通加工环节，可以有效地解决大批量、低成本、

长距离干线运输与多品种、少批量、多批次末端运输和集货运输之间的衔接问题，在流通加工点与大生产企业间形成大批量、定点运输的渠道，又以流通加工中心为核心，组织对多用户的配送。也可在流通加工点将运输包装转换为销售包装，从而有效衔接不同目的的运输方式。

五、流通加工的作业流程

（1）采购原材料：经过市场调查和供应商的谈判，选定原材料的品种、规格和质量等要素，并签署合同。

（2）运输和入库：将购买的原材料运输至生产厂家的工厂，并检验原材料的品质。检查合格后，将原材料进行入库。

（3）生产加工：将原材料通过一系列的生产流程，如切割、合成、成型、加热、焊接等。

（4）质量检验：在生产的每一环节都需要对制成品进行质量检验，确保产品符合质量标准。

（5）包装：将制成品包装起来，保障其在运输和储存中不受损坏。

（6）仓储管理：对制成品进行管理，如分类、码放、盘点、出库等。

（7）销售和配送：将制成品运输至销售渠道，如商场、超市、网店等，让消费者进行购买。

通过以上步骤，原材料被加工成为具有商业价值的商品，最终流向消费者的手中。流通加工需要生产企业与市场、供应商、配送紧密联系，才能更好地满足消费者需求。

六、流通加工的主要应用

1. 水泥熟料的流通加工

在需要长途运入水泥的地区，变运入成品水泥为运进水泥熟料，在该地区的流通加工点磨细，并根据当地资源和需要掺入混合材料及外加剂，制成不同品种及标号的水泥供应给当地用户，是水泥流通加工的重要形式之一。

2. 机电产品组装加工

自行车及机电设备储运困难较大，主要原因是不易进行包装，如进行防护包装，包装成本过大，并且运输装载困难，装载效率低，流通损失严重。但是，这些货物有一个共同特点，即装配较简单，装配技术要求不高，主要功能已在生产中形成，装配后不需进行复杂检测及调试。所以，为解决储运问题、降低储运费用，对半成品（部件）进行高容量包装出厂、在消费地拆箱组装，组装之后随即进行销售，这种流通加工方式近年来已被广泛采用。

3. 钢板剪板及下料加工

热连轧钢板和钢带、热轧厚钢板等板材最大交货长度可达 7～12 m，有的是成卷交货。对于使用钢板的用户来说，大、中型企业由于消耗批量大，可设专门的剪板及下料加工设备，按生产需要进行剪板、下料加工。但是，对于使用量不大的企业和多数中、小型企业来说，单独设置剪板、下料的设备，有设备闲置时间长、人员浪费大、不容易采用先进方法的缺点，钢板的剪板及下料加工可以有效地解决上述问题。剪板加工是在固定地点设置剪板机进行下料加工或设置种种切割设备将大规格钢板裁小，或裁切成毛坯，降低销售起点，便利用户。

4. 木材的流通加工

（1）磨制木屑、压缩输送。

这是一种为了实现流通的加工。木材是低密度的物资，在运输时占有相当大的体积，往往使车船满装但不能满载，同时，装车、捆扎也比较困难。从林区外送的原木中有相当一部分是造纸材，采取在林木生产地就地将原木磨成木屑，然后采取压缩方法使之成为密度较大、容易装运的形状，之后运至靠近消费地的造纸厂，以此达到较好的效果。

（2）集中原木下料。

在流通加工点将原木锯截成各种规格材，同时将碎木、碎屑集中加工成各种规格板，甚至还可进行打眼、凿孔等初级加工。实行集中下料，按用户要求供应规格料，可以使原木利用率提高到95%，出材率提高到72%左右，有相当大的经济效益。

5. 煤炭及其他燃料的流通加工

（1）除矸加工。

除矸加工是以提高煤炭纯度为目的的加工形式。为了多运"纯物质"，少运矸石，以充分利用运力、降低成本，可以采用除矸的流通加工排除矸石。

（2）为管道输送煤浆进行的煤浆加工。煤炭的运输方法主要采用运输工具载运方法，运输中损失浪费较大，又容易发生火灾。采用管道运输是近代兴起的一种先进技术，这种方式不与现有运输系统争夺运力，输送连续、稳定而且快速，是一种经济的运输方法。

（3）配煤加工。

在使用地区设置集中加工点，将各种煤及一些其他发热物质，按不同配方进行掺配加工，生产出各种不同发热量的燃料，称作配煤加工。这种加工方式可以就近进行发热量生产和供应燃料，防止热能浪费、大材小用的情况；也防止发热量过小，不能满足使用要求的情况出现。

（4）天然气、石油气等气体的液化加工。

由于气体输送、保存都比较困难，天然气及石油气往往只好就地使用，如果当地资源充足而使用不完，往往就地燃烧，造成浪费和污染。在产出地将天然气或石油气压缩到气液临界压力之上，使之由气体变成液体，就可以用容器装运，使用时机动性也较强。

（5）平板玻璃的流通加工。

按用户提供的图纸对平板玻璃套裁开片，向用户供应成品，用户可以将其直接安装到采光面上。这种方式的好处是：平板玻璃的利用率可由62%～65%提高到90%以上，不但节约了大量包装板材，而且可防止流通中大量破损，单品种大批量生产能提高生产率，废玻璃相对数量少并且易于集中处理，并且能够增强服务功能。

6. 生鲜食品的流通加工

（1）冷冻加工。

为解决鲜肉、鲜鱼在流通中保鲜及搬运装卸的问题，可采取低温冻结的加工方式。这种方式也用于某些液体商品、药品等。

（2）分选加工。

农副产品规格、质量离散情况较大，为获得一定规格的产品，采取人工或机械分选的方式加工称为分选加工。这种方式广泛用于果类、瓜类、谷物、棉毛原料等。

（3）精制加工农、牧、渔等产品。

精制加工是在产地或销售地设置加工点，去除无用部分，甚至可以进行切分、洗净、分装等加工。这种加工不但大大方便了购买者，而且还可以对加工的淘汰物进行综合利用。比如，鱼类的精制加工所剔除的内脏可以制成某些药物或饲料，鱼鳞可以加工成高级黏合剂，头尾可以制鱼粉等。

（4）分装加工。

许多生鲜食品零售起点较小，而为保证高效输送出厂，包装则较大，也有一些是采用集装运输方式运达销售地区。为了便于销售，在销售地区按所要求的零售起点进行新的包装，即大包装改小包装、运输包装改销售包装。这种方式称为分装加工。

（5）冷链系统和商品混凝土加工。

冷链系统和商品混凝土是两种特殊的流通加工形式。一般的流通加工，都是在物流节点上进行加工，而冷链系统和商品混凝土（不是全部商品混凝土）中的一种加工方式，是在流通线路上、流通设施运行的过程中进行加工。

1）冷链系统。

冷链系统是在物流过程中创造物流环境的温度条件进行控温冷藏、冷冻的一种特殊的物流系统。冷链的"链"的含义，指的是"全过程"，和一般冷藏物流系统相比较，特别强调一开始就进入所要求的温度环境之中，直到交给消费者为止。例如，水果从采摘，到最终消费，肉类从屠宰冷却之后到交给消费者，全过程都在有效的温度环境控制之中。

2）商品混凝土。改变以粉状水泥供给用户，由用户在建筑工地现制现拌混凝土的习惯使用方法，而将粉状水泥输送到使用地区的流通加工点（集中搅拌混凝土工厂或称商品混凝土工厂），在那里搅拌成商品混凝土，然后供给各个工地或小型构件厂使用；也可以将混凝土的干配料混合搅拌，到工地之后，通过专用喷射设备与水及外加剂混合成为混凝土。这是水泥流通加工的另一种重要方式。采用集中搅拌混凝土的方式，有利于新技术的推广应用，大大简化了工地材料的管理，节约施工用地。

知识拓展

阿迪达斯公司在美国有一家超级市场，设立了组合式鞋店，摆放着不是做好了的鞋，而是做鞋用的半成品，款式花色多样，有 6 种鞋跟、8 种鞋底，均为塑料制造的，鞋面的颜色以黑、白为主，搭带的颜色有 80 种，款式有百余种。顾客进来可任意挑选自己所喜欢的各个部位，交给职员当场进行组合。只要 10 分钟，一双崭新的鞋便唾手可得。

这家鞋店昼夜营业，职员技术熟练，鞋子的售价与成批制造的价格差不多，有的还稍便宜些。所以，顾客络绎不绝，销售金额比邻近的鞋店多。

思考：从阿迪达斯公司的流通加工分析，如何使流通加工合理化？

知识链接

流通加工合理化

（1）加工和配送相结合。

这是将流通加工设置在配送点中，一方面按配送的需要进行加工，另一方面加工又是配送业务流程中分货、拣货、配货之一环，加工后的产品直接投入配货作业。

（2）加工和配套相结合。

在对配套要求较高的流通中，配套的主体来自各个生产单位，但是，完全配套有时无法全部依靠现有的生产单位，进行适当流通加工可以有效促成配套，大大提高流通的"桥梁与纽带"的能力，如汽车零部件配送。

（3）加工和合理运输相结合。

流通加工能有效衔接干线运输与支线运输，促进两种运输形式的合理化。利用流通，在支线运输转干线运输或干线运输转支线运输这本来就必须停顿的物流环节，不进行一般的干线转支线或支线转干线，而是按照干线或支线运输的合理要求进行适当加工，加工完成后再进行中转作业，从而大大提高运输效率及运输转载水平。

（4）加工和合理商流相结合。

通过加工有效促进销售，使商流合理化，也是流通加工合理化的考虑方向之一。加工和配送结合，通过加工提高了配送水平，强化了销售，是加工与合理商流相结合的一个成功的例证。此外，通过简单地改变包装加工，形成方便的购买量，通过组装加工消除用户使用前进行组装、调试的难处，都是有效促进商流的例子。

（5）加工和节约相结合。

节约能源、节约设备、节约人力、节约耗费是流通加工合理化重要的考虑因素，也是目前我国设置流通加工并考虑其合理化的较普遍形式。对于流通加工合理化的最终判断是看其是否能实现社会的和企业本身的两个效益，而且是否取得了最优效益。

情境加固：食品的流通加工的类型种类很多。只要我们留意超市里的货柜就可以看出，那里摆放的各类洗净的蔬菜、水果、肉末、鸡翅、香肠、咸菜等都是流通加工的结果。这些商品的分类、清洗、贴商标和条形码、包装、装袋等是在摆进货柜之前就已进行了加工作业，这些流通加工都不是在产地，已经脱离了生产领域，进入了流通领域。结合实际谈谈食品流通加工的具体项目有哪些。

德育之窗

洋山港——亚洲第一大港

洋山港一期于 2005 年启用。洋山港的加入，使整个上海港在 2010 年超越新加坡港，跃居为世界第一大集装箱港口。

整个上海港担负着全国约三分之一的进口汽车、钻石、葡萄酒、乳品，约一半进口化妆品、医药品、医疗器械，超过 60% 的进口服饰的运输，同时长三角省市企业经上海口岸进出口 8.18 万亿，占口岸进出口总值的 81.1%。而这些贸易当中，洋山港又占了超过一半。

特别是上海乃至长三角生产生活所需的天然气、原油、铁矿石的进口，非常依赖洋山港。洋山港这个世纪工程，标志着中国经济的发展，更标志着中国建造的崛起。

【综合实训】

一、实训目标

（1）通过实际案例的解析和讨论，深化对物流装卸搬运及流通加工的理解，并全面认识物流装卸搬运及流通加工合理化的实质。

（2）通过案例解析，锻炼学生的思考和演讲能力。

二、实训内容

云南双鹤医药的装卸搬运环节分析

云南双鹤医药有限公司是北京双鹤这艘医药航母部署在西南战区的一艘战舰，是一个以市场为核心、现代医药科技为先导、金融支持为框架的新型公司，是西南地区经营药品品种较多、较全的医药专业公司。

虽然云南双鹤已经形成规模化的产品生产和网络化的市场销售，但其流通过程中物流管理严重滞后，造成物流成本居高不下，不能形成价格优势。这严重阻碍了物流服务的开拓与发展，成为公司业务发展的瓶颈。

装卸搬运活动是衔接物流各环节活动正常进行的关键，而云南双鹤恰好忽视了这一点，由于搬运设备的现代化程度低，只有几个小型货架和手推车，大多数作业仍处于人工作业为主的原始状态，工作效率低，且易损坏物品。另外仓库设计得不合理，造成长距离的搬运。并且库内作业流程混乱，形成重复搬运，大约有70%的无效搬运，这种过多的搬运次数，损坏了商品，也浪费了时间。

想一想：

（1）分析装卸搬运环节对企业发展的作用。

（2）针对医药企业的特点，请对云南双鹤的搬运系统的改造提出建议和方法。

三、实训要求

（1）学生们需以10人一组的形式对案例进行深入的讨论和分析。

（2）从各小组中抽取1~2组进行交流，分享他们的分析和解决方案。

（3）教师将对每一小组的讨论结果进行评估，并对各小组的表现进行点评。

项目 4

认识物流运输

【学习目标】

学习目标如表 4-1 所示。

表 4-1　学习目标

知识目标	技能目标	素质目标
（1）掌握运输的概念； （2）掌握不同运输方式的特点及其特征； （3）熟悉运输不合理表现和运输合理化措施； （4）了解现代运输的特征和发展	（1）能结合不同运输方式的特点选择合理的运输方式； （2）能通过分析运输不合理现象，解决物流运输管理中的问题，实现运输管理合理化； （3）能够灵活运用所学运输知识，结合案例对运输企业管理状况进行分析	（1）从运输企业角度，培育学生的社会和企业责任感和主人翁意识，培养学生的专业人才意识和职业素养； （2）帮助学生了解运输行业领域的国家战略和相关政策，引导学生深入社会实践、关注现实问题； （3）通过港珠澳大桥、中国高铁等案例分享，厚植爱国主义情怀，增强民族自信心

案 例导入

苏伊士运河"堵船"事件

2021 年 3 月 23 日早 8 时，长荣海运集团的长赐号货轮在苏伊士运河发生搁浅。这一事件导致连接红海与地中海的重要运输通道——苏伊士运河受阻。经过 6 天的不懈努力，埃及苏伊士运河管理局宣布，搁浅货轮已于 3 月 29 日完全恢复至正常航道并驶离搁浅位置，苏伊士运河的航道重新开始通航。尽管航道已恢复通行，此次搁浅事件的影响仍然让各界担忧。这是苏伊士运河历史上最严重的货轮搁浅阻断航道事故，对全球多种商品的供应造成了冲击，包括石油、天然气和卫生纸等。运河堵塞导致全球原油价格一度暴涨 5.8%，一些行业的零部件供应链也暂时中断。据《劳埃德船舶日报》估算，此次搁浅事故导致苏伊士运河堵塞，使世界经济每小时损失高达 4 亿美元；《华尔街日报》则估计，每天因航道阻断滞留的货物总额高达 120 亿美元。

思考：

（1）在阅读本案例资料基础上，从海陆空角度思考，运输有哪几种方式？不同运输方式有哪些优缺点？

（2）通过苏伊士运河堵船事件，思考运输管理在保障社会经济流通中的重要作用。

任务 4.1　认识运输的内涵

【任务目标】

以学习小组为单位，设置你们的物流运输管理部门，加强对不同运输方式的理解，能够认知物流运输活动的意义与作用，培养团队合作精神和分工、协调能力。

【任务内容】

中储物流在业务运营中，始终坚持客户至上的原则，针对不同的客户群体采取了多种配送形式，以满足他们多样化的需求。

首先，对于那些需要集中大量原材料的生产企业，中储物流以生产配送的形式为其提供全面的服务。作为生产企业的产成品配送基地，中储不仅负责将原材料配送至生产线，还在产前、产中、产后各个环节提供必要的支持。例如，天津唐家口仓库和陕西咸阳仓库等地，都是中储为周边彩电生产厂提供服务的典型案例。

其次，中储物流在销售配送方面也发挥着重要作用。当生产企业需要将产品销往全国市场时，中储物流就扮演起地区配送中心的角色。通过与生产企业紧密合作，中储各地的物流中心成了集产品储存、保管和配送于一体的服务平台。这样，生产企业只需将产品大批量运至中储的物流中心，即可放心地由中储负责将其配送至全国各地的销售网点。海尔、澳柯玛、长虹等知名品牌，正是通过中储各地的物流中心成功地将产品销往全国市场。

再次，中储物流还致力于为超级市场和连锁商店提供高效的配送服务。针对这些客户的需求，中储为其提供上千种商品的分拣和配送服务。例如，上海沪南公司与正大集团易初莲花超市的合作，就是中储在连锁店配送方面的一个成功案例。无论是在日常运营还是高峰期，中储都能确保商品及时、准确地送达各个门店，满足连锁商店的快速补货需求。

最后，中储物流还提供加工配送服务。许多物流中心不仅具备仓储和配送功能，还为用户提供交易、加工、配送及信息服务的全方位服务。这种一站式的解决方案使客户能够更加专注于自身的核心业务，而将烦琐的物流环节放心地交给中储来处理。

总之，中储物流始终秉持客户至上的原则，通过多样化的配送形式为各类客户提供高效、可靠的服务。无论是生产、销售还是连锁店和加工配送，中储都能凭借其专业能力和丰富的经验满足客户的各种需求。

请各学习小组完成以下任务：

（1）进行市场调研，深入挖掘和了解市场对企业运输业务的需求。通过这一过程，识别并确定运输过程中的不合理表现，同时提出针对性的运输合理化措施。

（2）全面考虑公司的经营状况、市场需求以及不同时期的物流方案，从而制订出符合公司实际情况的年度物流工作计划。

（3）对物流运输管理中存在的问题进行深入分析，探究其成因，并在此基础上提出实现运输管理合理化的策略。这一部分内容需以书面形式进行整理和表达。

【组织过程】

（1）以学习小组为单位，进行资料收集或实地调研，深入了解运输工具选择的注意事项。在此基础上，模拟运输部门的实际工作流程，运用所学的物流运输管理知识，解决实际操作中遇到的问题，从而实现运输管理的合理化。

（2）通过小组内部的讨论与研究，小组成员需分别扮演运输各岗位的不同角色。其中，一位同学需担任负责人，负责整个模拟过程的说明与指导工作。通过角色扮演的方式，小组成员能够深入地理解运输管理的实际操作和流程。

【考核指标】

考核指标如表 4-2 所示。

表 4-2 考核指标

考核项目	考核要求	分值	得分
运输岗位分析材料	岗位名称、岗位目标、岗位职责及对仓库选址人员的要求等，要求方案采用书面形式呈现，内容全面、完整	40	
现场讨论运输方案的选择和依据	讨论并分配小组成员在"任务内容"中运输部门中扮演的角色，制定运输优化策略方法，要求口头描述，内容全面、完整	20	
设置方案汇报	由小组负责人带领成员汇报寻求运输优化策略的过程，要求表达清晰、完整、有效	20	
团队精神	通力合作、分工合理、相互补充	10	
	发言积极，乐于与同学分享成果，组员参与积极性高	10	

【知识讲解】

一、运输的概念

运输是物流最基本的功能之一，是现代物流运作流程不可缺少的一环，也是工商企业取得市场竞争优势的重要手段。因此，加强现代物流运输管理的研究，实现物流运输合理化，对于充分发挥物流系统整体功能，促进国民经济持续、稳定、协调发展，以及增强工商企业的竞争实力，都有着重要的意义。

运输是指人或物借助运力以改变物品的空间位置为目的，对物品进行空间位移。所谓运力，是由运输设施、路线、设备、工具和人力组成的，具有从事运输活动能力的系统。关于人的运输称客运，物品运输称货运，本书专指货运。《物流术语》中对运输的定义是："利用载运工具、设施设备及人力等运力资源，使货物在较大空间上产生位置移动的活动。"其中包括集货、搬运、中转、装入、卸下、分散等一系列操作。

在理解运输的概念时，我们应明确其与搬运和配送之间的主要差异。运输通常在更广泛的地理范围（如城市之间或工厂之间）内进行，目的是实现物品的空间位移。它是在物流网络的节点之间进行的，涉及物品在公共空间的移动。相比之下，搬运主要是在场地内部进行，例如工厂、仓库或车站等区域，主要涉及物品的水平移动。此外，运输与配送之间的差异还体现在配送是一个包含运输和其他物流活动的有机整体。在配送过程中，运输活动通常位于整个运送流程的末端。

二、运输的功能

1. 物品转移

运输活动发挥着关键作用，确保商品从效用价值较低的区域转移至价值较高的地方。

这一过程确保了商品使用价值的最大化，实现了商品的最佳效用价值。运输的核心功能在于推动物品在价值链中流转，创造物品的空间效用，也称为场所效用。简而言之，空间效用描述了物品在不同位置下，其使用价值实现程度的差异。运输的主要功能就是使产品在价值链中来回移动，即通过改变产品的地点与位置，消除产品的生产与消费之间的空间位置上的背离，或将产品从效用价值低的地方转移到效用价值高的地方，创造出产品的空间效用。另外，因为运输的主要目的是以最少时间完成从原产地到规定地点的转移，使产品在需要的时间内到达目的地，创造出产品的时间效用。

2. 物品储存

运输不仅创造了物品的空间效用，还为其赋予了时间效用，并具有一定的储存功能。时间效用是指物品在不同时间点，其使用价值的实现程度不同。通过储存和保管，我们将商品从效用价值较低的时刻延迟至价值较高的时刻再进行消费，从而使商品的使用价值得到更好的实现。在运输过程中，尤其是长途运输，物品需要一定时间才能到达目的地。在这个过程中，物品实际上储存在运输工具内。为了避免物品损坏或丢失，我们需要为运输工具内的物品储存创造一定条件。这在客观上为物品赋予了时间效用。通常以下几种情况需要将运输工具作为临时储存场所：一是货物处于转移中，运输的目的地发生改变时，产品需要临时储存，这时，采取改道则是产品短时储存的一种方法；二是起始地或目的地仓库储存能力有限的情况下，将货物装上运输工具，采用迂回线路运往目的地。诚然，用运输工具储存货物可能是昂贵的，但如果综合考虑总成本，包括运输途中的装卸成本、储存能力的限制、装卸的损耗或延长时间等，那么，选择运输工具作短时储存往往是合理的，有时甚至是必要的。

三、现代运输的产生和发展

运输的起源难以追溯，因为自从有文字以来，就已经有关于运输活动的记载。在原始社会，人类的祖先为了获取生存所需的生活资料，进行搬运和狩猎是必不可少的活动。随着时间的推移，从穴居陆上行走，到架木为巢、从事畜牧和农业活动，再到利用自然水道进行舟楫运输，人们逐渐发明了各种运输工具，如水牛流马式独轮车，以节省体力。进入比较发达的封建社会后，牛马驾车成为主要的运输方式。

在封建社会，由于封闭式的小农经济社会和相应的生产力水平，物品交换时的运送距离通常较短。人们主要依靠驮畜、畜力车、人力车和木帆船等运输工具进行运输。大规模和长距离的运送通常属于国家职能活动，主要用于军事目的。然而，随着社会生产和物品交换的逐渐发展，当运送数量较大、距离较长或途中安全问题导致商人无法自行完成运送活动时，社会对运输的需求日益增长。这促使一些小生产者开始以运输工具作为生产手段，他们集结成船帮、车行等，受雇于人，完成指定的运输任务。

随着资本主义的发展，为了解决运输需求与运输能力之间的矛盾，人们开始修建公路、开凿运河，并尝试各种利用轨道运输的方式。生产方式的革命催生了运输工具的革命。资本主义产业革命使得大机器工业具备了庞大的生产规模和高速生产速度，导致更多的物品进入流通领域，新市场取代了本地市场。这使生产和交换对运输的需求在运量和运程方面都急剧增长，同时对运输速度也提出了更高的要求。传统的运输手段已经无法满足资本主义大生产的需要。

在短短一个世纪内，五种新型机械运输工具相继问世：1807 年第一艘轮船"克莱蒙特号"在纽约哈德逊河下水；1825 年世界第一条铁路诞生在英国：斯托克顿至达灵顿之间长32 千米的蒸汽牵引铁路开始了货运业务；1861 年世界上第一条输油管道在美国铺设；1886

年世界上第一辆以汽油为动力的汽车在德国问世；1903 年世界上第一架飞机在美国飞上蓝天。这些新型运输工具的出现逐渐奠定了现代运输业的基本格局，适应了资本主义发展的需求。资本主义工业和技术革命带来了运输业的巨大变化。运输劳动开始专门化，运输产业逐渐形成规模，并产生了现代运输概念。

现代运输作为社会生产力的有机组成部分，极大地推动了物质生产的发展，缩短了物品流通的时间，减少了物品流通费用，开拓了新的物品市场。同时，它保证了人们在各地之间，一个国家以至世界范围内政治、经济等方面的联系。现代运输的发展，一般可划分为五个阶段。

1. 水运阶段

水运是一种古老且持续发展的运输方式。人类利用天然水道进行航运的历史可以追溯到几千年前。在石器时代，人们已经使用木制船只在水中航行，后来发展出了独木舟和各种船只。据记载，公元前 4000 年左右，人类已经开始使用帆船。这一时期一直持续到 15—19 世纪中叶，是帆船的鼎盛时期。

在 18—19 世纪，随着资本主义早期的工业发展，许多工厂沿着通航水道设立，对水运的依赖性很大。这导致海上运输规模庞大，但受限于帆船的技术条件，海上运输的时效性无法得到保障。直到 1807 年，美国人富尔顿将蒸汽机安装在"克莱蒙特号"船上，并在纽约至奥尔巴尼之间进行航行。这艘船的航速达到了 6.4 km/h，成为世界上第一艘汽船，标志着水路运输工具进入了新的历史阶段——机动船时代。此后，以船舶的专业化、大型化和高速化为特征的现代海上运输在 19 世纪迅速发展。

2. 铁路运输阶段

铁路运输的历史可以追溯到 19 世纪初。1814 年，英国人史蒂芬逊发明了蒸汽机车，实现了以蒸汽为动力的铁路运输。1825 年和 1830 年，斯托克顿至达灵顿、曼彻斯特至利物浦间的铁路分别通车投入运输使用后，工业发达国家开始大规模地修建铁路。

这一时期经历了世界铁路的大发展，铁路运输规模巨大，成为当时最重要的运输方式，因此被称为"铁路年代"。这一阶段的铁路运输以蒸汽机车为主要牵引方式，开创了陆上运输的新篇章。

3. 新运输方式的发展阶段

19 世纪末至 20 世纪初，新的运输方式开始涌现。随着汽车和飞机的发明，运输方式发生了翻天覆地的变化。德国人本茨成功研制出以内燃机为动力的汽车，很快成为最主要的陆上运输工具。为了满足汽车运输的需要，各国开始大规模地修建公路网络。与此同时，飞机也逐步发展起来，1903 年，莱特兄弟成功制造了第一架以内燃机为动力的双翼飞机并试飞成功。此后，飞机逐渐从军事用途扩展到商业领域，航空运输逐渐成为一种新的重要运输方式。自 20 世纪 30 年代起，汽车、航空和管道运输等新兴方式相继崛起并迅速发展。这些新兴方式的兴起标志着现代运输业的开端，对全球经济和社会发展产生了深远影响。

4. 综合运输阶段

综合运输阶段是运输业发展的高级阶段，始于 20 世纪 50 年代。这一阶段的核心任务是优化铁路、公路、内河水运和管道运输之间的协作，形成一套均衡、顺畅和协调的现代化运输体系。电子计算机技术的迅猛发展，为现代运输业带来了巨大的变革，推动了运输方式的全面进步。在这一阶段，各种运输方式得以充分利用和配合，实现了运量的显著增加、运输速度的加快以及安全性的提升。综合运输的兴起，不仅提高了运输效率，还为经济发展提供了强有力的支撑。综合运输的全面发展，意味着运输行业正朝着更加高效、便捷和安全的方向迈进。这一阶段的到来，标志着运输业已经进入了一个新的历史时期，为未来的发展奠定了坚实的基础。

5. 集装箱运输阶段

集装箱运输是现代物流和运输中的重要环节，它的发展标志着运输行业的进步和成熟。由于货物种类繁多、包装形式各异，每件货物的重量和大小差异很大，杂货运输一直面临着许多挑战。为了提高运输效率、降低成本并实现规模化运营，集装箱运输应运而生。集装箱运输通过将货物集中装载在标准化的箱体内，实现了不同运输方式间的无缝衔接。这种模式简化了操作流程，缩短了货物在途时间，并提高了运输的安全性和可靠性。集装箱的普及还促进了物流行业的专业化和精细化发展，使货物的仓储、装卸和转运变得更加高效。

自 20 世纪 50 年代集装箱运输兴起以来，它经历了陆运、海运等不同阶段的发展。随着国际标准的制定和推广，集装箱的尺寸和载重逐步统一，进一步促进了全球物流网络的构建。如今，集装箱已成为现代运输体系中的重要组成部分，广泛应用于水路、公路、铁路和航空等多种运输方式。集装箱运输不仅对运输行业本身产生了深远影响，还对相关产业产生了积极的联动效应。它降低了货物运输的成本，缩短了交货时间，提高了物流效率，为全球供应链的稳定和繁荣提供了有力支撑。同时，集装箱运输还促进了包装行业的标准化和环保化发展，推动了全球贸易的繁荣和经济的增长。

6. 联合运输阶段

联合运输是综合利用某一区间中各种不同运输方式的优势进行不同运输方式的协作，使货主能够按一个统一的运输规章或制度，使用同一个运输凭证，享受不同运输方式综合优势的一种运输形式。联合运输的最低限度要求是两种不同运输方式进行两程的衔接运输。联合运输按地域划分有国际联运和国内联运两种，国内联运较为简单，国际联运是联合运输最高水平的体现。联运按全程使用的运输方式是否相同分为单一方式联运（单式联运）和多种方式联运（多式联运）。

四、运输的要素及特征

运输在方式上十分复杂，多种多样，针对不同的目标、需求等情况，具体方法和措施千变万化。但是多样、复杂的运输也具有一定的共同要素和特征。

1. 运输的要素

多样、复杂的运输具有的共同要素包括：

(1) 运费高低。

(2) 运输时间：到货时间长短。

(3) 频度：可以运送的次数。

(4) 运输能力：运量大小。

(5) 物品的安全性：运输途中的破损及所受污染。

(6) 时间的准确性：到货时间的准确性。

(7) 适用性：是否适合大型物品运输。

(8) 伸缩性：是否适合多种运输需要。

(9) 网络性：是否适合多种运输机械、工具的衔接。

(10) 信息：运输物品所在位置的信息。

在考虑运输要素时，应根据实际需求来确定重点。通常，运费和运输时间被视为最重要的因素。然而，实际选择时应全面权衡运输需求的不同方面。此外，我们还需要注意运输服务与成本之间、运输成本与其他物流成本之间的效益背反现象。例如，追求安全、可靠、快速的运输可能会导致成本增加；而为了降低仓储费用而过度依赖空运同样可能导致成本上升。因此，在确定重点运输要素时，我们应该以总体成本为依据，而不仅仅是运输成本。

2. 运输的特征

首先，运输服务可以通过多种方式实现，包括汽车、铁路、航空、船舶和管道等。这些运输方式各有其技术特性，从而决定了它们各自的服务质量。例如，航空运输速度快，但成本高；而水路运输成本低，但速度慢。用户可以根据物品的性质、大小、运输时间和成本等因素选择合适的运输方式，或者结合多种方式进行复合运输。

其次，运输服务可以分为自用型和营业型两种。自用型运输是指企业自己拥有运输工具并承担运输责任，而营业型运输则是为他人提供运输服务。自用型运输主要限于货车和水路运输，因为航空和铁路投资巨大。企业可以根据需要在这两种类型中进行选择，目前有逐渐从自用型转向营业型的趋势。

再次，运输行业的竞争不仅存在于同一行业的不同企业之间，还存在于不同运输方式之间。每种运输方式都有适合承运的物品，因此形成了不同的运输手段和竞争关系。这种竞争关系为企业提供了更多选择和自由度。

最后，运输业中存在实际运输和利用运输两种形式。实际运输是直接利用运输手段完成物品的空间移动，而利用运输则是通过代理型物流业者将运输服务委托给实际运输商，这种形式可以充分发挥各种运输手段的优势并实现整体最优。

五、运输与物流的联系

物流是物品从供应地向接收地的实体流动过程。根据实际需要，将运输、储存、搬运、包装、流通加工、配送和信息处理等基本功能实施有机结合。

1. 运输是物流活动的核心，是物流的主要功能要素之一

按物流的概念，物流是"物"的物理性运动，这种运动不但改变了物的时间状态，也改变了物的空间状态。而运输承担了改变空间状态的主要任务，运输是改变空间状态的主要手段，运输再配以搬运、配送等活动，就能圆满完成改变空间状态的全部任务。在现代物流观念未诞生之前，甚至就在今天，仍有不少人将运输等同于物流，其原因是物流中很大一部分责任是由运输承担的，是物流的主要部分，因而出现上述认识。

2. 运输对物流其他功能有重要影响

例如，选择的运输方式决定着货物的包装要求；使用不同类型的运输工具决定配套使用的装卸搬运设备；企业库存储备的大小，直接受运输状况的影响，等等。

3. 运输可以创造"场所效用"

场所效用的含义是：同种"物"由于空间场所不同，其使用价值的实现程度则不同，其效益的实现也不同。由于改变场所而最大限度发挥了使用价值，最大限度提高了产出投入比，这就称为"场所效用"。通过运输，将"物"运到场所效用最高的地方，就能发挥"物"的潜力，实现资源的优化配置。从这个意义来讲，也相当于通过运输提高了物的使用价值。

4. 运输是"第三个利润源"的主要源泉

运输是运动中的活动，它和静止的保管不同，要靠大量的动力消耗才能实现这一活动，而运输又承担大跨度空间转移任务，所以活动的时间长、距离长、消耗也大。消耗的绝对数量大，其节约的潜力也就大。从运费来看，运费在全部物流费中占比最高，一般综合分析计算社会物流费用，运输费在其中占接近50%的比例，有些产品运费高于产品的生产费，所以节约的潜力是很大的。由于运输总里程大，运输总量巨大，通过体制改革和运输合理

化可大大缩短运输的公里数，从而获得比较大的节约。

5. 运输合理化是物流合理化的关键

合理组织运输，以最小的费用，及时、准确、安全地将货物从一个地点运送到另一个地点，是降低物流费用的关键。

任务 4.2　选择物流运输方式

课堂笔记

【任务目标】

以学习小组为单位，设置你们的运输管理部门，增进对运输规划、选择策略与技巧的理解，能够设计制作相关流程，培养团队合作精神和分工、协调能力。

【任务内容】

假设你是一家水泥企业的物流部经理，要为合作客户（客户 A、B 和 C）进行配送，假设运输量与运输成本存在线性关系，合作客户的运输信息如表 4-3 所示。

表 4-3　合作客户的运输信息

客户	年需求量/t	运费/（元·t⁻¹）	运输方式	运输周期
A	7 000	105	公路	6 天
B	9 200	75	铁路	5 天
C	8 000	45	水路	16 天

请各学习小组完成以下任务：

（1）为该水泥企业制订运输规划方案，并设计流程图及相关表格。

（2）寻求该水泥企业运输优化流程。

（3）对上述任务进行工作分析，并书面表达。

【组织过程】

（1）以学习小组为单位，事先收集资料或进行实地调研，了解企业运输管理的目标、原则及注意事项；在此基础上模拟物流部经理岗位的仓库选址工作流程，并运用运输经理的相关知识制定优化策略，并对运输方式选择的工作流程进行分析。

（2）通过小组讨论与研究，小组成员分别扮演运输部各岗位的不同角色，其中一位同学扮演负责人，负责设置过程的说明工作。

【考核指标】

考核指标如表 4-4 所示。

表 4-4　考核指标

考核项目	考核要求	分值	得分
运输部岗位分析材料	完成运输部岗位设置，内容包括岗位名称、目标、岗位职责及对选址人员的要求等，要求方案采用书面形式呈现，内容全面、完整	40	

续表

考核项目	考核要求	分值	得分
现场讨论运输方式选择的方法与技巧	讨论并分配小组成员在任务内容中运输部门中扮演的角色，制定运输方式优化方法，要求口头描述，内容全面、完整	20	
设置方案汇报	由小组负责人带领成员汇报运输方式选择流程和优化方案的过程，要求表达清晰、完整、有效	20	
团队精神	通力合作、分工合理、相互补充	10	
团队表现	发言积极，乐于与同学分享成果，组员参与积极性高	10	

【知识讲解】

一、运输方式的分类

运输在方式上十分复杂，多种多样，针对不同的目标、需求等情况有不同的分类。按不同的标准，可把运输方式按以下方法分类。

1. 按运输的范围分类

（1）干线运输，是一种利用铁路、公路主干线，以及大型船舶固定航线进行的长距离、大数量的运输方式。它是实现物品远距离空间位置转移的主要运输形式。干线运输以其高速和低成本的特点，成为运输主体。

（2）支线运输，是与干线运输相衔接的分支线路上的运输方式。它作为干线运输与收、发货地点之间的补充性运输形式，通常路程较短，运输量相对较小。

（3）二次运输，是一种补充性的运输形式，它发生在干线、支线运输到达指定站点后，与用户仓库或指定地点之间的运输过程中。由于这种运输仅满足特定单位的需求，因此运输量也相对较小。

（4）厂内运输，是指在大型工业企业内部，直接为生产过程服务的运输方式。对于小型企业而言，这种运输通常被称为"搬运"。在工具选择上，厂内运输通常使用卡车，而搬运则更多地使用叉车、输送机等设备。

2. 按运输的作用分类

（1）集货运输，是一种将分散的物品集中起来的运输形式，通常适用于短距离、小批量的运输场景。这些物品在集中后，才能利用干线运输形式进行远距离、大批量的运输。因此，集货运输可以被视为干线运输的一种补充形式，确保了运输的效率和完整性。

（2）配送运输，是将已按照用户要求配好的物品分送给各个用户的运输方式。这种运输通常是短距离、小批量的，从运输的角度来看，它是对干线运输的一种补充和完善。通过配送运输，能够确保物品准确、及时地送达用户手中，提高运输服务的质量和效率。

3. 按运输的协作程度分类

（1）一般运输是指孤立地采用不同运输工具或同类运输工具，但缺乏有机协作关系的运输方式。

（2）联合运输是指一次委托给两家以上运输企业或使用两种以上运输方式，共同将某一批物品运送到目的地的运输方式。它采用同一运输凭证，通过不同运输方式或不同运输企业之间的有机衔接，实现物品的接运。联合运输利用每种运输手段的优势，充分发挥不同运输方式的效率，是一种高效的运输形式。通过采用联合运输，可以简化托运手续，方便用户；同时可以加快运输速度，也有利于节省运费。

4. 按运输中途是否换载分类

（1）直达运输，是指物品从发运地直接运送到接收地，中途不需要进行换装和在储存场所停留的运输方式。这意味着在组织物品运输时，使用同一种运输工具，从起运站或港口一直到达目的站或港口，中间不进行换载，也不进入仓库储存。直达运输可以避免因中途换载带来的运输速度减缓、货损增加、费用增加等问题。因此，它能够缩短运输时间、加快车船周转、降低运输费用。

（2）中转运输，是指物品从生产地运送到最终使用地的过程中，中途需要进行一次或多次落地并换装的运输方式。也就是说，在物品运往目的地的过程中，需要在途中的车站、港口或仓库进行转运和换装。中转运输可以将干线运输和支线运输有效地衔接起来，实现将大批货物化整为零的目的，从而方便用户和提高运输效率。

5. 按运输设备及运输工具不同分类

在运输管理过程中，经常使用按运输设备及运输工具不同进行运输方式分类的方法，分为铁路运输、公路运输、水路运输、航空运输和管道运输五种方式。

二、铁路运输

微课4-1
铁路运输

铁路运输是现代重要的物品运输方式之一，铁路运输与水路干线运输、各种短途运输衔接，可以形成运输网络。

1. 铁路运输的含义

铁路运输是利用铁路列车进行客货运输的一种方式。它主要承担长途和大批量的货运任务，尤其在没有水路运输条件的地区，几乎所有大批量物品都依靠铁路来完成运输。在干线运输中，铁路运输起着主力军的作用，为物品的长距离运输提供了高效、可靠的解决方案。

2. 铁路运输的技术经济特点

铁路运输的技术经济特点表现为以下十点：

（1）适应性强。依托现代技术，铁路能在各种地方修建，实现全年全天候运营，不易受地理和气候条件的影响。

（2）运输能力大。一列火车能装载 2 000~3 500 t 物品，重载列车甚至可装 2 万多 t，是大宗物品的主要运输方式。

（3）安全程度高。随着先进技术的应用，铁路运输的安全性得到了显著提升。在各种现代化运输方式中，铁路的事故率是最低的。

（4）运行速度快。普通火车的速度可达 100~160 km/h，而高速铁路的速度则可达到 210~350 km/h。但实际送达速度可能会因技术作业而稍慢。

（5）运输成本较低。相较于其他运输方式，铁路运输的成本相对较低。

（6）能耗小。铁路的摩擦阻力小，电力牵引又具有节能优势，使其单位能耗较低。

（7）环境污染程度小。铁路的废气排放仅为汽车的 1/30，对环境的污染较小。

（8）运距长。适合中长途的双向运输，运距是汽车运输的 10 倍左右，但短于水路和航空运输。

（9）灵活性较差。受车站位置限制，不能实现门到门运输，灵活性不如公路运输，并需要其他运输手段配合。

（10）投资成本高，建设周期较长。由于技术和设备的复杂性，铁路建设的投资大、周期长。

3. 铁路运输的主要技术设施

铁路运输的各种技术设施是组织运输生产的基石，这些设施可以分为固定设备和活动设备两大类。固定设备主要包括铁路线路、车站、通信信号设备、检修设备、给水设备和电气化铁路的供电设备等，它们是铁路运输的骨架和基础设施。而活动设备则主要包括机车、客车和货车等，这些设备是实际承担运输任务的载体。

知识拓展

中国高铁，中国速度

中国高速铁路简称中国高铁，是指中国境内建成使用的高速铁路，为当代中国重要的一类交通基础设施。

中国高速铁路有两种定义。一是根据《高速铁路设计规范》（TB 10621—2014），中国高速铁路是设计速度 250 km/h（含预留）以上、列车初期运营速度 200 km/h 以上的客运专线铁路；二是根据《中长期铁路网规划》，中国高速铁路网由所有设计速度 250 km/h 以上新线和部分经改造后设计速度达标 200 km/h 以上的既有线铁路共同组成。中国高铁的测试速度目前达到每小时 605 km，刷新了之前法国保持的每小时 574.8 km 的纪录，被誉为世界上速度最快的高铁。目前在中国运营的高铁中，速度最快的是复兴号，最高时速可达 400 km，标准速度为每小时 350 km。根据国铁集团统计公报数据显示，截至 2023 年年底，我国铁路营业里程达到 15.9 万 km，其中高铁达到 4.5 万 km，居世界第一。

德育之窗

中国高铁

作为中华民族发展复兴的重要基础和标志，中国高铁的发展建设举足轻重。中国高铁建设成就举世瞩目，里程和速度均列世界第一。从东部走向西部，从"四纵四横"到"八纵八横"，从国内走向海外，中国高铁的大发展开启了人类交通史的新纪元。中国高铁在一路领跑中不断提速升级。让全世界为之赞叹的中国高铁，不仅拉近了城市间的距离，更标志着中国高铁迈入世界一流水平。中国高铁成为中国的新名片，迈出国门，走向世界。

三、公路运输

1. 公路运输的含义

公路运输是一种主要使用汽车在公路上载运物品的运输方式。它主要适用于近距离、小批量的货物运输，尤其在那些水路或铁路难以触及的地区，公路运输能够完成长途、大批量货物的运输任务。此外，对于那些铁路和水运不具优势的短途运输，公路运输也展现出其独特的灵活性。近年来，随着技术的进步和需求的增长，即使在有铁路、水运等其他运输方式的地区，较长途的大批量运输也开始越来越多地选择公路运输，这进一步体现了公路运输的灵活性和实用性。

微课 4-2
公路运输

2. 公路运输的技术经济特点

公路运输的技术经济特点表现为以下五点：

（1）灵活性强。公路运输在空间、时间、批量和服务上都表现出高度的灵活性。它可以实现"门到门"的直达运输，即从发货地点直接到收货地点，减少中间环节。同时，公路运输能够根据需求实现即时运输，满足用户多种多样的要求，具有较强的适应性。由于时间上的灵活性，公路运输可以实现即时运输。

（2）速度较快。公路运输过程中的换装环节较少，使运输速度相对较快。

（3）原始投资少，资金周转快。由于汽车购置费用相对较低，且回收期短，因此资金周转较快。同时，公路建设周期短，投资相对较低。

（4）适合承担中短距离、运量较小的物品运输，长途运输成本较高。公路运输在承担中短距离、运量较小的物品运输方面具有明显优势。然而，对于长途运输，其成本相对较高。这是因为汽车单位载重量较小，运输能力有限，不适合大宗物品和长途运输。公路运输的经济半径一般在 200 km 以内。

（5）能耗大，环境污染较高，安全性较差。公路运输的能耗较大，且对环境的影响较为显著。例如，汽车排放的废气和行驶过程中产生的噪声等都会对环境产生较大的影响。此外，与其他运输方式相比，汽车运输的事故率较高，且货物在运输过程中容易受到振动和路况的影响，导致货损货差事故的发生。

3. 公路运输的主要技术设施

（1）公路，包括以下五种等级：

高速公路是专供汽车快速行驶的道路。高速公路是一种具有分隔带、多车道（双向 4 车道以上）、出入口受限制、立体交叉的汽车专用道，平均昼夜交通量设计能力在 25 000 辆以上。

一级公路一般连接重要的政治、经济中心，汽车分道行驶并且部分控制出入、部分立体交叉，平均昼夜交通量设计能力在 5 000～25 000 辆。

二级公路是连接政治经济中心或较大工矿区等地的干线公路，平均昼夜交通量设计能力在 2 000～5 000 辆。

三级公路是连接县及县以上城市的公路，平均昼夜交通量设计能力在 200～2 000 辆。

四级公路是连接县、乡、村的支线公路，平均昼夜交通量在 200 辆以下。

（2）汽车。评价载重汽车使用性能的主要指标有容载量、运行速度、安全性能、经济性、载质量利用系数等。

特殊功能的载重汽车有油罐汽车、混凝土搅拌车、粉粒运输车、冷藏冷冻车、自动卸货车、集装箱运输车等。

四、水路运输

1. 水路运输的含义

水路运输是使用船舶及其他航运工具在水上载运物品的一种运输方式。水运主要承担大数量、长距离的运输，是在干线运输中起主力作用的运输形式。在内河及沿海，水运也常作为小型运输工具使用，担任补充及衔接大批量干线运输的任务。

微课 4-3
水路运输

2. 水路运输的技术经济特点

水路运输的技术经济特点表现为以下七点：

（1）运输能力强。水路运输利用天然航道，具有较大的运输能力。例如，超巨型油轮的载重量可达 55 万 t，矿石船载重量 35 万 t，集装箱船载重量达 7 万吨。

（2）运输成本低。水路运输能够以较低的单位运输成本提供较大的货运量。在特定条件下，水路运输成本仅相当于铁路运输的 20%~30% 和公路运输的 7%~20%。对于体积大、价值低、不易腐烂的大宗物品或散装物品，如沙、煤、粮食、矿产、石油等，采用专用船舶运输是一种经济合理的选择。

（3）投资小。水上运输利用天然航道，相对而言投资较少，虽然有时需要疏浚河道，但与修筑铁路相比费用要少得多，主要投资集中在港口建设上。

（4）占地少。水上运输利用天然航道，不占用或仅少量占用耕地。相比之下，铁路和公路平均每千米需要占用 20 000~27 000 m^2 的土地。

（5）运输速度较慢。由于水流阻力较高，航速相对较低，一般船只的行驶速度约为 40 km/h。

（6）装卸搬运费用较高。港口的装卸费用较高，且航运和装卸作业受到水域、码头、港口、船期等多种条件的限制，因此不适合短距离运输。

（7）受季节、气候等自然条件的制约。水路运输容易受到季节、气候、航道等多种自然条件的制约和影响。例如，海洋运输受到气候的影响较大，一年中中断运输的时间较长，导致运输的连续性较差。

3. 水路运输的主要技术设施

（1）船舶。船舶的技术指标包括航行性能、排水量和载重量、货舱容积和登记吨位，以及装卸性能等。船舶种类多样，包括客货船、杂货船、散装船、冷藏船、油船、液化气船、滚装船、载驳船、集装箱船和内河货船等。

（2）港口。港口是海上运输和内陆运输之间的关键枢纽，承担着船舶装卸、修理和物品集散的重要任务。根据国家政策，港口可分为国内港、国际港和自由港；按使用目的，港口可分为存储港、转运港和经过港；按位置，港口可分为海湾港、河口港和内河港。衡量港口生产效率的关键指标是港口的通过能力，即一定时期内港口能够完成装船和卸船的物品数量，也称为港口的吞吐量。

知识拓展

港珠澳大桥

港珠澳大桥（英文名称：Hong Kong-Zhuhai-Macao Bridge）是中国境内一座连接香港、广东珠海和澳门的桥隧工程，位于中国广东省珠江口海域内，为珠江三角洲地区环线高速公路南环段。港珠澳大桥于 2017 年 7 月 7 日实现主体工程全线贯通，同年 10 月 24 日上午 9 时开通运营。港珠澳大桥建成通车，极大地缩短了香港、珠海和澳门三地间的时空距离，作为中国从桥梁大国走向桥梁强国的里程碑之作，该桥被业界誉为桥梁界的"珠穆朗玛峰"，被英媒《卫报》称为"现代世界七大奇迹"之一，不仅代表了中国桥梁先进水平，更是中国国家综合国力的体现。建设港珠澳大桥是中国中央政府支持香港、澳门和珠三角地区城市快速发展的一项重大举措，是"一国两制"下粤港澳密切合作的重大成果。

德育之窗

粤港澳大湾区——中国的经济引擎与开放前沿

粤港澳大湾区，简称 GBA，这片广袤的地域囊括了香港与澳门这两个独特的行政区域，以及广东省的九个城市——广州、深圳、珠海、佛山、惠州、东莞、中山、江门和肇庆。这片 5.6 万平方千米的土地不仅是中国的领土上的明珠，更是经济活力的源泉。2018 年，这里的人口达到了惊人的 7 000 万人，凸显出其在中国乃至全球的重要地位。

粤港澳大湾区是中国对外开放程度最高、经济活力最强的区域之一。它不仅是国家发展的战略要地，更是展示中国改革开放成果的窗口。在这个特殊的区域里，香港、澳门、广州和深圳四大中心城市发挥着核心引擎的作用，引领着整个区域的发展。

党中央高瞻远瞩，将推进粤港澳大湾区建设作为一项重大决策。这一决策不仅是新时代中国推动全面开放新格局的新举措，更是对"一国两制"事业发展的新实践。大湾区的建设不仅有利于深化内地与港澳的交流合作，更为港澳地区参与国家发展战略、提升自身竞争力、保持长期繁荣稳定提供了坚实的支撑。

粤港澳大湾区的建设不仅关乎地区的发展，更关乎国家的前途与命运。它承载着中国走向世界舞台中央的梦想，也寄托着人民对美好生活的向往。在这个充满机遇与挑战的时代，粤港澳大湾区必将在未来的岁月里书写更多的辉煌篇章。

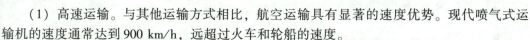

五、航空运输

微课 4-4
航空运输

1. 航空运输含义

航空运输是一种利用飞机或其他航空器进行物品运输的运输方式。它依赖于航空线路和航空港（飞机场）来实现快速、高效的物品运输。航空运输的技术经济特点主要包括以下几点：

（1）高速运输。与其他运输方式相比，航空运输具有显著的速度优势。现代喷气式运输机的速度通常达到 900 km/h，远超过火车和轮船的速度。

（2）灵活性高。航空运输不受地形限制，只要有合适的机场和航空设施，就可以开辟航线，连接世界各地的城市。

（3）安全性高。航空运输在运输过程中对物品的振动和撞击较小，因此物品的包装相对简单，散包事故也较少。

（4）建设周期短、回收快。与铁路和公路建设相比，机场的建设周期较短，投资回收也较快。

（5）单位成本高。由于飞机载重量和舱容量的限制，航空运输的单位成本相对较高。

（6）受气象条件影响。航空运输易受气象条件的影响，如风、雨、雪等，可能影响飞行正常性和准时性。

2. 航空运输的主要技术设施

（1）航空港。航空港，也称为机场，是航空运输的重要基础设施。它不仅用于飞机起降和维修，还是客货运输和服务的中心。一个典型的机场通常包括飞行区、客货运输服务区和机务维修区三个部分。

（2）航空线。航空线是连接两个或多个城市，用于运输业务的空中交通线。根据其性质和作用，航空线可以分为国际航线、国内航空干线和国内航空支线。航班飞行根据安排可以分为班期飞行、加班飞行以及包机或专机飞行。航空运输是在具有航空线路和航空港（飞机场）的条件下，利用飞机或其他航空器运载工具进行物品运输的一种运输方式。

六、管道运输

1. 管道运输的含义

管道运输，是一种将运输通道和运输工具合二为一的专门运输方式。它利用管道来输送气体、液体和粉状固体。与其他运输方式的主要区别在于，管道设备是静止不动的，只有物品在管道内移动。

2. 管道运输的经济技术特点

（1）运量大，成本低。由于管道运输的通道和工具合二为一，其经营管理相对简单，运量大，因此单位成本较低。例如，国外一条直径720 mm的输煤管道，一年的煤炭输送量可达到2 000万t，几乎相当于一条单线铁路的单向输送能力。

（2）占地少，损耗小，环境污染少。管道运输工程量相对较小，只需要铺设管线、修建泵站。与修建铁路相比，土石方工程量要小得多，而且在平原地区大多埋在地下，不占用农田。管道运输还可以避免物品散失、丢失等损失，减少货损带来的环境污染。

（3）能耗小，连续性好，效率高。在各种运输方式中，管道运输的能耗最低。由于运输通道和运输工具合二为一，物品在管道内的移动连续性好。物品在管道内单向移动，无回空运输问题，也不存在其他运输设备在运输过程中消耗动力所形成的无效运输问题，使得运输效率较高。

（4）功能单一。管道运输的物品过于专门化，仅限于气体、液体和粉状固体。

（5）缺乏灵活性。管道运输通常是单向的，机动性较小。管道运输是物品在管道内借助压力实现向往目的地输送物品的运输方式，和其他运输方式的重要区别在于，管道设备是静止不动的，只是物品本身在管道内移动。

七、运输方式的选择

选择运输方式时，可以单独选择一种，也可以采用多种方式联合运输。运输方式的选择通常受到五个方面因素的影响：运输物品种类、运输数量、运输距离、运输时间和运输成本。

1. 运输物品种类

在选择运输方式时，物品的形状、单件重量容积、危险性和变质性等因素都是制约因素。

2. 运输数量

根据一次运输的批量，可以选择不同的运输方式。对于大量物品的运输，如原材料等，铁路或水路运输更为适合。

3. 运输距离

物品的运输距离直接影响运输方式的选择。一般来说，中短距离的运输更适合公路运输。

4. 运输时间

物品的运输时间与交货时间相关，应根据交货期选择适合的运输方式。

5. 运输成本

物品的价格关系到运费的负担能力，也是选择运输方式的重要考虑因素。

这五个因素并不是相互独立的，而是紧密联系、相互影响的。在选择运输方式时，需综合考虑这些因素，以便作出最佳决策。运输距离是运输物品自身的性质和存放地点决定的，改变的可能性极小；运输时间和运输成本决定了选择不同的运输方式，也是运输机构竞争的重要因素。另外，运输过程中货主的身份和所属行业等因素也会影响运输方式的选择。一般来说，货主关注的重点是运输的安全性和准确性，运输费用的低廉性以及缩短时间等因素；制造业重视运输费用的低廉性；批发业和零售业重视运输的安全性和准确性以及运输总时间的缩短等运输服务方面的质量。

任务 4.3　了解物流运输合理化

【任务目标】

以学习小组为单位，设置你们的运输管理部门，增进对运输合理化的理解，能够计算并优化运输方案，培养团队合作精神和分工、协调能力。

【任务内容】

北京是宝洁公司在北方的一个区域配送中心所在地，商品从广州黄埔工厂到北京（宝洁）区域配送中心的运输可以采用公路、铁路、航空，也可以将以上几种方式进行组合，不同的商品品种可以采取不同的运输方式。宝洁公司的物流目标是保证北方市场的销售，尽量降低库存水平，降低物流系统的总成本。宝洁公司对市场销售需求和降低成本的目标要求进行了权衡和协调，最后确定了运输成本目标，在锁定的运输目标成本的前提下，宝洁公司要在铁路、公路和航空运输方式之间进行选择。铁路运输能够为宝洁公司大批量的运送商品，同时由于铁路运价遵循"运价递远递减制"，即运价不随运输距离的增加而成正比例增加的一种差别运价制度。从广州到北京采用铁路运输的运价是比较合算的，还有铁路能提供全天候的运输服务等，但是铁路部门致命的弱点就是手续复杂，影响办事效率，运作机制缺乏灵活性，采用铁路运输时，两端还需要公路运输配套，增加了装卸搬运环节和相关的费用，这样使铁路货物的运到期限增加，另外，铁路部门提供的服务与宝洁公司的要求有不少差距。如果采用公路运输，宝洁公司将需要大批的卡车为它服务，在绵延 1 000 多 km 的京广公路运输线上的宝洁货运车队遇到的风险明显比铁路运输要大得多，同时，卡车运输的准时性、商品的破损率等都不会比铁路运输有优势，而且超过 1 000 km 的距离采用公路运输从运输成本上来说是不合算的，但是公路运输的最大优势是机动灵活，手续简便，如果气候条件好，卡车能够日夜兼程，在途时间还比铁路运输短。

请各学习小组完成以下任务：

（1）讨论宝洁公司运输合理化的方案，找出公司运输的首要目标。

（2）对宝洁公司运输合理化方案进行讨论和分析，提出优化解决方案，并书面表达。

【组织过程】

（1）以学习小组为单位，事先收集资料或进行运输方式调研，了解运输合理化的注意事项；在此基础上模拟运输管理岗位的工作流程，并运用相关知识制定运输优化策略，并对运输部门管理工作进行分析。

（2）通过小组讨论与研究，小组成员分别扮演运输部门各岗位的不同角色，其中一位同学扮演负责人，负责设置过程的说明工作。

【考核指标】

考核指标如表 4-5 所示。

表 4-5 考核指标

考核项目	考核要求	分值	得分
运输管理岗位分析材料	完成任务内容中运输部门岗位设置，内容包括岗位名称、岗位目标、岗位职责及对管理人员的要求等，采用书面形式呈现，内容全面、完整	40	
现场讨论运输方式的优劣势，并分析寻求优化方案	讨论并分配小组成员在任务内容中运输部门扮演的角色，为制定仓库设备配置比例确定和最优设备配置分析寻求方法，要求口头描述，内容全面	20	
设置方案汇报	由小组负责人带领成员汇报运输合理化的分过程，要求表达清晰、完整、有效	20	
团队精神	通力合作、分工合理、相互补充	10	
	发言积极，乐于与同学分享成果，组员参与积极性高	10	

【知识讲解】

一、运输合理化概述

运输是物流中重要的功能要素之一，物流合理化在很大程度上依赖于运输合理化。

1. 运输合理化的概念

运输合理化就是按照商品流通规律、交通运输条件、货物合理流向、市场供需情况，行驶最短里程、经最少环节、用最合适的动力、花最低费用、以最快速度，将货物从生产地运到消费地。即用最少的劳动消耗，运输更多的货物，取得最佳的经济效益。

2. 影响运输合理化的内部因素

影响运输合理化的内部因素众多，其中五个主要因素起着决定性作用，被称为合理运输的"五要素"。

（1）运输距离。运输距离的长短直接影响运输的时间、货物的损耗、运费等多个技术经济指标。缩短运输距离无论从宏观还是微观角度都能带来益处，是运输合理化的基础要素。

（2）运输环节。每增加一个运输环节，不仅会导致起运的运费和总运费增加，还可能增加其他相关物流活动，如装卸、搬运、包装等，从而降低各项技术经济指标。因此，减少运输环节，特别是同类运输工具的环节，对实现运输合理化具有促进作用。

（3）运输工具。不同运输工具各有其优势领域，合理选择和使用运输工具，按照其特点进行装卸和运输作业，能够最大限度地发挥所用运输工具的作用，是实现运输合理化的关键环节。

（4）运输时间。运输是物流过程中花费时间较多的环节，特别是远程运输。在全部物流时间中，运输时间占绝大部分。因此，缩短运输时间对整个流通时间的缩短具有决定性作用。此外，运输时间短还有利于加速运输工具的周转、充分发挥运力、提高资金周转率和改善运输线路的通过能力，对实现运输合理化具有重要意义。

（5）运输费用。运费在全部物流费用中所占比例很大，是决定整个物流系统竞争力的关键因素之一。降低运费是运输合理化的一个重要目标，对货主企业和物流经营企业都至关重要。

此外，运输规模也是影响运输合理化的一个重要因素。

3. 影响运输合理化的外部因素

影响运输合理化的外部因素有很多，其中主要有五个方面：

（1）政府。政府期望构建稳定和高效的运输环境，以促进经济的持续增长。政府通常通过规章制度或经济政策来规范运输活动，确保运输服务具有竞争力。例如，政府可以限制承运人的市场服务范围或设定其可收取的价格，从而规范其行为。同时，政府也可以通过支持研发或提供诸如公路或航空交通控制系统等基础设施来促进运输合理化。

（2）资源分布状况。由于资源的分布不均，运输布局的合理性受到很大影响。例如，我国煤炭和石油运输的主要流向是从北方和西部向南方和东部运输。这种不均衡的资源分布导致了运输活动的特殊性。

（3）国民经济结构的变化。运输是生产过程的一部分，因此工农业产品的发展速度和结构变化对货运量和运输结构有直接的影响。当运输系数较大的产品比重增加时，运输量也会相应增长。国民经济结构的变化将导致运输分布的变化。

（4）运输网布局的变化。交通运输网络的线路和港站的地区分布以及其运输能力直接影响着物品的吸引范围和货运量在地区上的分布。例如，如果铁路网布局比公路网更为密集，那么铁路的货运量就会比公路大。运输网布局的合理化对于企业运输的合理化和货运量的均衡分布具有重要意义。

（5）运输决策的参与者。托运人、承运人、收货人和公众都是运输决策的重要参与者。他们的目标和决策直接影响具体的运输作业的合理性。例如，托运人和收货人希望在最低成本下完成物品的运输，而承运人则希望以最低成本完成运输任务并获得最大收入。公众关注运输的可达性、费用、效果以及环境和安全标准。这些决策参与者的活动和决策直接影响到某一具体运输作业的合理性。

4. 运输合理化的意义

物流过程是整个供应链的协调和整合，合理运输则是这一过程中的关键环节。为了实现整体目标，物流系统需要运用系统理论和系统工程的方法，充分利用各种运输方式，选择最合适的路线和工具，以最短路径、最少环节、最快速度和最低劳动消耗来完成物品的运输。

物品运输的合理化具有以下四个主要意义：

首先，合理组织物品的运输能够加速社会再生产的进程。通过确保物质产品能够迅速地从生产地点转移到消费地点，运输合理化可以加快资金的周转，提高物质产品的使用效率，从而促进整个社会再生产过程的顺利进行。

其次，物品的合理运输能够节约运输费用，降低整个物流系统的成本。运输费用是物流成本的重要组成部分，降低运输成本是提高整个物流系统效益的关键。通过优化运输方案，物品的合理运输可以缩短运输里程，提高运输工具的利用效率，从而降低运输费用和整个物流成本。

再次，合理的运输能够缩短运输时间，加快物流速度。运输时间是决定物流速度的关键因素，缩短运输时间能够实现及时送货，降低库存数量，提高物流速度。合理组织物品的运输可以减少不必要的在途时间，加速物流速度。

最后，运输合理化可以节约运力，缓解运力紧张的状况，同时还能节约能源。不合理的运输会导致运力浪费和能源消耗增加。通过实现物品运输的合理性，可以减少不必要的运输现象，节约运力，提高物品的通过能力，同时降低运输部门的能源消耗，提高能源利用率。

二、不合理运输及其表现形式

不合理运输是指在实际运输过程中，违反物品流通规律，不按经济区域和物品自然流向组织物品调运，导致运力浪费和运输费用增加的现象。具体表现为以下八种形式。

1. 返程或起程空驶

指车辆在运输过程中无货物装载，导致空驶往返的现象。这种情况往往由于运输计划不当、货源组织不力等原因造成。造成空驶的不合理运输主要有以下三种原因：

（1）能利用社会化的运输体系而不利用，却依靠自备车送货、提货，这往往出现单程重车、单程空驶的不合理运输。

（2）由于工作失误或计划不周，造成货源不实，车辆空去空回，形成双程空驶。

（3）由于车辆过分专用，无法搭运回程货，只能单程实车、单程回空周转。

2. 对流运输

指同类的或可互相代替的物品在同一运输线上或平行运输路线上相对方向运输。这是一种不合理的运输方式，因为相同或相似的物品在同一路线上相对运输，会导致运力的浪费。

3. 倒流运输

物品从销地运往产地或转运地后，又从产地或转运地运回销地的现象。这种情况通常是由于计划失误或工作疏忽造成的，也是一种不必要的运输方式。

4. 迂回运输

指物品绕道而行的现象。由于物流网络的复杂性，车辆在行驶过程中可能会选择不经过最短路径的绕道运输，从而增加了运输时间和成本。

5. 过远运输

指舍近求远的物品运输方式。即销地完全可以从距离较近的供应地获取所需物资，却选择从远距离的地区运送，导致运力浪费和成本增加。

6. 重复运输

指一种物品本可直达目的地，但由于批发机构或商业仓库设置不当等原因，导致中途停卸重复装运的现象。重复运输增加了中间环节和物流成本，同时也增加了货损和总体运输费用。

7. 无效运输

指被运输的物品中包含不必要的杂质，如煤炭中的矿石、原油中的水分等，导致运力浪费在不必要的物资运输上。

8. 运力选择不当

由于未根据各种运输工具的优缺点进行适当选择而造成的不合理现象。常见的情况包括违反水路分工使用、铁路或大型船舶的过近运输以及运输工具承载能力选择不当等。这些情况都会导致运力无法得到充分利用，增加不必要的成本和浪费。

三、实现运输合理化的基本途径

为了减少不合理的运输现象，实现运输合理化，需要采取一系列改善措施。以下是实现运输合理化的基本途径。

1. 合理配置运输网络

在规划运输网络时，应合理配置物流节点，如仓库、物流中心、配送中心以及中转站、货运站等。通过优化运输线路，减少中间环节，使运输网络中的总线路最短。

2. 选择最佳的运输方式

根据实际情况选用适宜的运输方式，如铁路、公路、水路、航空等。在中短距离运输中，可实施分流和"以公代铁"运输，减少中间环节。

3. 提高车辆运行效率

通过提高车辆的运行率和实载率，减少空载、迂回运输、对流运输等不合理现象，缩短等待和装运时间，提高有效工作时间。

4. 发展社会化运输体系

运输社会化的含义是发展运输的大生产优势，实行专业分工，改变一家一户自成运输体系状况。

5. 尽量发展直达运输

通过发展运输的大生产优势，实行专业分工，改变自成运输体系的状况，提高运输效率。

6. 发展特殊运输技术和运输工具

依靠科技进步是实现运输合理化的重要途径。例如，专用散装及罐车、袋鼠式车皮、大型半挂车、滚装船等解决了特定物品的运输问题，提高了运输效率。

7. 通过流通加工，使运输合理化

对于一些难以实现合理运输的产品，可以通过流通加工的方式解决。例如将造纸材料预先加工成干纸浆、将轻泡产品预先捆紧包装成规定尺寸等，能够提高装载率并降低运输损耗。

【思考题】

（1）运输方式有哪些？各有什么特点？

（2）不合理运输有哪几种表现形式？

（3）通过分析影响运输合理化的因素，结合实际举例说明如何能做到运输合理化。除教材所述，你是否有其他的合理建议。

德育之窗

某汽车装配厂计划在国内组装和销售进口的汽车零件。在 2020 年 3 月 5 日，该装配厂与某仓储公司签订了一份仓储合同。根据这份合同，仓储公司需要在 10 个月内，从 2020 年 4 月 15 日至 2023 年 2 月 15 日，保管这些汽车零件，并为此收取 10 万元的保管费用。如果任何一方违反了合同，就需要承担违约责任，支付相当于总金额 20% 的违约金。此外，该汽车装配厂还预付了 2 000 元的定金给仓储公司。在合同签署后，仓储公司开始为履行合同进行准备工作，包括清理指定的仓库，并回绝了其他寻求仓储服务的请求。在 2022 年 3 月 27 日，仓储公司通知汽车装配厂可以开始送货入库。然而，装配厂表示已经找到了更便宜的仓库，并要求仓储公司降低保管费用，否则将不再使用该仓库。仓储公司拒绝了这个要求。最终，汽车装配厂明确表示不再需要这个仓库。在 4 月 2 日，仓储公司再次要求装配厂履行合同，但装配厂再次拒绝，并要求退还定金和支付仓储费用。针对仓储公司的起

诉，汽车装配厂辩称合同并未得到履行，因此不存在违约问题。

（资料来源：根据网络案例改编整理。）

试分析：

（1）仓储合同是否生效？

（2）仓储公司的要求是否合理？为什么？如果你是法官，会做怎样的判决？

知识链接

冷链运输

随着生活品质的提升，新鲜食材的需求日益增长，冷链运输在确保食物新鲜、安全地到达消费者手中扮演着关键角色。冷链运输不仅连接了沿海与内地的市场，也打通了南北方之间的美食通道。这一切的背后，都离不开冷链运输的强大支撑和卡车司机的辛勤付出。

对于已经从事冷链运输的卡车司机来说，冷链运输的细节已了如指掌。但对于那些想要进入这一行业的人来说，了解和掌握冷链运输的注意事项是至关重要的。在装运冷藏货物时，稍有差池便可能造成损失。那么，在装运冷藏货物时需要注意哪些问题呢？

首先，完成一次运输作业后，应及时清洗货箱。这是因为冷链运输车在卸货时，货箱内壁的薄冰会融化，导致货箱脏污。此外，如果冷冻产品在装货时出现轻微解冻情况，融化的血水流到货箱上，会引发货箱出现腥臭味，这不仅影响下次装货运输，还可能对冷藏货物的安全造成隐患。因此，为了确保货物的清洁和运输效率，在完成一次运输作业后清洗货箱是非常必要的。

其次，在装货前应提前对货箱进行制冷，并检查货物包装是否完好无损。这是因为一些冷藏货物需要货箱内的温度达到一定要求，以避免运输途中货物解冻。另外，认真清点货物的数量、认真查看产品包装有无破损也是非常重要的。如果出现货物解冻的情况，应及时与收货人员联系并保留相关证据，以避免到达目的地后因无法确定货物是在哪个环节解冻而造成运费被克扣的情况。对于冷链运输来说，货物的包装也是不容忽视的环节。合适的包装不仅可以保护货物不受损坏，还可以维持货物所需的温度和湿度条件。因此，选择适当的包装材料和方式，以及在包装上标注明显的温度和湿度指示标签，是冷链运输中非常重要的环节。

再次，选择合适的冷链运输方式和路线至关重要。根据货物的特性、运输距离和运输时间等因素，卡车司机需要选择最合适的运输方式和路线。这不仅可以确保货物的品质和新鲜度，还可以有效降低运输成本和时间成本。考虑到冷链货物的特殊性，选择合适的装货和卸货时间，避免在高温或低温时段进行运输，有助于确保货物的质量和安全。此外，提前规划好运输路线和时间，可以避免延误和意外情况的发生，确保货物按时到达目的地。

最后，随着科技的发展，采用先进的冷链技术和设备也是提高运输效率和品质的关键。例如，使用先进的制冷技术和设备可以更好地控制货箱内的温度和湿度，从而延长货物的保鲜期和减少损失风险。同时，利用现代信息技术和物联网技术，可以实现货物信息的实时追踪和监控，提高运输的透明度和可靠性。

除此之外，全程对温度进行管控也是确保货物品质的重要步骤。不同的货物对于货箱温度要求不同，因此设定货箱温度时要根据具体情况而定。如果对货箱应该设置多少温度不清楚，应与货主进行沟通并了解所需设定的温度。在整个运输过程中，应时刻关注货箱内的温度变化，以确保温度始终维持在合理范围之内。随着科技的发展，许多制冷机已经具备高度自动化的特点，这使得在整个运输途中不需要人为干预制冷，从而节省了人力。

　　综上所述，冷链运输需要注意的事项包括：完成运输作业后及时清洗货箱、提前对货箱进行制冷并检查货物包装、全程管控温度确保货物品质、以及到达目的地后仔细核准货物数量。对于想要进入冷链运输行业的人来说，了解和掌握这些注意事项至关重要。只有认真对待每一个细节并确保运输过程的顺利进行，才能获得更好的收益并赢得客户的信任。

【综合实训】

一、实训目标
（1）熟悉运输方式选择的基本流程，掌握运输方式选择各环节的要求。
（2）通过实训，锻炼学生的思考和演讲能力。

二、实训内容
　　在市场经济条件下，运输市场上的各种运输方式之间不可避免地存在着激烈的竞争。但是，一方面，由于各种运输方式均拥有自己固有的技术经济特征及相应的竞争优势；另一方面，由于各种方式在运输市场需求方面本身拥有的多样性，主要表现在运输量、距离、空间位置、运输速度等方面。这两个方面实际上就为各种运输方式在社会经济发展过程中营造了各自的生存空间。选择合适的运输方式时主要应考虑运输速度、运输工具的容量及线路的运输能力、运输成本、经济里程、环境保护等。

　　步骤 1：运输速度的考虑
　　物流运输的产品是货物的空间移位，以怎样的速度实现它们的位移是物流运输的一个重要技术经济指标。决定各种运输方式运输速度的主要因素是各种运输方式载体能达到的最高技术速度。运输载体的最高速度一般受到载体运动的阻力、载体的推动技术、载体材料对速度的承受能力，以及与环境有关的可操纵性因素的制约。作为运输工具，它的最高技术速度决定于通常的地面道路交通环境下允许的安全操作速度。由于经济原因，各种运输方式采用的技术速度一般要低于最高技术速度，尤其是在经济性方面对速度特别敏感的水路运输，船舶一般都是采用经济航速营运的。

　　目前，我国各种运输方式的技术速度分别是：铁路 80～160 km/h，海运 10～25 节，河运 8～20 km/h，公路 80～120 km/h，航空 900～1 000 km/h。随着科学技术的发展，各种运输方式的技术速度一直在不断地提高。在运输实践中，旅客和货物所能得到的服务速度是低于运输载体的技术速度的。运输工具不可能在运输的过程中以技术速度运行，即运载工具的营运速度总是低于技术速度。例如，飞机升降作业时的时速，铁路运输在中途停站及编组，船舶在航途中受到风浪的影响，汽车在行驶途中的交通避让，这些都是使服务速度低于技术速度的原因。就运输速度而言，航空速度最快，铁路次之，水路最慢。但在短距离的运输中，公路运输具有灵活、快捷、方便的绝对优势。

　　步骤 2：运输工具的容量及线路的运输能力选择
　　由于技术水平及经济条件的原因，各种运输方式的运载工具都有其适当的容量范围，从而决定了运输线路的运输能力。公路的载重量是 3 000 t。水路的载重能力最大，从几千吨到几十万吨的船舶都有。

　　步骤 3：运输成本分析
　　物流运输成本主要由四项内容组成：基础设施成本、运转设备成本、营运成本和作业成本。以上四项成本在各种运输方式之间存在较大差异。铁路运输的基础设施及运转设备方面的成本比较大。评价各种运输方式的成本水平要考虑多种因素。

步骤4：经济里程的确定

经济性是衡量交通运输方式的重要标准。经济性是指单位运输距离所支付费用的多少（对交通需求者来说）。交通运输经济性状况除了受投资额、运转额等因素影响外，主要与运输速度及运输距离有关。一般来说，运输速度与运输成本有很大的关系，表现为正相关关系，即速度越快，成本越高。

运输的经济性与运输距离有紧密的关系。不同运输方式的运输距离与成本之间的关系有一定的差异。如铁路的运输距离增加的幅度要大于成本上升的幅度，而公路则相反。从国际惯例来看，300 km 以内称为短距离运输，该距离内的客货量应该分流给公路运输。一般认为，运输距离在 300 km 以内的主要选择公路运输，300~500 km 主要选择铁路运输，500 km 以上的则选择水路运输。

步骤5：考虑环境保护的因素

运输业是污染环境的主要产业部门，运输业产生环境污染的直接原因有以下几个方面。

（1）空间位置的移动。在空间位置移动的过程中，移动所必需的能源消耗以及交通运输移动的固定部位与空气发生接触，从而产生噪声、振动、大气污染等。空间位移本身不仅造成环境破坏，更重要的是随交通污染源的空间位置移动，会不断地污染环境，并将破坏扩散到其他区域，造成环境的大面积污染破坏。

（2）交通设施的建设。交通设施的建设往往破坏植被，改变自然环境条件，破坏生态环境的平衡。

（3）载体的客体。在旅客运输中，大量塑料饭盒等废物被扔在交通沿线上，造成大量的"白色垃圾"。运输业动力装置排出来的废气是空气的主要污染源，在人口密集的地区尤其严重。汽车运输排放的废气严重影响空气质量，油船溢油事故严重污染海洋，公路建设大量占用土地，而大量土地的占用对生态平衡产生影响，并使人类生存环境恶化。

三、实训要求

（1）学生们需以 6~8 人一组，对实训内容进行深入的讨论和分析。

（2）从各小组中抽取 1~2 组进行交流，分享他们的分析和解决方案。

（3）教师将对每一小组的讨论结果进行评估，并对各小组的表现进行点评。

项目 5

认识物流仓储

【学习目标】

学习目标如表 5-1 所示。

表 5-1　学习目标

知识目标	技能目标	素质目标
（1）了解仓储的概念及仓储管理的内容； （2）了解各种仓储设施和设备； （3）掌握仓储作业过程； （4）理解库存管理办法	（1）能识别不同类型的仓库； （2）能按照工作要求选择适宜的设施设备； （3）能对入库、保管、出库环节进行有效处理； （4）能选择适当的方法对库存商品实施有效保养	（1）培养学生担当民族复兴大任、成为物流强国的时代新人； （2）帮助学生认识仓储行业现代化设施设备，增强制造强国的自豪感； （3）培养学生具备仓储入库作业、保管作业、出库作业岗位素养和职业判断能力，且具有持续学习和可持续发展能力； （4）培养学生脚踏实地、关注细节的职业态度

案 例导入

海尔集团的仓储物流策略

和大多数企业一样，海尔集团过去也认为库存在功能上仅仅相当于一个储存货物的场地，但在后来的发展过程中，海尔重新定位了仓储管理的地位，确立了新的仓储战略目标，主要体现在库存作业的现代化和库存管理方法的创新上。

首先，是库存作业的现代化创新。1999 年，海尔在青岛海尔信息园建立了一座立体仓库。次年，海尔在青岛海尔开发区工业园建造了国际化全自动物流中心。而后，海尔在开发区工业园全部实行了国际化全自动仓储管理，借助大型计算机数据库的管理最大限度地降低了物流成本。

其次，是库存管理方法的创新，这主要体现在两方面。

第一，ERP（企业资源规划）。海尔在整个物流供应链过程中实施了 ERP。海尔在实施过程中采取了分步进行的方法：

第一步，应用于库存管理；

第二步，应用于车间的生产计划管理；

最后，逐步应用于供应链的全过程管理。

通过实施 ERP，采购计划的制订、采购过程的控制和跟踪、物流的存取和配送实现信息化管理，大大减少了重复简单的劳动，提高了工作效率和工作质量。

第二，及时生产模式（Just in Time, JIT）。海尔率先提出了三个 JIT 的管理，即 JIT 采购、JIT 原材料配送、JIT 成品分拨物流。通过它们，海尔物流形成了直接面对市场的、完整的、以信息流支撑的物流、商流、资金流的同步流程体系，获得了基于时间的竞争优势，以时间消灭空间，达到以最低的物流总成本向客户提供最大的附加价值服务。

第三，第三方物流（Third-part logistics, 3PL）。青岛海尔物流——3PL 部致力于打造中国最大、最专业的代理销售、代理采购、物流服务企业。

我们再来看海尔的标准化物流。海尔推崇一种制度——零库存：海尔将各道生产工序标准化，每道工序的产能精确计算。工程部门、维修部门、质检部门等全力配合做好预防安全、质量、故障等隐患，每一道工序的产品全部流入下一道工序。而这套链式运作体系，需要很成熟的管理体系，包括严格的规章制度、优秀的企业文化、全体职员的良好职业道德等。

海尔的仓储管理的创新措施给海尔带来了不可小觑的成效：①提高运作效率。②节省了库存面积，减少了储备量和资金占用，提高了生产计划保障率，降低了运作成本。③当供应商首次出现应予以解释的库存低于安全库存时，系统自动报警通知供应商补货，按批次不必集中送货，减少送货频次，降低供应商成本。④提高管理水平。大大减少了重复简单的劳动，提高了工作效率和工作质量。

在压缩库存、节约资金、减少呆滞物料的条件下，海尔保证了工厂生产的顺利进行，在刚开始实施的初期阶段就为海尔节省了数以亿计的库存周转资金，带来了巨大的经济效益。此外，高效的仓储管理制度还有利于整洁现场、节约空间、提高效率、节省人力、保证品质等。

海尔集团建设现代化的立体仓库，以此推动物料配送系统的改革。开展代外租库、供应商供货标准化、库存管理自动化等活动，用现代化的立体仓库取代了落后的外租仓库，几十名库管人员完成了原来需要雇用好几百人完成的工作，提高了效率，降低了仓库管理费用。据财务数据显示，仅外租库一项就为海尔每年节约了高达1 200 万元的费用。

如今海尔已是国际化的大企业，仓库不再是原始的那种储存物资的"水库"，而是一条"流动的河"，正是这条"流动的大河"，源源不断地给海尔带来了巨大的利润。

思考：

（1）在阅读本案例资料基础上，思考库存管理有哪几种方法。

（2）通过海尔集团的仓储物流策略案例，思考海尔库存作业的现代化和库存管理方法的创新体现在哪些方面。

课堂笔记

任务 5.1　认识物流仓储的内涵

【任务目标】

以学习小组为单位，设置你们的物流仓储管理部门，理解仓储与仓储管理的含义，能够认知仓储的地位与作用，仓储的分类，培养团队合作精神和分工、协调能力。

【任务内容】

杭州富日物流有限公司的仓库

富日物流于 2001 年 9 月正式投入运营，注册资本为 5 000 万元。富日物流拥有杭州市最大的城市快速消费品配送仓。它在杭州市下沙路旁租用的 300 亩土地上建造了 140 000 平方米现代化常温月台库房，并正在九堡镇建造规模更大的 600 亩物流园区。富日物流已经是众多快速流通民用消费品的华东区总仓，其影响力和辐射半径还在日益扩大中。

富日物流的商业模式就是基于配送的仓储服务。制造商或大批发商通过干线运输等方式大批量地把货品存放在富日物流的仓库里，然后根据终端店面的销售需求，用小车小批量配送到零售店或消费地。目前，富日物流公司为各客户单位每天储存的商品量达 2.5 亿元。最近，这家公司还扩大了 6 万平方米的仓储容量，使每天储存的商品量达 10 亿元左右。按每月流转 3 次计，这家公司的每月物流量达 30 亿元左右，其总经理王卫安运用先进的管理经营理念，使富日物流成为浙江现代物流业乃至长三角地区的一匹"黑马"。富日物流为客户提供仓储、配送、装卸、加工、代收款、信息咨询等物流服务，利润来源包括仓租费、物流配送费、流通加工服务费等。

富日物流的仓库全都是平面仓。部分采用托盘和叉车进行库内搬运，少量采用手工搬运，月台设计很有特色，适合大型货柜车、平板车、小型箱式配送车的快速装卸作业。

与业务发展蒸蒸日上不同的是，富日物流的信息化一直处于比较原始的阶段，只有简单的单机订单管理系统，以手工处理单据为主。以富日物流目前的仓库发展趋势和管理能力，以及为客户提供更多的增值服务的要求，其物流信息化瓶颈严重制约了富日物流的业务发展。直到最近才开始开发符合其自身业务特点的物流信息化管理系统。

富日物流在业务和客户源上已经形成了良性循环。如何迅速扩充仓储面积，提高配送订单的处理能力，进一步提高区域影响力已经成了富日物流公司决策层的考虑重点。

富日物流已经开始密切关注客户的需求，并为客户规划出多种增值服务，期盼从典型的仓储型配送中心开始向第三方物流企业发展。从简单的操作模式迈向科学管理的新台阶，富日物流的管理层开始意识到仅仅依靠决策层的先进思路是完全不够的，此时导入全面质量管理的管理理念和实施 ISO 9000 质量管理体系，保证所有层次的管理人员和基层人员能够严格地按照全面质量管理的要求，并且在信息系统的帮助下，使富日物流的管理体系能够上到一个科学管理的高度。

请各学习小组完成以下任务：

（1）进行市场调研，确定不同企业对仓储的需求情况。

（2）通过综合考虑企业的信息，分析仓储服务在物流管理中的作用有哪些？

（3）对物流企业中的仓储类型进行分析，并书面表达。

【组织过程】

（1）以学习小组为单位，事先收集资料或进行实地调研，了解以物流专业学生成为企业职场新人的岗前培训为切入点，了解现代物流企业的现状和发展方向，感知仓储企业文化，深入仓储实地了解现代仓库的种类。

（2）通过小组讨论与研究，小组成员分别扮演各岗位的不同角色，其中一位同学扮演负责人，负责设置过程的说明工作。

【考核指标】

考核指标如表 5-2 所示。

表5-2　考核指标

考核项目	考核要求	分值	得分
企业现状发展方向	岗位名称、岗位目标、岗位职责及对仓库选址人员的要求等，要求方案采用书面形式呈现，内容全面、完整	40	
现场讨论仓储的种类	讨论并分配小组成员在"任务内容"中进行仓储种类选择，要求口头描述，内容全面、完整	20	
设置方案汇报	由小组负责人带领成员汇报寻求仓储分类的过程，要求表达清晰、完整、有效	20	
团队精神	通力合作、分工合理、相互补充	10	
	发言积极，乐于与同学分享成果，组员参与积极性高	10	

【知识讲解】

一、仓储概述

1. 仓储的概念

微课 5-1　仓储在供应链中扮演的角色

在物流系统中，仓储是一个不可或缺的构成要素。仓储是商品流通的重要环节之一，也是物流活动的重要支柱。在社会分工和专业化生产条件下，为保持社会再生产过程顺利进行，必须储存一定量的物品，以满足一定时期内社会生产和消费的需要。

仓储是通过仓库对商品与物品的储存与保管。"仓"即仓库，为存放、保管、储存物品的建筑物和场地的总称，可以是房屋建筑、洞穴、大型容器或特定的场地等，具有存放和保护物品的功能。"储"即储存、储备，表示收存以备使用，具有收存、保管、交付使用的意思。

仓储是集中反映工厂物资活动状况的综合场所，是连接生产、供应、销售的中转站，对促进生产、提高效率起着重要的辅助作用。仓储是产品生产、流通过程中因订单前置或市场预测前置而使产品、物品暂时存放。同时，围绕着仓储实体活动，清晰准确的报表、单据账目、会计部门核算的准确信息也同时进行着，因此仓储是物流、信息流、单证流的合一。

传统仓储是指利用仓库对各类物资及其相关设施设备进行物品的入库、储存、出库的活动。现代仓储是指在传统仓储的基础上增加库内加工、分拣、库内包装等环节。仓储是生产制造与商品流通的重要环节之一，也是物流活动的重要环节。

综上所述，结合《物流术语》（GB/T 18354—2021）的定义，仓储是指利用仓库及相关设施设备进行物品的入库、储存、出库的活动。仓储通过仓库或特定的场所对有形物品进行保管、控制等管理，从克服产需之间的时间差中获得更好的效用。

2. 仓储在物流中的地位与作用

仓储是随着社会化分工和商品交换而逐步产生和发展起来的。随着生产的发展，专业化程度不断提高，社会分工越来越细，仓储存在于社会再生产各环节之中，提供社会再生产各环节之间的"物"的停滞，构成了上一步活动和下一步活动联系的必要条件。

（1）调整生产和消费在时间上的间隔。由于许多商品生产和消费都存在时间间隔与地域差异，因此，为了更好地促进商品的流通与贸易，必须设置仓库，将这些商品储存在其中，使其发挥时间效用。

（2）保证进入市场的商品质量。在商品从生产领域进入流通领域的过程中，通过仓储环节，对即将进入市场的商品在仓库进行检验，可以防止质量不合格的伪劣商品混入市场。待入库商品应满足仓储要求。在仓库保管期间，商品处于相对静止状态时，应使其不发生物理、化学变化，以保证储存商品的数量和质量。

（3）加速商品周转和流通。随着仓储业的发展，仓储本身不仅具有储存货物的功能，而且越来越多地承担着生产特性的加工业务，如分拣、挑选、整理、加工、简单装配、包装、加标签、备货等活动，使仓储过程与生产过程更有机地结合在一起，从而增加了商品的价值。随着流通领域物流的发展，仓储业可在货物储存过程中为物流活动提供更多的服务项目，可为商品进入市场缩短后续环节的作业过程和时间，从而为加快商品的销售发挥更多的功能和作用。

（4）调节运输工具运载能力的不平衡。各种运输工具由于运载能力差别很大，容易出现不平衡的状态。此外，在商品运输过程中，在车、船等运输工具的衔接上，由于时间不可能完全一致，会产生在途商品对车站、码头流转性仓库的储存要求。

（5）减少货损货差。在货物进入库场的过程中，无论是港口还是机场的库场，在接收、承运、保管时，都需要检查货物及其包装，并根据货物的性质、包装进行配载、成组装盘（板），有的中转货物还需在库场进行灌包、捆包，进口货物入库还需进行分票、点数、分报。一旦发生因海关检验检疫手续的延误，或因气象原因而延迟装船、交付、疏运等，货物可暂存库场，避免货损发生。在货物装卸过程中，若发现货物标志不清、混装等，则可入库整理，这时库场又可提供暂时堆存、分票、包装等方面的业务。

3. 仓储在供应链中的角色

供应链是企业之间竞争的一个新的领域，仓储是整个供应链竞争不可或缺的一部分。

（1）销售和生产的后援。仓储是销售的后援，销售离不开仓储，生产也离不开仓储。销售、生产、财务，都是企业必须拥有的一种职能，企业不能离开销售，也不能离开生产。所以仓储是它们的后援，是非常重要的后勤支持。

（2）运输的驿站。驿站就是歇脚点，因为，运输得有人帮着装、帮着卸，所以，装卸的过程必须有仓储的介入。

（3）库存的校准点。库存的数据是否准确，直接来自仓储的盘点，如果盘点做的数据不准，那么，整个库存都是不准的。

（4）物品的保管。仓库经常叫仓储，就是仓库的储存管理。保管过程中有很多文章可做，不同的物品对保管的要求都不一样，条件要求也各不相同。

以上四个方面构成了一个供应链。生产为销售服务，销售需要运输，销售过程中需要对库存有精确的把握，库存是销售的后勤支持。物品需要良好的保管，在保管的过程中涉及仓库人员的责任心，因为保管不光是保管数量，还要保管质量。很多企业只注意数量，不注意质量，认为保管仓库只要把数字弄准了就可以，这是远远不够的，还要注意到在保管期内，产品的质量能不能保管好。例如，食品、化妆品、机械、化工产品，对保管的条件要求都是不一样的。所以，从仓储跟销售、生产、采购、财务之间的关系，以及它在供应链中的四个角色可以看出，对仓库的管理还要加强。

4. 仓储的功能

仓储的功能可以分为基本功能、增值服务功能和社会功能三个部分。仓储的基本功能是传统仓储企业直接经济利益的来源。随着市场竞争的不断加剧，企业为了建立竞争优势，不仅要提高原有服务功能的质量，还要大力扩展仓储业务，创造新的增值服务。

（1）基本功能。

仓储的基本功能是指为了满足市场的基本储存需求，仓储所具有的基本的操作或行为。仓储的基本功能包括货物的出入库、库存、分拣、包装、配送及信息处理六个方面，其中，货物的出入库与在库管理可以说是仓储的最基本的功能，也是传统仓储的基础作业。通过基础作业，货物得到了有效的、符合市场和客户需求的仓储处理，例如，包装可以为进入物流过程中的下一个物流环节做好准备。

（2）增值功能。

通过基本功能的实现而获得的利益体现了仓储的基本价值。仓储的增值功能则是指通过仓储高质量的作业和服务，使经营方或供需方获取额外的利益，这个过程称为附加增值。这是物流中心与传统仓库的重要区别之一。仓储增值功能为仓储带来的价值主要体现在两个方面：一是提高了客户的满意度，当客户下达订单时，仓储中心能够快速反应安排订单出库，使货物能够更好更快地到达客户手中，从而提高客户的满意度；二是提高了信息传递的效率，在仓库运营过程中，供应链上下游都需要对仓库内的货物信息有全面的了解，这些为经营者决策提供了可靠的信息，降低了运营发生错误的概率。

（3）社会功能。

仓储的基本功能和增值功能会给整个社会物流的运转带来不同的影响，良好的仓储作业与管理会带来正面的影响，例如，其保证了生产、生活的连续性，反之则会带来负面的影响。这些功能被称为仓储的社会功能。

可以从三个方面理解仓储的社会功能。第一，时间调整功能。一般情况下，生产与消费之间会存在时间差，通过仓储，可以克服货物产销在时间上的隔离（如季节生产但需全年消费的大米）。第二，价格调整功能。生产和消费之间会产生价格差，供过于求、供不应求都会对价格产生影响，因此，仓储可以克服货物在产销量上的不平衡，达到调控价格的效果。第三，衔接商品流通的功能。货物仓储是商品流通的必要条件，为保证货物流通过程连续进行，就必须有仓储活动。仓储可以防范突发事件，保证商品顺利流通。例如，运输被延误会使卖主缺货。对供货仓库而言，仓储可以避免由于原材料供应的延迟而导致产品生产流程的延迟。

二、仓储管理

仓储管理就是对仓库及仓库内的物资所进行的管理，是仓储机构为了充分利用所具有的仓储资源提供高效的仓储服务所进行的计划、组织、控制和协调过程。具体来说，仓储管理包括仓储资源的获得、仓储商务管理、仓储流程管理、仓储作业管理、保管管理、安全管理等多种管理工作及相关的操作。

仓储管理是一门经济管理科学，同时也涉及应用技术科学，故属于交叉性学科。仓储管理的内涵是随着其在社会经济领域中的作用不断扩大而变化的。仓储管理，即库管，是指对仓库及其库存物品的管理。仓储系统是企业物流系统中不可缺少的子系统。物流系统的整体目标是以最低成本提供客户满意的服务，而仓储系统在其中发挥着重要作用。仓储活动能够促进企业提高客户服务水平，增强企业的竞争能力。现代仓储管理已从静态管理向动态管理产生了根本性的变化，对仓储管理的基础工作也提出了更高的要求。

1. 仓储管理的内容

现代企业的仓库已成为企业的物流中心。过去，仓库被看成一个无附加价值的本钱中心，而现在仓库不仅被看成是形成附加价值过程中的一部分，而且被看成是企业成功经营中的一个关键因素。不妨看看仓储管理的主要内容。

（1）仓库的选址与建筑：例如，仓库的选址，仓库建筑面积确定，库内运输道路与作业的布置等。

（2）仓库机械作业的选择与配置：例如，如何根据仓库作业特点和所储存货物种类以及其物理、化学特性，选择机械装备以及应配备的数量，如何对这些机械进行管理等。

（3）仓库的业务管理：例如，如何组织货物入库前的验收，如何存放入库货物，如何对在库货物进行保管养护，发放出库等。

（4）仓库的库存管理：例如，如何根据企业生产的需求状况和销售状况，储存合理数量的货物，既不因为储存过少引起生产或销售中断造成的损失，又不因为储存过多占用过多的流动资金等。

（5）仓库的组织管理：如货源的组织，仓储方案，仓储业务，货物包装，货物养护，仓储本钱核算，仓储经济效益分析，仓储货物的保税类型，保税制度和政策，保税货物的海关监管，申请保税仓库的一般程序等。

（6）仓库的信息技术：如仓库管理中信息化的应用以及仓储管理信息系统的建立和维护等问题。

此外，仓储业务考核、新技术新方法在仓库管理中的运用、仓库安全与消防等，都是仓储管理所涉及的内容。

2. 仓储管理的基本原则

仓储的生产管理以效率管理为核心，实现最少劳动投入，获得最大的产品产出。劳动的投入包括劳动力的数目、生产工具以及它们的作业时间和使用时间。

（1）效率原则。

效率是指在一定劳动要素投入时的产品产出量。高效率就是指以较少的劳动要素投入产出较多的产品，它意味着单位劳动产出大。劳动要素利用高效率是现代生产的基本要求。仓储的效率表现在货物周转率、仓容利用率、进出库时间、装卸车时间等指标上。高效率仓储体现出快进、快出、多储存、好保管的特点。

仓储的生产管理以效率管理为核心，实现以最少的劳动投入获得最大的产品产出。劳动投入包括劳动力数量、生产工具以及它们的作业时间和使用时间。生产效率是所有仓储管理工作的基础，没有生产效率，就不会有经营的效益，更不可能有优质的服务。高效率的实现是管理艺术的体现。只有准确地核算，科学地组织，妥善地安排场所、空间、机械设备，并与员工合理配合，才能使生产作业过程有条不紊地进行。高效率需要有效的管理过程作为保证，包括现场的组织、督促，标准化、制度化的操作管理，严格的质量责任制。现场作业混乱、操作随意、作业质量差甚至出现作业事故等显然不可能有效率。

（2）服务原则。

服务原则。仓储活动是以为社会提供服务为内容，服务是贯穿仓储活动的一条主线。仓储的定位、仓储的具体操作、对储存货物的控制都以服务为中心展开，因此，仓储管理就需要围绕服务定位。例如，提供什么服务、如何提高服务质量、如何改善服务管理等。仓储服务水平与仓储经营成本之间有密切联系。服务好，成本高，收费也高。仓储服务管理就是要在降低成本和提高（保持）服务水平之间保持平衡。

（3）效益原则。

效益原则。企业生产经营的目的就是要获得最大的经济效益，而利润是经济效益的表现形式。利润大，经济效益好；反之，经济效益差。要实现利润最大化则需实现经营收入最大化和经营成本最小化。作为参与市场经济活动主体之一的仓储企业，应该围绕着获得最大经济效益的目的来开展和组织经营。同时，企业也应对社会承担一定的责任，如维护社会安定、履行环境保护的义务，满足社会不断发展的需要等。

任务 5.2　认识仓储设施与设备

课堂笔记

【任务目标】

以学习小组为单位，设置你们的仓储管理管理部门，加强对不同仓储设施设备的理解，能够认知仓储的意义与作用，培养团队合作精神和分工、协调能力。

【任务内容】

根据经典的零售学理论，一个大卖场的选址需要经过几个方面的测算：第一，商圈里的人口消费能力。需要对这些地区进行进一步的细化，计算这片区域内各个小区详尽的人口规模和特征，计算不同区域内人口的数量和密度、年龄分布、文化水平、职业分布、人均可支配收入等指标。家乐福的做法还会更细致一些，根据这些小区的远近程度和居民可支配的收入，再划定重要的销售区域和普通的销售区域。第二，需要研究这片区域内的城市交通和周边的商圈竞争情况。设在上海的大卖场都非常聪明，例如，家乐福古北店周围的公交线路不多，家乐福就干脆自己租用公交车点在一些固定的小区穿行，方便这些离得较远的小区居民上门一次性购齐一周的生活用品。

当然未来潜在的销售区域会受到很多竞争对手的挤压，所以家乐福也会将未来所有的竞争对手计算进去。

家乐福自己的一份资料指出，有 60% 的顾客在 34 岁以下，70% 是女性，有 28% 的人步行，45% 通过公共汽车而来。所以很明显，大卖场可以依据这些目标顾客的信息来微调自己的商品线。能体现家乐福用心的是，家乐福在上海的每家店都有小小的不同。在虹桥店，因为周围的高收入群体和外国侨民比较多，其中外国侨民占到了家乐福消费群体的 40%，所以虹桥店里的外国商品特别多。南方商场的家乐福因为周围的居住小区比较分散，在商场里开了一家电影院和麦当劳，增加自己吸引较远人群的力度。青岛的家乐福做得更到位，因为有 15% 的顾客是韩国人，所以干脆做了许多的韩文招牌。

请各学习小组完成以下任务：

（1）进行市场调研，确定市场对该企业仓储设施的需求，以确定企业合理选址的措施。

（2）通过综合考虑公司经营、市场需求和不同时期物流方案，制订企业选址方案以及企业选址需要考虑的因素，并书面表达。

【组织过程】

（1）以学习小组为单位，事先收集资料或进行实地调研，了解设施设备选择的注意事项，使用方法等。

（2）通过小组讨论与研究，小组成员分别扮演各岗位的不同角色，其中一位同学扮演负责人，负责设置过程的说明工作。

【考核指标】

考核指标如表 5-3 所示。

表 5-3　考核指标

考核项目	考核要求	分值	得分
仓储岗位分析材料	岗位名称、岗位目标、岗位职责及对仓库选址人员的要求等，要求方案采用书面形式呈现，内容全面、完整	40	
现场讨论仓储设施选址的选择和依据	讨论并分配小组成员在"任务内容"中仓储部门中扮演的角色，制定运输优化策略方法，要求口头描述，内容全面、完整	20	
设置方案汇报	由小组负责人带领成员汇报寻求选址优化策略的过程，要求表达清晰、完整、有效	20	
团队精神	通力合作、分工合理、相互补充	10	
	发言积极，乐于与同学分享成果，组员参与积极性高	10	

【知识讲解】

仓储设施与设备是储存的实体，是实现储存功能的重要保证。仓储设施主要是指用于仓储的库场建筑物，它由主体建筑、辅助建筑和附属设施构成。仓储设备是指仓储业务所需的所有技术装置与机具，即仓库进行生产作业或辅助生产作业以及保证仓库及作业安全所必需的各种机械设备的总称。

一、仓储设施

1. 仓库的类型

仓库的种类很多，由于各种仓库所处的地位不同，所承担的储存任务不同，再加上储存物资的品种规格繁多、性能各异，就可以根据不同的分类标准，将仓库分为不同的类型。

（1）按用途分类。

仓库按在商品流通过程中所起的作用，可以分为以下几种：

微课 5-2
仓储的类型

1）采购供应仓库。采购供应仓库主要用于集中储存从生产部门收购的和供国际间进出口的商品。这类库场一般设在商品生产比较集中的大、中城市，或商品运输枢纽所在地。采购供应库场一般规模较大；如我国的商业系统的一级和二级采购供应站的库场属于这类。其中，一级供应站面向全国，二级供应站面向省、自治区或经济区。随着市场经济的逐步确立，这种供应站的职能划分已被打破。

2）批发仓库。批发仓库主要用于收储从采购供应库场调进或在当地收购的商品。这类仓库贴近商品销售市场，是销地的批发性仓库。它既从事批发供货，又从事拆零供货。

3）零售仓库。零售仓库主要用于为商业零售业做短期储货，以供商店销售。在零售仓库中，存储的商品周转速度较快，而库场规模较小，一般附属于零售企业。

4）储备仓库。储备仓库一般由国家设置，以保存国家应急的储备物资和战备物资。货物在这类仓库中储存的时间往往较长，并且为保证储存物资的质量必须定期更新储存的物资。

5）中转仓库。中转仓库处于货物运输系统的中间环节，存放那些待转运的货物。这类仓库一般设在铁路、公路的场站和水路运输的港口码头附近。

6）加工仓库。加工仓库除储存商品外，还兼有挑选、整理、分级、包装等简单的加工功能，以适应消费市场的需要。目前，兼有加工功能的仓库是物流企业仓储服务发展的趋势。

7）保税仓库。保税仓库是指为满足国际贸易的需要，设置在一国国土以内、海关关境以外的仓库。外国货物可以免税进出这些仓库而无须办理海关申报手续。并且，经批准后，可在保税仓库内对货物进行加工、存储、包装和整理等业务。有时会划定更大的区域用作货物保税，这样的区域则可称为保税区。

（2）按保管货物的特性分类。

按保管货物的特性不同，仓库可分为以下几类：

1）原料仓库：保管生产中使用的原材料的仓库。这类仓库一般规模较大，通常设有大型的货场。

2）产品仓库：保管完成生产但尚未进入流通的产品。一般这类仓库附属于产品制造企业。

3）冷藏仓库：保管需要冷藏储存的货物，一般多为农副产品、药品等。

4）恒温仓库：为保持货物存储质量，将库内温度控制在某一范围的仓库。这种仓库规模不大，可以存放精密仪器等商品。

5）危险品仓库：专门用于保管易燃、易爆和有毒的货物。这类货物的保管有特殊的要求。

6）水面仓库：利用货物的特性以及宽阔的水面来保存货物的仓库。例如，利用水面保管圆木、竹排等。

（3）按仓库建筑物的构造分类。

1）单层仓库。

单层仓库是最常见、使用很广泛的一种仓库建筑类型。这种仓库没有上层，不设楼梯。其主要使用特点是：①单层仓库设计简单，在建造和维修上投资较省；②全部仓储作业都在一个层面上进行，货物在库内装卸和搬运方便；③各种设备（如通风、供水、供电等）的安装、使用和维护比较方便；④仓库地面能承受较重的货物堆放。

2）多层仓库。

多层仓库一般建在人口较稠密、土地使用价格较高的市区。它采用垂直输送设备（如电梯或倾斜的带式输送机等）实现货物上楼作业。反映了一种阶梯形的多层仓库，它通过库外起重机将货物吊运至各层平台。多层仓库主要有以下特点：①多层仓库可适应各种不同的使用要求，如办公室与库房可分别使用不同的楼面。②分层的仓库结构将库区自然分隔，有助于仓库的安全和防火，如果火情发生，往往可以被控制在一个层面而不危及其他层面的货物。③现代的仓库建筑技术已能满足较重的货物提升上楼。④多层仓库一般建在市区，特别适用于存放城市日常用的高附加值、小型的商品（如家用电器、生活用品、办公用品等）。

3）立体仓库。

立体仓库又称高架仓库，实质上是一种特殊的单层仓库。它利用高层货架堆放货物。一般与之配套的是在库内采用自动化的搬运设备，形成自动化立体仓库。当采用自动化的堆存和搬运设备时，便成为自动化立体仓库。

4）简仓。

简仓是用于存放散装的小颗粒或粉末状货物的封闭式仓库，一般置于高架之上。简仓般用于存储粮食、水泥和化肥等。

5）露天堆场。

露天堆场是用于货物露天堆放的场所，一般堆放的货物都是大宗原材料，或不怕受潮的货物。

（4）按建筑材料分类。

根据仓库所使用的建筑材料不同，可以将仓库分为钢筋混凝土仓库、混凝土块仓库、钢结构仓库、砖石仓库、泥灰墙仓库、木架砂浆仓库和木板仓库等。随着建筑材料的发展，按建筑用材划分的仓库还会有新的种类出现。

（5）按所处位置分类。

根据仓库所处的地理位置，可以将仓库分成码头仓库、内陆仓库、车站仓库、终点仓库、城市仓库以及工厂仓库等。

（6）按仓库的管理体制分类。

根据仓库隶属关系的不同，按其管理体制可将仓库分为自用仓库和公用仓库。自用仓库只为企业本身使用，不对社会开放，在物流概念中被称为第一方物流仓库和第二方物流仓库。如我国大型企业的仓库和大多数外贸公司的仓库属于此类。这些仓库由企业自己管理。当然，随着市场经济的影响，已有许多自用仓库在满足自身的需要以后，也逐步向社会开放。

公用仓库是一种专门从事仓储经营管理的、面向社会的、独立于其他企业的仓库，在物流概念中被称为第三方物流仓库。国外的大型仓储中心、货物配送中心属于此类。近年来，我国专门从事仓储业务的企业发展迅速，已在物流系统中扮演着越来越重要的角色。

（7）按仓库的功能分类。

从功能性的角度，仓库可分为储存仓库和流通仓库。储存仓库以储存、保管为重点，货物在库时间相对较长，仓库工作的中心环节是提供适宜的保管场所和保管设施设备，保存商品在库期间的使用价值。流通仓库也可称为流通中心。流通仓库与储存仓库的区别在于：货物在库的保存时间较短，库存量较少，而且出入库频率较高。流通仓库虽然也做保管业务，但更多的是做货物的检查验收、流通加工、分拣、配送、包装等工作，在较短的时间内向更多的用户出货。制造厂家的消费地仓库、批发业和大型零售企业的仓库属于这种类型的较多。

2. 堆场

堆场是用于堆放货物的场地，一般情况下为露天料场。堆场上堆存的货物不同，其管理方式也不同。下面分为集装箱堆场、散货堆场、带包装物品堆场三大类分别介绍。

（1）集装箱的定义及分类。

集装箱（Container）又称"货柜""货箱"，是具有一定的强度和刚度，专门供周转使用的便于机械操作和运输的大型货物容器。国际标准化组织根据集装箱在装卸、堆放和运输过程中的安全需要，规定了作为一种运输与仓储工具的货物集装箱的条件：能够长期反复使用，具有足够的强度；途中转运不用移动集装箱内的货物，可以直接换装；可以进行快速装卸；具有 1 m³ 以上的内容积。

集装箱的种类很多，按照其用途不同，可分为杂货集装箱（Dry Container）、冷藏集装箱（Refrigerated Container）、散货集装箱（Solid Bulk Container）、开顶集装箱（Open Top Container）、框架集装箱（Flat Rack Container）和罐状集装箱（Tank Container）等。除此之外，还有一些特种专用集装箱。如专用于运输汽车，并可分为两层装货的汽车集装箱；可通风并带有喂料、除粪装置，以铁丝网为侧壁的，用于运输活牲畜的牲畜集装箱；备有两层底，专运生皮等有带汁渗漏性质的兽皮集装箱，以及专供挂运成衣的挂衣集装箱等。另外，还有以运输超重、超长货物为目的，并且在超过一个集装箱能装货物的最大重量和尺寸时，可以把两个集装箱连接起来使用，甚至可加倍装载一个集装箱所能装载的重量或长度的平台集装箱。

此外，由于货流在某些运输线上的不平衡产生了折叠集装箱。由于海陆运输条件的差异，目前世界许多地方仍使用子母箱。

（2）散货堆场。

1）散装货物堆垛。

对于存放钢材、油桶、日用陶器、瓷器等散装货物的堆场，如何进行堆垛是一个重要的问题。在堆垛时，需要考虑很多货物是要进行苫盖的，必须将垛顶堆成"屋脊"形式或"宝塔"形式，以便两端泄水。具体方法有立柱式堆垛法、交错式堆垛法、风向式堆垛法等。

2）散货堆场的苫垫。

在堆场进行苫垫，是防止各种自然条件影响，保证储存货物质量的一项安全措施。苫垫可分为苫盖和垫底。苫盖和垫底都要根据货物的性能、堆场的实际条件、保管期限，以及季节、温湿度、光照日晒、风力等情况，选择合适的方法和物料。

苫盖。苫盖的基本要求是风刮不开、雨漏不进，垛要整齐，肩有斜度。具体方法有苫布苫盖法（包括使用篷布、塑料布苫盖）、席片苫盖法、竹架苫盖法、隔离苫盖法。

垫底。垫底一般是指在货垛下面使用各种物料铺垫，为隔地面的潮湿，便于通风，防止货物受潮、霉变、残损。货物如何垫底，首先取决于储存货物的堆场的现实状况和货物性能这两个基本条件。堆场的实际条件很复杂，堆场多数是泥土、煤渣或水泥地坪，由于地坪本身所含水分的蒸发或冷、暖空气的侵入，会使垛底一、二层货物受潮、霉变。因此，采取垫底措施十分必要。散装货物堆场垫底的具体步骤为：堆场在使用前必须平整夯实，四周开挖明沟，以便排除积水。堆场上存放的货垛，一般都比较大，分量比较重，所以要选择较坚固耐压的垫底材料，如枕木、水泥块、花岗石等。垫底高度应视气候条件和防汛要求而定，一般应该不低于30 cm，地势低洼和可能积水的场地，则要适当加高。垫底贴地一层可放花岗石或水泥条（垫木贴在地面容易腐朽），上面再架设垫木或垫木架。垫木或垫木架不能露在货垛外面，以防雨水顺着垫木流进货垛。

（3）带包装物品堆场。

带包装物品在堆场的存放方式上基本与前述的方式方法相似，其采用的堆垛方式，可以根据外包装的形式来加以选择。常用的堆垛方式有：

1）利用商品的外包装直接叠高堆垛。具体方式有：

① 重叠式堆垛法，又称直叠法；

② 压缝式堆垛法；

③ 环形式堆垛法，又称圆形堆垛法、交叠法、辫子法；

④ 梯形式堆垛法，又称屋脊式堆垛法；

⑤ 通风式堆垛法等。

另外，由于某些货物性能、形状特殊，堆垛方法就需要随之改变。

2）利用托盘实行单元化堆垛。托盘上堆放货物的方法，基本上与前面介绍的方式相同，也可分为重叠式、压缝式、环形式、通风式等。托盘堆垛主要用作配合叉车、起重机操作。同时还利用托盘的固定规格，将货物按照一定的数量堆放在一起，作为单元货物，并将托盘互相重叠起来，成为垂直堆垛的货垛。托盘堆垛必须保证货物不伸出托盘边缘，因为货物堆积在托盘上，任何一边伸出，都会导致货物包装的损坏，并使货垛缺乏稳定性。托盘的堆垛方法有两种：一种是平面托盘堆垛法，适用于包装整齐并有一定承压力的货物；另一种是立柱托盘堆垛法，适用于包装不规则、经不起压力或有滑性无

微课 5-3
垫垛和苫盖

微课 5-4
托盘堆码

法叠高的货物。

3. 自动化立体仓库

所谓自动化仓库（Automatic Warehouse），是指由计算机进行管理和控制，不需要人工搬运作业而实现收发自动化作业的仓库。立体仓库（Stereoscopic Warehouse）是指采用高层货架，以货箱或托盘储存货物，用巷道堆垛起重机及其他机械进行作业的仓库。将上述两种仓库的作业结合的仓库称为自动化立体仓库。

自动化立体仓库从建筑形式上看，可分为整体式和分离式两种。整体式是库房货架合一的仓库结构形式，仓库建筑物与高层货架相互连接，形成一个不可分开的整体。分离式仓库是库梁分离的仓库结构形式，货架单独安装在仓库建筑物内。无论哪种形式，高层货架都是主体。

高层货架有各种类型，按照建筑材料的不同，可分为钢结构货架、钢筋混凝土结构货架等；按照货架的结构特点划分，可分为固定式货架和可根据实际需要组装、拆卸的组合式货架；按照货架的高度划分，小于 5 m 的为低层货架，5~15 m 的为中层货架，15 m 以上的为高层货架。

目前，国外自动化立体仓库的发展趋势之一是由整体式向分离式发展，因为整体式自动化立体仓库的建筑物与货架是固定的，一经建成便很难更改，应变能力差，而且投资高、施工周期长。

4. 特种仓库

特种仓库包含的种类很多，这里只介绍其中主要的两类：冷藏仓库与危险品仓库。

（1）冷藏仓库。

所谓冷藏仓库，就是通过机械制冷方式，使库内保持一定的温度和湿度，以储存食品、工业原料、生物制品和药品等对温度和湿度有特殊要求的货物。

冷藏仓库的类型。冷藏仓库可以根据用途的不同分为生产性冷库、分配性冷库和综合性冷库。生产性冷库是生产企业在产品生产过程中的一个环节，这类冷库设在企业内部，储存半成品或成品，如肉类加工厂内或药品制造工厂内的冷库便属于此类。这类冷库只对产品做短期储存，储存的产品一般零进整出。这类仓库的规模可根据生产能力以及运输能力来确定。

分配性冷库处于货物的流通领域，为保持已经冷却或冻结的货物以一定的温度和湿度条件而设置。其功能是保持市场供应的连续性和长期储备的需要。这类冷库一般建在大中型城市、交通枢纽和人口稠密的地区。其储存量较大，货物以整进零出的方式出入冷库；但在交通枢纽处的货物则以整进整出方式出入冷库。综合性冷库是将生产性与分配性融为一体，连接产品的生产和货物的流通。由于这一特点，其容量往往较大，货物进出较为频繁。这类冷库用于当地生产、当地消费的货物储存。冷藏仓库也可根据其规模分为大型冷库（储量在5 000 t 以上）、中型冷库（储量在 500~5 000 t）和小型冷库（储量小于 500 t）。

（2）危险品仓库。

仓储中的危险品是指具有燃烧、爆炸、腐蚀、有毒、放射性或者在一定的条件下具有这些特性，并能致人、畜以伤害，或造成财产损失的货物。由于危险品在性能上的这些特点，在仓库类型、布局、结构和管理上有其特殊要求。

危险品仓库的类型。我国把危险品仓库按其隶属和使用性质分为甲、乙两类。甲类是那些商业仓储业、交通运输业、物资管理部门的危险品仓库，这类仓库往往储量大、品种复杂且危险性较大。乙类是指那些企业自用的危险品仓库。如按仓库规模，又可分为三级：库场面积大于 9 000 m² 的为大型仓库，面积为 550~9 000 m² 的为中型仓库，550 m² 以下的为小型仓库。危险品仓库由于其储存的货物具有危险性，故一般设在郊区较空旷的地带，且位于常年主导风的下风处，并避开交通干线。

二、仓储设备

1. 装卸搬运设备

（1）叉车。叉车是一种无轨、轮胎行走式装卸搬运车辆。主要用于车站、码头、仓库和货场的装卸、堆垛、拆垛、短途搬运等作业，既可以进行水平运输，也可以进行垂直堆码。

叉车有如下特点：

1）通用性。叉车在物流的各个领域都有所应用。它和托盘配合，扩大了应用范围，同时也可以提高作业效率。

2）机械化程度高。叉车是装卸和搬运一体化的设备。

3）机动灵活。叉车将装卸和搬运两种作业合二为一。叉车外形尺寸小，轮距较小，掉头转向比较容易，能在其他机械难以到达的作业区域内使用。

4）节约劳动。叉车仅仅依靠驾驶员就能完成对货物的系列作业，无须装卸工人的辅助劳动。

（2）堆垛机。堆垛机是自动化立体仓库中专用的装卸搬运设备，它在高层货架之间的巷道内来回穿梭运行，将位于巷道口的货物存入货格；或者相反，取出货格内的货物运送到巷道口。

堆垛机的额定载重量一般为几十千克到几吨，其中 0.5 t 的使用较多。它的行走速度一般为每分钟 4~120 m，升降速度一般为每分钟 3~30 m。

（3）搬运车。搬运车是为了改变货物的存放状态和空间位置而使用的小型车辆的总称。

搬运车主要包括以下几种类型：

1）手推车。手推车是依靠人力驱动，在路面上水平运输的小型搬运车。其搬运作业距离一般小于 25 m，承载能力一般在 500 kg 以下。其特点是轻巧灵活、易操作、转弯半径小，是输送较小、较轻物品的一种方便而经济的短距离运输工具。手推车的构造形式多种多样，适用于不同的货物种类、性质、重量、形状和道路条件。手推车的选用首先应考虑货物的形状和性质。当搬运多品种货物时，应选用通用手推车；当搬运单一品种货物时，应选用专用手推车，以提高搬运效率。

2）牵引车。牵引车俗称拖头，用来牵引挂车，本身没有承载货物的平台，不能单独运输货物。牵引车只在牵引时才与挂车连在一起，把挂车拖到指定地点。装卸货物时，牵引车与挂车脱开，再去牵引其他挂车，从而提高设备利用率。

3）电瓶搬运车。电瓶搬运车有固定的载货平台，可载重运输，也可用作牵引。电瓶搬运车车体小而轻，动作灵活，使用时清洁卫生。电瓶搬运车宜在平坦的路面上行驶，以减轻蓄电池的震动。由于没有防爆装置，电瓶搬运车不宜在有易燃易爆物品的场所内工作。

（4）输送机。输送机主要用于输送托盘、箱包件或其他有固定尺寸的集装单元货物，也有用于输送散料的，但不多见。

输送机可以分为重力式和动力式两类。重力式输送机因滚动体的不同，可以分为滚轮式、滚筒式和滚珠式三种形式。动力式输送机以电动机为动力，根据驱动介质不同，可以分为辊子输送机、皮带输送机、链条式输送机和悬挂式输送机等。输送机在运输中，货物的装和卸均在输送过程不停顿的情况下进行，不需要经常起动和制动。其结构比较简单，造价较低。通常可选用多台输送机构成输送系统，从而实现物流系统化。

2. 装卸搬运设备

（1）货架。在仓储设备中，货架是指专门用于存放成件货物的保管设备，由立柱片、横梁和斜撑等构件组成。下面介绍几种常见货架。

1）层架。层架是由主柱、横梁和层板构成的，分成数层，层间用于存放货物。层架具有结构简单、省料、适用性强等特点，便于货物的收发，但存放物品数量有限，是人工作业仓库主要的储存设备。轻型层架用于小批量、零星收发的小件物品的储存。中型和重型层架要配合叉车等工具储存大件、重型物品，其应用领域广泛。

2）托盘式货架。托盘式货架是存放装有货物托盘的货架，应用最为广泛。其结构是货架沿仓库的宽度方向分成若干排，排与排之间有巷道，供堆垛起重机或叉车运行。每排货架沿仓库纵向分为若干列，在垂直方向又分为若干层，从而形成大量货格。托盘货架的每块托盘均能单独存入或取出，不需要移动其他托盘。

横梁的高度可根据货物的尺寸相应地调整，适用于存放各种类型的货物。其配套设备简单，能快速地安装和拆卸，货物装卸迅速，能提高仓库的空间利用率。托盘货架配合堆垛起重机和叉车进行存取作业，可提高劳动生产率，便于使用计算机进行库存管理和控制，是仓储管理机械化和自动化的基础。

3）抽屉式货架。抽屉式货架与层架相似，区别在于层格中有抽屉。它属于封闭式货架，具有防尘、防潮、避光的作用，用于比较贵重的小件物品的存放，或用于怕尘土、怕湿等物品（如刀具、量具、精密仪器、药品等）的存放。

4）悬臂式货架。悬臂式货架又称树枝形货架，由中间立柱向单侧或双侧伸出悬臂而成。悬臂可以是固定的，也可以是可调节的，结构轻巧，载重能力好。一般用于储存长条形材料和不规则货物，如圆钢、型钢、木板等。此种货架可采用起重机起吊作业，也可采用侧面叉车和长料堆垛机作业。

5）驶入式货架。驶入式货架，又称进车式货架，它采用钢质结构，钢柱上有向外伸出的水平突出构件。当托盘送入时，突出的构件将托盘底部的两个边托住，使托盘本身起架子横梁的作用。当架子没有放托盘货物时，货架正面便成了无横梁状态，这时就形成了若干通道，可方便叉车等作业车辆出入。驶入式货架是高密度存放货物的货架，仓库利用率可达90%以上。但是，由于叉车只能从正面驶入，库存货物很难实现先进先出，因此，每一巷道只宜保管同一种、不受保管时间限制的货物。

6）移动式货架。移动式货架，又叫动力式货架，其底部安装有运行车轮，通过电动机驱动，可在水平导轨上直线移动，为叉车存取货物提供作业通道。移动式货架使仓库储存密度大大增加，单位面积储存量是托盘式货架的 2 倍左右，而且可直接存取每一件货物，不受先进先出的限制。这种货架的缺点是成本高，施工慢。

除上述 6 种货架外，常用的还有重力式货架、U 形架、阁楼式货架、旋转式货架等。

（2）托盘。托盘是为了便于装卸、运输、保管货物，由可以承载单位数量物品的负荷面和叉车插口构成的装卸用垫板。托盘是一种随着装卸机械化而发展起来的重要集装器具，叉车与托盘配合使用形成有效的装卸系统，大大提高了装卸的机械化水平。目前，托盘作为实现单元化货物装载运输的重要工具，正在被各行各业所认识和接纳，应用越来越广泛。

现国际上托盘尺寸有 4 个系列，即 1200 系列（1 200 mm×800 mm 和 1 200 mm×1 000 mm）、1100 系列（1 100 mm×1 100 mm）、1140 系列（1 140 mm×1 140 mm）、1219 系列（1 219 mm×1 016 mm）。我国国家标准规定的托盘尺寸有 800 mm×1 200 mm、800 mm×1 000 mm 和 1 000 mm×1 200 mm 3 种。

（3）辅助设备。

1）计重计量设备。计重计量设备主要是对商品进出时的计量、点数，以及存货期间的盘点、检查等。计重计量设备较多，如地磅、轨道衡、电子秤、电子计数器、流量仪、皮带秤、天平仪，以及较原始的磅秤、转尺等。计重计量设备要求有 4 个主要特性：准确性、灵敏性、稳定性、不变性。

电子秤是以传感器为感应元件，集电子电路放大、运算及显示面板于一体的计重装置，按工作方式不同可分为台式和吊秤式。电子吊秤是一种挂钩式称重装置（也称拉力计式），一般用于单元化集装货物的计重计量场所。计重范围较宽，大吨位计重一般与起重机配合使用，由于装置处于高空计量不便于读数，其计量数据可无线发送到显示终端。

电子汽车衡作为称量车载货物的设备，由于其称量快、准确度高、数字显示、数据可传输、操作维护方便等特点已完全取代了旧式机械地磅，被广泛使用于货场、仓库、码头等批量物料的称重计量场合。

现在，称重技术进步很快，还有不停车称量的动态电子汽车衡和物流分拣系统中的传送带式动态电子计重衡，它们均能在短时间内实现运动物体的准确称重。

2）检验设备。检验设备是指商品进入仓库验收和在库内测试、化验以及防止商品变质、失效的机具、仪器，如温度仪、测潮仪、吸潮仪、烘干箱、风幕（设在库门处，隔内外温差）、空气调节器、商品质量化验仪器等。在规模较大的仓库里，这类设备使用较多。

3）装卸月台。月台主要分布在车辆依靠处、装卸货物处、货物暂存处，利用月台能方便地将货物装车或卸车，实现物流网络中线与节点的衔接转换。月台的主要形式有高月台和低月台。高月台是指月台高度与车辆货箱底部高度基本保持一致。车辆停靠时，车辆货箱底部与月台处于同一作业平面，有利于使用车辆进行水平装卸，使装卸合理化。低月台是指月台和仓库地面处于同一高度，有利于月台与仓库之间的搬运。低月台的装卸车作业不如高月台方便，此时可以在车辆和仓库之间安装输送机，使输送机的载货平面与车辆货箱底部保持同等高度。此外，低月台也有利于叉车作业。

4）包装设备。物流过程中需频繁进行装卸、搬运、运输和堆码等活动，为了保护物料和提高效率，需要适当的包装和集装措施。包装是指采用打包、装箱、灌装和捆扎等操作技术，使用箱、包、袋、盒等适当的容器、材料和辅助物等，将物品包封并予以适当标志的工作，它是包装物和包装操作的总称。

物流包装设备是指完成全部或部分包装过程的机器的总称。类别有包裹包装机械、填充包装机械、灌装包装机械、封口机械、贴标机械、捆扎机械、热成型包装机械、真空包装机械、收缩包装机械和其他包装机械等。

任务5.3　认识仓储作业流程

【任务目标】

以学习小组为单位，设置你们的物流运输管理部门，加强对不同运输方式的的理解，能够认知物流运输活动的意义与作用，培养团队合作精神和分工、协调能力。

【任务内容】

某公司共有成品仓库（都是平面仓库）三个，分别是成品一组仓库、成品二组仓库和成品三组仓库，且仓库中的货架都是三层四列。成品一组仓库位于一楼，目的是方便进出货，所以那里存放的货物种类相对较多，如筒灯、灯盘等，并且所有的外销品也存放在一组。成品二组仓库主要存放的主要是路轨灯、金卤灯、T4灯、T5灯以及光源。成品三组仓库主要存放特定的格栅灯、吸顶灯、导轨灯，以及别的公司的一些产品。这些灯都属于易碎物品，在运输、包装、装卸、搬运及存储过程中都有较高的条件限制。

　　该公司现有一批 24 箱周转量低的金卤灯、18 箱周转量高的 T5 灯需要入库。仓管员在核对进货账卡，对货物进行清点后，了解仓库库存、设备、人员的情况，清查货位，发现仓库中刚好有一个托盘货架空缺，且这两种产品没有初期库存。仓管员根据入库需求制订入库计划，因 T5 灯的周转量相对较大，也就是说出库频率较高，将其存放在了货架的下层且靠近出口通道处，以便于货物的出入库作业；金卤灯周转量较低，出入库的频率不高，将其放于三层货架上。

　　请各学习小组完成以下任务并书面表达。

　　假如你是仓管员，请根据仓库布局原则，结合货物入库需求及物品各自的特点，将 T5 灯存放在货架的下层且靠近出口通道处，而将金卤灯存放在三层货架上。因为 T5 灯的周转量相对较大，出库频率较高，将其存放在货架的下层且靠近出口通道处，有利于货物的出入库作业；金卤灯周转量较低，出入库频率不高，将其放于三层货架上是合理的。

【组织过程】

　　(1) 以学习小组为单位，事先收集资料或进行实地调研，了解入库、在库、出库管理流程及注意事项；在此基础上模拟仓储管理工作流程，并运用所学知识解决物流仓储管理中的问题。

　　(2) 通过小组讨论与研究，小组成员分别扮演仓储各岗位的不同角色，其中一位同学扮演负责人，负责设置过程的说明工作。

【考核指标】

　　考核指标如表 5-4 所示。

表 5-4　考核指标

考核项目	考核要求	分值	得分
仓储岗位分析材料	岗位名称、岗位目标、岗位职责及对仓库选址人员的要求等，要求方案采用书面形式呈现，内容全面、完整	40	
现场讨论仓储作业流程	讨论并分配小组成员在"任务内容"的仓储部门中扮演的角色，制定运输优化策略方法，要求口头描述，内容全面、完整	20	
设置方案汇报	由小组负责人带领成员汇报寻求仓储作业最优化流程的过程，要求表达清晰、完整、有效	20	
团队精神	通力合作、分工合理、相互补充	10	
	发言积极，乐于与同学分享成果，组员参与积极性高	10	

【知识讲解】

　　仓储作业包括入库作业、保管作业和出库作业。

一、入库作业

　　商品入库是以商品的接运和验收为中心开展的业务活动，是指接到商品入库通知单后，经过接运提货、装卸搬运、检查验收、办理入库手续等一系列作业环节构成的工作过程。

1. 入库准备

入库业务一般包含四个模块，验收是其中之一，如图 5-1 所示。

图 5-1　入库业务四个模块

入库准备主要是根据相关部门的通知，做好货位及苫垫材料准备、验收及装卸搬运器械准备、人员及单证准备等工作，制订入库计划。入库交接是指仓库对收到的货物向送货人进行确认，表示已接收货物。交接手续的办理意味着划清运输、送货部门和仓库的责任。交接手续的内容包括：接收货物，验货，将不良货物提出、退回或编制残损单证等明确责任，并确定收到货物的确切数量、货物表面良好状态；接收文件，即接收送货人送交的货物资料、运输货物的记录、普通记录等，以及随货附带在运输单证上注明的相应文件，如图样、准运证等；签署单证，即仓库与送货人或承运人共同在送货人交来的送货单、交接清单上签字，并留存相应单证。

2. 物品接运

物品接运方式。物品接运的主要任务是向托运者或承运者办清业务交接手续，及时将货物安全接运回库。物品接运人员要熟悉各交通运输部门及有关供货单位的制度和要求，根据不同的接运方式，处理接运中的各种问题。入库物品的接运方式主要有：专用线接运，车站、码头提货，入库交接。

3. 物品验收

商品验收是按照验收业务作业流程，核对凭证等规定的程序和手续，对入库商品进行数量和质量检验的经济技术活动的总称。凡商品进入仓库储存，必须经过检查验收；只有验收后的商品，方可入库保管。商品验收涉及多项作业技术。

（1）验收的作用。

所有到库商品，必须在入库前进行验收，只有在验收合格后方算正式入库。这种必要性体现在：一方面，各种到库商品来源复杂、渠道繁多，从结束其生产过程到进入仓库前，经过了一系列储运环节，由于各种外界因素的影响，其质量和数量可能发生某种程度的变化；另一方面，各类商品虽然在出厂前都经过了检验，但有时也会出现失误，造成错检或漏检，使一些不合格商品按合格商品交货。商品验收的作用主要表现在以下几个方面：

1）验收是商品保管保养的基础；

2）验收记录是仓库提出退货、换货和索赔的依据；

3）验收是避免商品积压，减少经济损失的重要手段；

4）验收有利于维护国家利益。

可见，把好商品验收关是十分重要的，任何疏忽大意都会造成保管工作的混乱，带来经济损失。

（2）验收工作的要求。

商品验收工作是一项技术要求高、组织严密的工作，关系到整个仓储业务能否顺利进行，必须做到及时、准确、严格、经济。

1）及时。到库商品必须在规定的期限内完成验收。这是因为，商品虽然到库，但是未经过验收的商品不算入库入账，不能供应给用料单位。只有及时验收，尽快提出检验报告，才能保证商品尽快入库，满足用料单位的需要，加快商品和资金周转。同时，商品的托收承付和索赔都有一定的期限，如果验收时发现商品不合规定要求，要提出退货、换货或赔偿等要求，均应在规定的期限内提出，否则供方或责任方不再承担责任。

2）准确。验收的各项数据或检验报告必须准确无误。验收的目的是弄清商品数量和质量方面的实际情况，验收不准确，就失去了意义。而且，不准确的验收还会给人以假象，造成错误的判断，引起保管工作的混乱，严重者还会危及营运安全。

3）严格。仓库有关各方都要严肃认真地对待商品验收工作。验收工作的好坏直接关系到国家和企业的利益，也关系到以后各项仓储业务的顺利开展，因此，仓库领导应高度重视验收工作，直接参与人员更要以高度负责的精神来对待这项工作。

4）经济。多数情况下，商品验收不但需要检验设备和验收人员，而且需要装卸搬运机具和设备以及相应工种工人的配合。这就要求各工种密切协作，合理组织调配人员与设备，以节省作业费用。此外，在验收工作中，尽可能保护原包装、减少或避免破坏性试验，也是提高作业经济性的有效手段。

（3）验收作业流程及其内容。

验收包括验收准备、核对凭证和检验实物三个作业环节。

1）验收准备。

仓库接到到货通知后，应根据商品的性质和批量，提前做好验收前的准备工作。验收准备大致包括以下内容：

① 人员准备。安排好负责质量验收的技术人员或用料单位的专业技术人员、配合一定数量验收的装卸搬运人员。

② 资料准备。收集并熟悉待验商品的有关文件，如技术标准、订货合同等。

③ 器具准备。准备好验收用的检验工具，如衡器、量具等，并校验准确。

④ 货位准备。确定验收入库时存放的货位，计算和准备堆码所需的苫垫材料。

⑤ 设备准备。大批量商品的数量验收，必须要有装卸搬运机械的配合，应做好设备的调用。

此外，对于特殊商品的验收，如毒害品、腐蚀品、放射品等，还要准备相应的防护用品。

2）核对凭证。

入库商品必须具备下列凭证：①入库通知单和订货合同副本，这是仓库接收商品的凭证；②供货单位提供的材质证明书、装箱单、磅码单、发货明细表等；③商品承运单位提供的运单。若商品在入库前发现残损情况，还要有承运部门提供的货运记录或普通记录，作为与责任方交涉的依据。

核对凭证，也就是将上述凭证加以整理，全面核对。入库通知单、订货合同要与供货单位提供的所有凭证逐一核对，相符后才可进行下一步实物检验。

3）检验实物。

所谓检验实物，就是根据入库单和有关技术资料对实物进行数量和质量检验。

① 数量检验。数量检验是保证物资数量的重要步骤，一般在质量验收之前，由仓库保管职能机构组织进行。按商品性质和包装情况，数量检验分为三种形式，即计件、检斤、检尺求积。

② 质量检验。质量检验包括外观检验、尺寸检验、机械物理性能检验和化学成分检验四种形式。仓库一般只做外观检验和尺寸精度检验，后两种检验如果有必要，则由仓库技术机构取样，委托专门检验机构检验。

③ 理化检验。这是对商品内在质量和物理化学性质所进行的检验。对商品内在质量的检验，要求一定的技术知识和检验手段，目前仓库多不具备这些条件，所以一般由专门的技术检验部门进行。

以上质量检验是商品交货时或入库前的验收。在某些特殊情况下，还有完工时期的验收和制造时期的验收，就是在供货单位完工时和正在制造过程中，由需方派员到供货单位检验。应当指出，即使在供货单位检验过的商品，或者因为运输条件不良，或者因为质量不稳定，也可能在进库时发生质量问题，所以交货时入库前的检验在任何情况下都是必要的。

微课 5-5　货位分配方式

4. 商品验收入库

商品验收可分为全验和抽验。

在进行数量和外观验收时一般要求全验。在质量验收中，当批量小、规格复杂、包装不整齐或要求严格验收时可以采用全验。全验需要大量的人力、物力和时间，但是可以保证验收的质量。当批量大、规格和包装整齐、存货单位的信誉较高，或验收条件有限时，通常采用抽验的方式。商品质量和储运管理水平的提高、数理统计方法的发展，为抽验方式提供了物质条件和理论依据。

商品验收方式和有关程序应该由货方和库方共同协商，并通过协议在合同中加以明确规定。

二、保管作业

1. 理货

理货是指仓库在接收入库货物时，根据入库通知单、运输单据和仓储合同，对货物进行清点数量、分类分拣的交接工作。理货是仓库管理人员对货物入库现场的管理工作，其工作内容不只是狭义的理货工作，还包括货物入库的一系列现场管理工作。

（1）清点货物件数。对于件装货物，包括有包装的货物、裸装货物、捆扎货物，根据合同约定的计数方法，点算完整货物的件数。

（2）直验货物单重和尺寸。货物单重是指每件运输包装的货物的重量。单重确定了包装内货物的含量，分为净重和毛重。对于需要拆除包装的货物，需要核定净重。货物单重一般通过称重的方式核定，按照数量检验方法确定称重程度。对于以长度或者面积、体积进行交易的商品，入库时必然要对货物的尺寸进行丈量，以确定入库货物数量。丈量的项目（长、宽、高、厚等）根据约定或者货物的特性确定，通过使用合法的标准量器（如卡尺、直尺、卷尺等）进行丈量。同时，货物丈量还是区分大多数货物规格的方法，如管材、木材的直径，铜材的厚度等。

（3）查验货物重量。查验货物重量是指对入库货物的整体重量进行查验。对于计重货物（如散装货物）、件重并计的货物（如有包装的货物、液体货物），需要衡定货物重量。货物的重量分为净重和毛重，毛重减净重为皮重，可根据约定或具体情况确定净重。

（4）检验货物外表状态。理货时应对每件货物的外表进行感官检验，以接收外表状态良好的货物。外表检验是仓库的基本质量检验要求，通过它可确定货物有无包装破损、内容外泄、变质、油污、散落、标志不当、结块、变形等不良质量状况。

2. 堆垛

堆垛又称堆码和码垛，是根据物品的包装形状、重量和性能特点，结合季节、气候、储存时间，按照一定的要求将物品在库房、物料棚、货场内堆码成各种垛形的操作。

（1）堆垛物品的要求。

1）物品已验收，已查清其数量、重量和规格等。未验收或已验未收（验收中发现问题）的物品不能正式堆垛。

2）包装完好，标志清晰。包装破损、标志不清或标志不全的物品不能正式堆垛。

3）物品外表若有污渍或其他杂物必须清除，并且在清除过程中确保对物品质量没有产生负面影响。

4）物品受潮、锈蚀甚至出现某种质量变化，必须进行养护处理，经过处理后能恢复原状并对质量无影响者方可堆垛。

5）为便于机械化操作，金属材料等应该打捆的要打捆，机电产品和仪器仪表等可集中装箱的要装入合适的包装箱。

（2）堆垛场地的要求。

1）库内堆垛。垛应该在墙基线和柱基线以外，垛底要垫高。

2）物料棚堆垛。物料棚必须防止雨雪渗透，物料棚内的两侧或者四周必须有排水沟或管道，物料棚内的地坪应该高于棚外的地面，最好铺垫沙石并夯实。堆垛时要垫垛，一般应该垫高 30~40 cm。

3）露天堆垛。堆垛场地应该坚实、平坦、干燥、无积水和杂草，场地必须高于四周地面，垛底还应该垫高 40 cm，四周排水必须畅通。

（3）堆垛的原则。

1）分类存放。分类存放是仓库储存规划的基本要求，是保证物品质量的重要手段，因此也是堆码需要遵循的基本原则。其具体内容包括：不同类别的物品分类存放，甚至需要分区、分库存放；不同规格、不同批次的物品也要分位、分堆存放；残损物品要与原货分开；对于需要分拣的物品，在分拣之后应分位存放，以免混串。此外，分类存放还包括不同流向物品、不同经营方式物品的分类分存。

2）选择适当的搬运活性，摆放整齐。为了减少作业时间、次数，提高仓库周转速度，根据货物作业的要求，合理选择货物的搬运活性。搬运活性高的库存货物，应注意摆放整齐，以免堵塞通道、浪费仓容。

3）货物尽可能码高，货垛必须稳固。为了充分利用仓容，存放的货物要尽可能码高，使货物占用地面面积最少。尽可能码高，包括采用码垛码高和使用货梁在高处存放。货物堆垛必须稳固，避免倒垛、收垛，要求叠垛整齐，放位准确，必要时采用稳固方法，如垛边、垛头采用纵横交叉叠垛，使用固定物料加固等。同时只有在货垛稳固的情况下才能码高。

3. 垫垛

垫垛是指在货物码垛前，在预定的货位地面位置使用衬垫进行铺垫。常见的衬垫物有枕木、废钢轨、货板架、木板、帆布、芦苇、钢板等。垫垛的目的是使地面平整，堆垛货物与地面隔离，防止地面潮气和积水浸湿货物。通过强度较大的衬热物，一是可以使重物的压力分散，避免损害地坪；二是可以使地面的杂物、尘土与货物隔离；三是形成垛底通风层，有利于货垛通风排湿；四是货物的泄漏物留存在衬垫之内，不会流动扩散，便于收集和处理。

垫垛尺寸一般为：库房内下垫厚度为 20~30 cm；露天货场下垫厚度为 30~50 cm；台式货场不用下垫。主要下垫材料为：枕木、方木、石块、水泥墩、油毡、苇席、垫板等。垫垛要求地面要夯实、铺平，应能承受货物堆放重量，下垫材料更要适应负重要求，严防倒塌、倾斜。木料作垫料时，要经过防潮、防虫处理。货场存放货物的货区四周应有排水沟，并保证排水流畅，不被阻塞，遇暴雨不泡垛。

4. 苫盖

苫盖是为了防止货物受潮，所谓"下垫上盖"，均为配套性防潮措施。苫盖后的货垛应稳固、严密、不渗漏雨雪。苫盖材料常选用雨布、铁皮、油毡、帆布、芦苇等。

（1）苫盖要求。

1）选择合适的苫盖材料。选用符合防火、无害的安全苫盖材料；苫盖材料不会对货物产生不利影响；成本低廉，不易损坏，能重复使用；没有破损和霉烂。

2）苫盖要牢固。每张苫盖材料都需要固定，必要时在苫盖物外用绳索、纠网绑扎或者采用重物镇压，确保刮风揭不开。

3）苫盖接口要紧密。苫盖的接口要有一定深度的互相叠盖，不能迎风叠口或留空隙；苫盖必须拉挺、平整，不得有折叠和四陷，防止积水。

4）苫盖的底部与垫垛平齐。苫盖不腾空或拖地，并牢固地绑扎在垫垛外侧或地面的绳桩上，衬垫材料不露出垛外，以防雨水顺延渗入垛内。

5）要注意材质和季节。使用旧的苫盖物或雨水丰沛季节，垛顶或者风口需要加层苫盖，确保雨淋不透。

（2）苫盖方法。

1）简易苫盖法。就货物堆码垛形，把苫盖物直接盖在货物上而，适用于大件包装货物和屋脊形货垛的苫盖。

2）鱼鳞式苫盖法。用苫盖物沿货垛底逐层向上苫盖。

3）棚架式苫盖法。根据堆码的垛形，用苫盖骨架与苫盖物合装成房屋状。

三、出库作业

微课 5-6
出库准备

出库是仓库接到客户（包括企业内外客户）要求提货的指令后，由库房依据出货指令，从仓库拣选商品并装车的一系列操作过程，其中还伴随有商务结算、收费、单证交接等业务行为。出库与发运是商品储存阶段的终止，也是仓库作业的最后一个环节，它使仓库工作与运输部门和商品使用单位直接发生联系。商品出库直接影响运输部门和使用单位，因此，做好出库工作对改善仓库经营管理，降低作业费用，提高服务质量有一定的作用。

1. 出库业务流程

不同仓库的出库流程有所不同，但基本都具有三个总体模块，如图 5-2 所示。

微课 5-7
出库作业流程

图 5-2　出库流程模块

出库准备与入库准备相似，即根据相关部门通知，提前准备好将要用到的设备等。不同仓库在商品出库的操作程序上会有所不同，操作人员的分工也有粗有细，但就整个发货作业的过程而言，一般都是跟随着商品在库内的流向或出库单的流转而构成各工种的衔接。出库程序包括该单备料—复核—包装—点交—登账—清理等过程。出库分为面向企业内部各部门的和面向外部客户的，面向外部客户的出库过程比较复杂和完整。

2. 分拣备货

在出货凭证审核完成后，下一步就是按照单据指示进行分拣备货。在仓库内，分拣（Sorting）涵盖了两种分拣方式，其中下部流程为按单分拣作业流程，上部为批量分拣作业流程。不管采用哪种分拣方法，都包括从仓库或保管货架内进行拣货的环节。

分拣作业中，关键的环节是拣货（Order Picking），其主要由生成拣货资料、行走或搬运、拣取、分类与集中几个环节组成。

（1）生成拣货资料。

作业开始之前，指示分拣作业的单据或信息必须先行处理完成。信息是分拣作业的原动力，利用分拣信息来支持分拣系统，除使用传统的单据传送信息外，还有一些自动传输的无纸化系统都已逐渐被导入。

（2）行走或搬运。

进行拣货时，要拣取的货物必须出现在分拣员面前，可以通过以下两种方式实现：人至物方式，主要移动的一方为分拣者，这种方式较为常见；物至人方式，主要移动的一方为货物，分拣者在固定位置作业，在货物采用旋转自动仓储系统等时可用。

（3）拣取。

当货物出现在拣取者面前时，接下来的动作便是抓取与确认。确认的目的是确定抓取的物品、数量是否与指示信息相同。实际作业中多是利用分拣员读取品名与分拣单做对比，比较先进的方法是利用无线传输终端机读取条码，由计算机进行对比，或采用货物重量检测的方式。

（4）分类与集中。

由于拣取方式的不同，拣取出来的货物可能还须按订单类别进行分类与集中，分拣作业至此告一段落。

3. 货物发运

将要出库的货物分拣备货完毕，出库的最后一步就是按照出货单要求进行货物发运。与出库方式相对应，仓储中的发货方式一般有托运、提货、取样、移仓、过户等。无论采用何种发货方式，均应做到准确、及时、安全。仓库发货人员在备齐商品并经复核无误后，必须当面向提货人或运输人按单列货物逐件点交，明确责任，办理交接手续。在货物装车时，发货人员应在现场进行监装，直到货物装运出库。发货结束后，应在出库凭证的发货联上加盖"发讫"印戳，并留据存查。发货作业完成后，须核销保管账、卡上的存量，以保证账、卡、货一致。

4. 商品出库形式

出库发放的主要任务是：所发放的商品必须准确、及时、保质保量地发给收货单位，包装必须完整、牢固，标记正确清楚，核对必须仔细。

商品出库要求做到"三不、三核、五检查"。"三不"，即未接单据不翻账，未经审核不备货，未经复核不出库；"三核"，即在发货时，要核实凭证、核对账卡、核对实物；"五检查"，即对单据和实物要进行品名检查、规格检查、包装检查、件数检查、重量检查。具体地说，商品出库要求严格执行各项规章制度，提高服务质量，积极与客户联系，为客户提货创造各种方便条件，杜绝差错事故，做到使客户满意。

出库形式主要有以下五种：

（1）仓库送货。

仓库根据货主单位预先送来的"商品调拨通知单"，通过发货作业，把应发商品交由运输部门送达收货单位，这种发货形式就是通常所称的送货制。

仓库实行送货，要划清交接责任。仓储部门与运输部门的交接手续是在仓库现场办理完毕的。运输部门与收货单位的交接手续，是根据货主单位与收货单位签订的协议，一般在收货单位指定的到货目的地办理。

（2）货主自提。

由收货人或其代理持"商品调拨通知单"直接到库提取，仓库凭单发货，这种发货形式就是仓库通常所称的提货制。它具有"提单到库，随到随发，自提自运"的特点。为划清交接责任，仓库发货人与提货人在仓库现场对出库商品当面交接清楚，并办理签收手续。

（3）过户。

过户是一种就地划拨的形式，商品虽未出库，但是所有权已从原存货户转移到新存货户。仓库必须根据原存货单位开出的正式过户凭证，才予办理过户手续。

（4）取样。

货主单位出于对商品质量检验、样品陈列等需要，到仓库提取货样（一般都要开箱拆包、分割）。仓库也必须根据正式取样凭证才发给样品，并做好账务记载。

（5）转仓。

货主单位为了业务方便或改变储存条件，需要将某批库存商品自甲库转移到乙库，这就是转仓的发货形式。仓库也必须根据货主单位开出的正式转仓单，才予办理转仓手续。出库采用何种方式，主要取决于收货人。

`课堂笔记`

任务 5.4　认识库存管理

【任务目标】

以学习小组为单位，设置你们的物流仓储管理部门，加强对库存控制策略的理解，能够认知库存的意义与作用，培养团队合作精神和分工、协调能力。

【任务内容】

在海尔的国际物流中心有三个 JIT，实现了同步流程。

由于物流技术和计算机信息管理的支持，海尔物流通过 3 个 JIT，即 JIT 采购，JIT 配送，和 JIT 分拨物流来实现同步流程。目前通过海尔的 BBP 采购平台，所有的供应商均在网上接收订单，并通过网上查询计划和库存，及时补货，实现 JIT 采购；货物入库后，物流部门可根据次日的生产计划并利用 EPR 信息系统进行配料，同样根据看板管理 4 小时送料到位，实现 JIT 配送；生产部门按照 B2B、B2C 订单的需求完成订单后，满足用户个性化需求的定制产品通过海尔全球配送网络达到用户手中。

2002 年海尔在国内建立了 42 个配送中心，每天可将 500 000 多台定制产品配送到 1 550 个海尔专卖店和 9 000 多个营销点，实现分拨物流的 JIT。目前海尔在中心城市实现 8 小时配送到位，区域内 24 小时配送到位，全国 4 天内到位。

在企业外部，海尔 CRM 和 BBP 电子商务平台的应用架起了与全球用户资源网、全球供应链资源网沟通的桥梁，实现了与用户的零距离。在企业内部，计算机自动控制的各种先进物流设备不但降低了人工成本、提高了劳动效率，还直接提升了物流过程的精细化水平，达到了质量零缺陷的目的。

请各学习小组完成以下任务：

（1）进行市场调研，确定企业常用库存控制方法。

（2）结合海尔物流的实际情况，谈谈采用 JIT 系统时应注意哪些问题？解释 JIT 的实施条件是什么？以及 JIT 系统的含义。

（3）对物流库存控制策略结合市场进行分析，并书面表达。

【组织过程】

（1）以学习小组为单位，事先收集资料或进行实地调研，了解库存控制方法，并运用所学知识解决物流库存控制中存在的问题，能够为企业选取适宜的库存控制工具。

（2）通过小组讨论与研究，小组成员分别扮演库存各岗位的不同角色，其中一位同学扮演负责人，负责设置过程的说明工作。

【考核指标】

考核指标如表 5-5 所示。

表 5-5　考核指标

考核项目	考核要求	分值	得分
库存岗位分析材料	岗位名称、岗位目标、岗位职责及对仓库选址人员的要求等，要求方案采用书面形式呈现，内容全面、完整	40	
现场讨论库存控制方法选择和依据	讨论并分配小组成员在"任务内容"中库存中扮演的角色，制定库存控制方法的选择，要求口头描述，内容全面、完整	20	
设置方案汇报	由小组负责人带领成员汇报寻求库存控制最优化策略的过程，要求表达清晰、完整、有效	20	
团队精神	通力合作、分工合理、相互补充	10	
	发言积极，乐于与同学分享成果，组员参与积极性高	10	

【知识讲解】

一、库存含义

库存是指为了使生产正常而不间断地进行或为了及时满足客户的订货需求，必须在各个生产阶段或流通环节之间设置必要的物品储备。但为了满足客户的订货需求，商家经常将库存维持在较高水平，使商品因积压和损坏而产生的库存风险较高。因此，在库存管理中既要保持合理的库存数量，防止缺货，又要避免库存过量，发生不必要的库存费用。

二、库存分类

一般情况下，库存可以按照不同的标准进行分类。

1. 按照库存来源分类

从库存来源的角度，库存可分为外购库存和自制库存两类。

（1）外购库存。指企业从外部购入的库存。

（2）自制库存。指企业内部制造的库存。

2. 按照生产过程分类

从生产过程的角度，库存可分为原材料库存、在制品库存、产成品库存三类。

（1）原材料库存。指企业已经购买，但尚未投入生产过程的库存。

（2）在制品库存。指经过部分加工，但尚未完成的半成品库存。

（3）产成品库存。指已经制造完成并正等待装运发出的库存。

3. 按照经营过程分类

从经营过程的角度，库存可分为经常库存、安全库存、促销库存、投机性库存、季节性库存五类。

（1）经常库存。也叫周转库存，是为了满足两次进货期间市场的平均需求或生产经营的需要而储存的库存。存货量受市场平均需求、生产批量、运输批量、资金和仓储空间、订货周期、货物特征等多种因素的影响。

（2）安全库存。指为防止需求波动或订货周期的不确定而储存的库存。安全库存与市场需求特性、订货周期的稳定性密切相关。市场需求波动越小或需求预测越准确，订货周期越确定，所需的安全库存越少。如果企业能对市场作出完全准确的预测、订货周期固定，就可以不必保有这部分库存。

（3）促销库存。在企业促销活动期间，销售量一般会出现一定幅度的增长，为满足这类预期需求而建立的库存，称为促销库存。

（4）投机性库存。指以投机为目的而储存的库存。对一些原材料，如铜、黄金等，企业购买并储存的目的常常不是为了经营，而是为了做价格投机。

（5）季节性库存。指为满足具有季节性特征的需要而建立的库存，如农产品、空调、冬季取暖用煤、夏季防汛产品。

4. 按照库存的参数特性分类

从库存参数特性角度，库存可分为随机型库存和确定型库存两类。

（1）随机型库存。指存货的市场需求和订货提前期至少有一个是随机变量的库存。

（2）确定型库存。指存货的市场需求量确定且已知，同时订货提前期固定且与订货批量无关的库存。

三、库存管理

库存管理（Inventory Management）是指对生产、经营全过程的各种物品、产成品及其他资源进行预测、计划、执行、控制和监督，使其储备保持在经济合理水平上的行为。现代企业认为，零库存是最好的库存管理。因为库存多，占用资金也多，利息负担加重。但如果过分追求低库存，则会加大存货短缺成本，造成货源短缺，失去市场甚至失去客户。因此，在库存管理过程中，应把握好衡量的尺度，处理好服务成本、短缺成本、订货成本、库存持有成本等各成本之间的关系，以求达到企业的库存管理目标。

为了保证企业正常的生产经营活动，库存是必要的，但因为库存又占用了大量资金，成为企业生产经营成本的一部分，因此，库存管理的关键问题就是要求既能保证经营活动顺利进行，又能使资金占用达到最少。库存管理的目标就是要防止超储和缺货，在企业资源约束下，以最合理的成本为客户服务。具体而言，库存管理目标就是要实现库存成本最低、库存保证程度最高、限定资金、快捷等目标。

通过库存管理，以满足客户服务需求为前提，对企业的库存水平进行控制管理，尽可能降低库存水平，提高物流系统的效率，以强化企业的竞争力。

四、库存控制方法与工具

1. ABC 分类法

ABC 分类法又称 ABC 分析法。ABC 分类法的指导思想是 "80/20 法则"。简单地说，"80/20 法则" 就是 20% 的因素带来了 80% 的结果，如 20% 的客户提供了 80% 的订单，20% 的产品产出了 80% 的利润，20% 的员工创造了 80% 的财富。当然，这里的 20% 和 80% 并不是绝对的，也可能是 25% 和 75% 等。总之，"80/20 法则" 作为统计规律，是指少量的因素带来了大量的结果。它告诉人们，不同的因素在同一活动中起着不同的作用，在资源有限的情况下，注意力显然应该放在起关键性作用的因素上。

1951 年，美国通用电气公司经过对隶属于公司的某厂的库存物品调查分析后发现："80/20 法则"适用于储存管理。通用电气公司以某类库存物品品种数占物品品种总数的百分比和该类物品金额占库存物品总金额的百分比为标准，将库存物品分为 A、B、C 三类，进行分级管理。其中，将价值比为 65%~80%、数量比为 15%~20% 的物品划为 A 类；将价值比为 15%~20%、数量比为 30%~40% 的物品划为 B 类；将价值比为 5%~15%、数量比为 40%~55% 的物品划为 C 类，并分别采取不同的管理办法和采购、储存策略，尤其对 A 类物品实行重点管理的原则。

在使用 ABC 分类法实施库存控制时，首先要确定 ABC 分类法中起关键性作用的因素，在库存控制中具体包括货物的价值、重要性以及保管要求上的差异、周转速度（物动量），然后按照一定的步骤确定物品的 ABC 种类，最后对三类对象进行有区别的管理，如表 5-6 所示。

表 5-6　ABC 分类法

物品类别	库存控制策略
A	不设安全库存或少设安全库存，严格管理，连续检查盘点
B	设一定比例的安全库存，一般控制，定期检查盘点
C	设置较多的安全库存，批量进货，隔较长时间检查一次库存

2. 定量订货法

（1）概念。

定量订货法是指当存量下降到预定的最低库存量（订货点）时，按规定数量［一般以经济订货批量（EOQ）为标准］进行订货补充的一种库存控制方法。定量订货法主要有两个控制参数：订货点和订货批量。共中，订货点是发出订货时仓库里该品种保有的实际库存量，它是控制库存水平的关键。

订货点的影响因素有三个：订货提前期、平均需求量、安全库存。

在需求量和订货提前期都确定的情况下，不需要设置安全库存，可直接求出订货点：

$$订货点=(全年需求量/365)×订货提前期(天)$$

在需求量和订货提前期都不确定的情况下，必须设置安全库存，此时的订货点计算公式是：

$$订货点=订货提前期的平均需求量+安全库存量$$
$$=平均交货期×(全年需求量/365)+安全库存量$$

定量订货法的订货批量确定有以下两个步骤：

1）建立库存总成本的数学模型：

$$年总成本=年采购成本+年订购成本+年储存成本$$

即

$$TC=DC+\frac{D}{Q}S+\frac{Q}{2}H$$

式中，TC 代表年总成本，D 代表年需求量，C 代表单位物品购置成本，Q 代表订货批量，S 代表生产准备成本或订购成本，H 代表单位物品的年平均储存成本。

2）确定经济订货批量（EOQ），以使总成本最小。经过计算得到：

$$EOQ=\sqrt{\frac{2DS}{H}},\ TC=\sqrt{2DSH}$$

（2）定量订货法适用范围。

定量订货法通常在以下几种情况下采用：

1）单价比较便宜，不便于少量订货的产品。

2）需求预测比较困难的产品。

3）比较紧俏、订货较难、管理较为复杂的产品。

4）通用性强、需求量比较稳定的产品等。

3. 定期订货法

（1）概念。

定期订货法的原理是预先确定一个订货周期和最高库存量，周期性检查库存，根据最高库存量、实际库存、在途库存和待出库货品数量，计算每次订货量，发出订货指令、组织订货。订货量的大小应使订货后的名义库存量达到额定的最高库存。定期订货法主要有三个控制参数：订货周期、最高库存量、订货量。其中，订货周期的计算公式是：

$$T = \sqrt{\frac{2S}{HR}}$$

式中，T 代表经济订货周期，S 代表单位订货费用，H 代表单位商品上存储成本，R 代表单位时间内库存货品需求量（销售量）。

最高库存量和订货量的计算公式是：

最高库存量=订货提前期需求量+订货间隔期需求量

订货量=最高库存量−现有库存量−订货未到量+顾客延迟购买量

（2）定期订货法适用范围。

定期订货法通常在以下几种情况下采用：

1）价格高，需要实施严格控制管理的产品。

2）需要根据市场状况和经营方针经常调整生产或采购数量的产品。

3）需求量变化幅度大，而且变动具有周期性、可以正确判断的产品。

4）需要定期制造的产品等。

4. JIT 策略

（1）JIT 思想。

JIT 为 "Just In Time" 的缩写，直译为 "正好准时"，如将其与库存管理和生产管理联系起来，则为 "准时到货" 之意。JIT 被称为 "丰田生产方式"，从诞生以来，经过几十年的发展，已由最初作为库存管理的工具，演变到今天的一个复杂的、涉及控制企业生产经营全过程的管理体系，它的基本思想是 "只在需要的时候，按需要的量，生产所需的产品"。JIT 的核心是追求一种无库存生产系统，或使库存达到最小，它的出发点是减少或消除从原材料投入到产成品的产出全过程中的库存及各种浪费，建立平滑而有效的生产过程。

JIT 为减少库存提出了一种新思路，即在需要的时候按需生产所需的产品，也就是说，产品生产出来的时间就是顾客所需的时间。同样，材料、零部件达到某一工序的时刻，正是该工序准备开始生产的时候，没有不需要的材料被采购入库，也没有不需要的制品及产成品被加工出来。

JIT 实行生产同步化，使工序间在制品库存接近于零，工序间不设置仓库，前一工序加工结束后，在制品立即转移到下一工序，装配线与机械加工几乎同时进行，产品被一件件连续地生产出来。在制品库存的减少可使设备发生故障、次品及人员过剩等问题充分暴露，并针对问题提出解决方法，从而带来生产率的提高。

在原材料库存控制方面，若仅考虑价格与成本之间的关系，依照传统的库存控制策略就可能为赢得一定的价格折扣而大量的购入物品。若依照 JIT 策略，则在采购时不仅考虑价格与费用之间的关系，还考虑许多非价格的因素，如与供应商建立良好的关系，利润分享且相互信赖，以减少由于价格的波动对企业带来的不利影响，选择能按质按时提供货物的供应商，保证 JIT 生产的有效运行。这样，JIT 就有效地控制了原材料库存，从根本上降低了库存。

（2）JIT 的特点。

JIT 的中心思想是消除一切无效劳动和浪费，具体体现为如下两个特征：

1）追求零库存，企业争取利润最大化的主要手段之一便是降低成本。库存是一种商业性的成本，削减甚至消除库存，是降低成本的有效途径。随着主流的生产模式出现多品种、小批量的情况，根据市场和顾客的要求进行生产，是消除库存的最佳方法。

2）强调持续强化与深化。JIT 强调在现有基础上持续强化与深化，不断进行质量改进工作，逐步实现不良品为零、库存为零、浪费为零的目标。尽管绝对的零库存、零废品是不可能达到的，但是 JIT 就是要在这种持续改进中逐步趋近这一目标。

（3）JIT 生产的实施方法。

具体而言，JIT 有三种实施方法来达到其目标：

1）适时适量生产。对于企业来说，各种产品的产量必须能够灵活地适应市场需求量的变化。适时适量生产的方法包括生产同步化和生产均衡化。

为了实现适时适量生产，首先需要致力于生产同步化，即工序间不设置仓库，前一工序的加工结束后，立即将半成品转到下一工序。生产同步化可通过看板管理来实现。

生产均衡化是指总装配线在向前工序领取零部件时应均衡地使用各种零部件，生产各种产品。在制造阶段，生产均衡化通过专用设备通用化和制定标准作业来实现。

2）弹性作业人员。降低劳动成本是降低成本的一个重要方面。达到这一目的的方法是"少人化"，即尽量用较少的人力完成较多的生产。当生产线上的生产量减少的时候，要把作业人员的人数进行相应的削减。实现"少人化"的具体方法是对设备进行特别的布置，以便能够当需求减少、作业减少时，人数更少的操作人员可以完成任务。因此，为了适应这种变更，作业人员必须是具有多种技能的"多面手"，才能弹性地适应不同的工作岗位。

3）质量保证。在 JIT 生产方式中，不是通过检验来保证质量，而是通过将质量管理贯穿每一工序之中来实现提高质量与降低成本的一致性，具体方法是"自动化"，即融入生产组织中的两种机制：第一，使设备或生产线能够自动检测不良产品，一旦发现异常或不良产品，可以自动停止设备运行的机制；第二，生产一线的设备操作工人发现产品或设备问题时，有权自行停止生产的管理机制。依靠这样的机制，不良产品一出现马上就会被发现，防止了废品的重复出现或累积出现，从而避免了可能由此造成的大量浪费。

5. VMI 策略

供应商管理库存（Vendor Managed Inventory，VMI）。目前 VMI 是分销链中较为常用的一种库存管理模式。它是一种以供应商和用户双方都获得最低成本为目的，在一个共同的协议下由供应商管理库存，并不断监督协议执行情况和修正协议内容，使库存管理得到持续改进的合作性策略。这种库存管理策略打破了传统的各自为政的库存管理模式，体现了供应链的集成化管理思想，适应了市场变化的要求，是一种新的、有代表性的库存管理思想。

VM1 策略是从快速响应（Quick Response，QR）和有效客户响应（Efficient Customer Response，ECR）基础上发展而来的，其核心思想是供应商通过共享用户企业的当前库存和实际耗用数据，按照实际的消耗模型、消耗趋势和补货策略进行有实际根据的补货。由此，交易双方都变革了传统的独立预测模式，尽最大可能减少了由于独立预测的不确定性导致的商流、物流和信息流的浪费，降低了供应链的总成本。VMI 的特点是：

（1）信息共享。

即供应商和零售商实现库存信息共享。零售商帮助供应商更有效地作出计划，供应商从零售商处获得销售数据并使用该数据来协调其生产、库存活动以及零售商的实际销售活动。

（2）供应商拥有和管理库存。

供应商完全拥有和管理库存，直到零售商将其售出为止，但是零售商对库存有看管义务，并对库存货物的损伤或损坏负责。实施 VMI 有很多优点：首先，供应商拥有库存，对于零售商来说，可以省去多余的订货部门，使人工任务自动化，可以从过程中去除不必要的控制步骤，使库存成本更低，服务水平更高。其次，供应商拥有库存会促使其对库存考虑更多，并尽可能进行更为有效的管理，通过协调多个零售商的生产与配送，进一步降低总成本。

（3）需求准确预测。

供应商能按照销售时点的数据，对需求作出预测，能更准确地确定订货批量，减少预测的不确定性，从而减少安全库存量，存储与供货成本更小，同时，供应商能更快响应用户需求，提高服务水平，使用户的库存水平也降低。

6. JMI 策略

联合库存管理（Jointly Managed Inventory, JMI）是由供应商与用户共同管理库存，进行库存决策。JMI 是一种在 VMI 基础上发展起来的上游企业和下游企业权利责任平衡和风险共担的库存管理模式。JMI 体现了战略供应商联盟的新型企业合作关系，强调了供应链企业之间双方的互利合作关系。JMI 的特点是：

（1）由于联合库存管理将传统的多级别、多库存点的库存管理模式转化成对核心制作企业的库存管理，核心企业通过对各种原材料和产成品实施有效控制，因此达到对整个供应链库存的优化管理，简化了供应链库存管理运作程序。

（2）在减少物流环节、降低物流成本的同时，提高了供应链的整体工作效率。联合库存可使供应链库存层次简化，并使运输路线得到优化。在传统的库存管理模式下，供应链上各企业都设立自己的库存，随着核心企业分厂数目的增加，库存物资的运输路线将呈几何级数增加，而且重复交错，这显然会使物资的运输距离和在途车辆数目增加，其运输成本也会大大增加。从供应链整体来看，联合库存管理则减少了库存点和相应的库存设立费、仓储作业费，从而降低了供应链系统总的库存费用。

（3）把供应链系统管理进一步集成为上游和下游两个协调管理中心，从而部分消除了由于供应链环节之间不确定性和需求信息扭曲现象导致的库存波动。通过协调管理中心，供需双方共享需求信息，从而提高了供应链的稳定性。供应商的库存直接存放在核心企业的仓库中，不但可以保障核心企业原材料和零部件供应、取用方便，而且核心企业可以统一调度、统一管理、统一进行库存控制，为核心企业快速高效的生产运作提供了强有力的保障条件。

（4）为其他科学的供应链物流管理（如连续补充货物、快速反应、准时化供货等）创造了条件。

【思考题】

（1）仓储在物流中的地位与作用。

（2）仓储在供应链中的角色。

（3）仓储的功能。

（4）仓储管理的内容。

（5）仓库的类型。

（6）仓储设备有哪些。

（7）入库作业流程有哪些。

（8）出库作业流程有哪些。

（9）商品出库的形式。

（10）库存分类。

（11）库存控制方法与工具。

德育之窗

快递类云仓

由快递公司所建的云仓如顺丰云仓、EMS 云仓、百世云仓等大多数是为了更好地进行仓配一体化。建仓是战略的其中一部分。

以顺丰云仓为例，顺丰云仓网络的构成主要是"信息网+仓储网+干线网+零担网+宅配网"。正是通过多仓组合实现全网协同，通过大数据从而驱动全网的调拨，提高效率。顺丰目前涉足的行业除了传统的属性如服装、电子产品等。还囊括了生鲜冷链领域、汽车事业部、金融事业部等相对行业专业程度高的品类。从中也不难发现，顺丰的整体供应链的策略，就是空陆铁的干线网络+全网的云仓+多温快物流的支持。这也体现出顺丰目前的商业形态，云仓也在慢慢向专业仓和品类仓去发展。

第一是建仓的合作伙伴，软件与硬件服务支持的提供商。

第二是云仓的布局，因为这是全网协同的形式。创新的分析加上区域战略的布局会带来新的思考。

试分析：那么云仓和传统仓储的主要区别有哪些呢？

（资料来源：根据网络案例改编整理。）

知识链接

富日物流的仓储服务

富日物流的主要客户包括大型家用电器厂商（科龙、小天鹅、伊莱克斯、夏普、LG、三洋等）、酒类生产企业（五粮液的若干子品牌、金六福等）、方便食品生产企业（如康师傅、统一等）和其他快速消费品厂商（金光纸业、维达纸业等）。

富日物流的商业模式就是基于配送的仓储服务。制造商或大批发商通过干线运输等方式大批量地把货品存放在富日物流的仓库里，然后根据终端店面的销售需求，用小车小批量配送到零售店或消费地。富日物流为客户提供仓储、配送、装卸、加工、代收款、信息咨询等物流服务，利润来源包括仓租费、物流配送费、流通加工服务费等。

富日物流的仓库全都是平面仓。部分采用托盘和叉车进行库内搬运，少量采用手工搬运。月台设计适合大型货柜车、平板车、小型箱式配送车的快速装卸作业。

思考题：

为什么制造商要把商品先存到富日物流的仓库中，而不是直接销售给终端用户？

【综合实训】

实训　出入库作业模拟

一、实训目标

通过实训，使学生掌握物流全程涉及的主要环节，仓库作业操作要求，货物码放、搬运操作要求，增加对仓储管理的直观认识。

二、实训内容

青和物流公司收到一批外包装规格不一的货物，以托盘存放形式办理入库。

三、实训要求

（1）做好实训室各种仓库设备的准备、调试和检测。

（2）分好实训小组，每组 15~20 人。

（3）熟悉仓储作业所涉及的主要业务环节。

（4）了解货物码放的基本操作规范。

（5）熟悉仓储基本设备的使用。

（6）熟悉货物出入库作业的基本操作。

实训指导

（1）介绍仓库的主要设备。

（2）讲解入库、出库作业流程、操作要领及注意事项。

（3）操作演示入库、出库货物码放作业。

（4）纠正学生操作练习货物出入库作业的错误。

项目 6

理解物流配送

【学习目标】

学习目标如表6-1所示。

表6-1　学习目标

知识目标	技能目标	素质目标
（1）理解物流配送的概念和重要性； （2）了解如何设计和优化物流配送网络，包括确定最佳配送路径、建立仓储和集散中心等； （3）了解物流配送中的关键概念和指标。熟悉物流配送中的关键概念，如配送时间、配送准时率、仓库管理和跟踪等	（1）能够收集、分析和解释与物流配送相关的数据，并基于数据作出合理的决策，如选择最佳的配送路径、优化运输安排等； （2）具备良好的协调和沟通能力，能够与供应商、运输商和其他相关方合作，确保货物的准时交付和配送过程的顺利运行； （3）问题解决和风险管理能力，能够有效应对可能的风险和突发情况，保证配送的稳定性和可靠性	（1）准时交付承诺：培养准时交付的职业道德，即在承诺的时间内对货物进行配送，遵守各方之间的合同和承诺，并树立良好的商业信誉； （2）货物安全和完整性：强调对货物安全和完整性的承诺，包括在配送过程中避免货物的损坏、丢失或盗窃，以确保客户的利益和满意度； （3）环境保护和可持续发展：倡导对环境的尊重和保护，促进绿色物流配送实践，降低能源消耗和减少环境污染，积极推动物流活动的可持续发展与社会责任

例导入

苏宁物流完善"最后一公里"布局

　　苏宁物流充分发挥线上线下零售平台和物流快递设施的优势，采取了一系列措施来打造智慧零售末端仓配综合服务网点，并形成强大的城乡末端配送网络。其中，他们建设了快递直营网点、苏宁帮客县镇服务中心、苏宁小店生活帮、零售云门店自提网点，并整合了旗下的天天快递网点。具体来说，苏宁物流采用了多种模式。首先是通过"苏宁快递站点+零售云自提点+天天快递站点"的组合，实现了全网全地域的覆盖。其次是深度融合"苏宁生活帮+苏宁小店"，提供了"快递+"的综合服务功能，代寄代收包裹等服务。另外，他们还打造了苏宁帮客县镇服务中心，集揽、仓、配、装、销、修、洗、收、换等多种服务于一体，强化了对县镇农村物流的布局。通过这些综合服务网点的建设，苏宁物流成功解决了城乡网点分布不均、不深、功能少等难题，实现了全国性的"最后一公里"配送布局。截至目前，他们已经建设了27 744个末端快递点和480家苏宁县级服务中心，覆盖了全国 2 858 个区县。其中，40% 的区域已经实现半日达配送和售后服务，而 60% 的区域则实现了当日达服务。这些综合服务网络的建设，为苏宁物流提供了更好的覆盖和服务能力。

思考：

（1）通过阅读上述苏宁物流案例，思考苏宁物流采取了怎样的配送模式以及创新的服务？借鉴案例中的措施，思考面对农村地区的物流网点分布不均、配送速度慢等问题，通过哪些措施可以解决这些问题？

（2）通过苏宁物流完善"最后一公里"布局案例，思考末端配送服务水平的提升对物流配送的重要作用。

课堂笔记

任务 6.1   认识物流配送的内涵与分类

【任务目标】

建立学习小组并模拟实际物流配送，使学生能认知物流配送的内涵、分类与作用，学习分工与团队合作的重要性，并解决实际配送中的问题。这样的实践能让他们更深入地理解课堂知识，并培养实际应用能力。

【任务内容】

麦当劳与夏晖公司的合作关系堪称独一无二，夏晖几乎成为麦当劳的"专属物流提供商"，同时也为必胜客、星巴克等多家知名企业提供物流配送服务。夏晖之所以能够成为麦当劳的首选合作伙伴，是因为夏晖不仅提供了优质的服务，同时还满足了麦当劳对物流服务的严格要求。在食品供应方面，除了基本的食品运输，麦当劳要求物流服务商提供额外的服务，如信息处理、存货控制、贴标签、生产和质量控制等。虽然这些额外服务的成本较高，但它们让麦当劳在市场竞争中获得了竞争优势。这种一条龙服务的理念正是夏晖公司赢得麦当劳青睐的原因之一。

夏晖公司不仅在各地建立了食品分发中心和配送站，还投入巨资建立了全国性的服务网络。例如，在北京地区，夏晖公司建立了一个占地面积达 12 000 m² 的世界领先的多温度食品分发物流中心。该中心配有先进的装卸、储存和冷藏设施，并且拥有多种温度控制运输车辆，确保食品的冷链物流要求。此外，夏晖还通过信息系统的管理来控制库存量，有效降低产品损耗率，保证供应链高效运转。

夏晖能够为其提供全方位、高质量的物流服务，并且始终在不断学习和改进中提升自身能力，这种独特的合作关系使得整个供应链得以协调与联结，这种合作模式体现了夏晖公司在物流服务上的专业性和高效性，为麦当劳树立了榜样，为麦当劳餐厅的食品供应提供了最佳的保障，并赢得了麦当劳的充分信任和长期合作。

请各学习小组完成以下任务：

（1）通过案例学习和思考，并结合所学相关专业知识，确定市场对物流配送业务的需求，总结物流配送的内涵。

（2）配送是"配"和"送"的有机结合，那么结合案例，学习配送的功能以及分类。

【组织过程】

（1）各学习小组对不同的配送案例进行调研，加深了解企业对配送业务的需求以及物流配送企业的工作内容，全面概括对物流配送的理解及其内涵。

（2）组织学生对物流配送的过程进行模拟演练，进一步了解物流配送的功能；引导学生按照配送主体、配送时间、数量、经营形式等对物流配送进行分类。

【考核指标】

考核指标如表 6-2 所示。

表 6-2 考核指标

考核项目	考核要求	分值	得分
调研总结物流配送内涵及功能	从物流配送的工作内容出发，确定物流配送的功能和内涵，包括岗位职责、工作流程等	40	
现场讨论演练方案	确定参加演练的物流配送人员的工作内容，分配配送内容和制订配送计划，要求口头描述，内容全面、完整	20	
设置方案汇报	由小组负责人带领成员汇报进行物流配送组织的过程，要求表达清晰、完整、有效	20	
团队精神	通力合作、分工合理、相互补充	10	
	发言积极，乐于与同学分享成果，组员参与积极性高	10	

【知识讲解】

一、配送的概念

物流配送是现代流通业的一种经营方式，指的是物品从供应地向接收地实体流动的过程。现代物流实用词典说"物流配送"是共同化的服务模式，物流配送共同化，包括物流资源利用共同化、物流设施与设备利用共同化、物流管理共同化等。详细来说，物流配送是物流活动中一种非单一的业务形式，它与商流、物流、资金流紧密结合，并且主要包括了商流活动、物流活动和资金流活动，可以说它是包括了物流活动中大多数必要因素的一种业务形式。

配送是物流的一个缩影，集中体现了物流的功能要素，包括装卸、包装、保管和运输等活动，最终将货物送达目的地。与一般物流不同的是，配送还强调分拣配货，以满足送货的特殊要求。从商流角度来看，配送是商物合一的商业形式，商流与物流的密切结合是配送成功的保障。

二、配送的功能

1. 备货

备货是配送的准备工作或基础工作，包括筹集货源、订货或购货、集货、进货以及相关的质量检查、结算和交接等。备货的优势之一是能够集中用户需求进行一定规模的备货。备货是决定配送成败的初期工作，如果备货成本过高，将极大地降低配送的效益。

2. 储存

配送中的储存分为储备和暂存两种形态。

微课 6-1 配送的内涵与功能

配送储备是根据一定时期的配送经营要求形成的资源保证。这种储备的数量较大，储备结构也较完善。根据货源和到货情况，可以计划确定周转储备和保险储备的结构和数量。有时，为了保证配送，还会在配送中心附近独立设立库房来解决储备问题。

另一种储存形态是暂存，即在具体执行日配送时，根据分拣配货要求，在理货场地进行少量的储存准备。由于总体储存效益取决于储存总量，因此对这部分暂存的数量并不严格控制，它只会影响工作的便利性，而不会影响整体储存的总效益。还有一种形式的暂存是在分拣和配货之后，形成的发送货运的暂存，这个暂存主要是为了调节配货和送货的节奏，暂存时间并不长。

3. 分拣和配货

分拣和配货是配送中不同于其他物流形式的特点功能要素，也是配送成败的重要组成部分。它们完善了送货并支持送货准备性工作，是不同配送企业在进行送货时进行竞争和提高自身经济效益的必然延伸。因此，可以说分拣和配货是送货向更高级形式发展的必然要求。有了分拣和配货，将极大地提高送货服务水平，因此分拣和配货是决定整个配送系统水平的关键要素。

4. 配装

当单个用户配送数量无法达到车辆的有效运载负荷时，就需要考虑如何集中不同用户的配送货物，进行配装以充分利用运力和运能。与一般送货不同之处在于，通过配装送货可以大大提高送货水平并降低送货成本。因此，配装是具有现代特点的配送系统中的一个重要功能要素，也是现代配送与以往送货方式的重要区别之一。

5. 配送运输

配送运输属于运输中的末端运输和支线运输，与一般运输形态的主要区别在于：配送运输通常是较短距离、较小规模且额度较高的运输形式，一般使用汽车作为运输工具。另一个区别是配送运输的路线选择问题与一般干线运输不同，干线运输的干线是唯一的运输线。由于配送用户众多，城市交通路线复杂，如何组合成最佳路线，如何使配装和路线有效搭配等问题成为配送运输的特点，也是难度较大的工作。

6. 送达服务

送达货物到达用户并顺利交接还不是配送工作的结束，这是因为送达货物和用户接货之间往往会出现不协调，从而使配送前的努力付诸东流。因此，为了确保货物顺利移交，需要有效而方便地处理相关手续并完成结算，还需要考虑到卸货地点、卸货方式等因素。送达服务是配送独特的特殊环节。

7. 配送加工

配送加工虽然没有普遍性，但往往在配送中发挥着重要作用。主要原因是通过配送加工，可以大大提高用户的满意度。配送加工属于流通加工的一种形式，但与一般流通加工不同的是，配送加工一般仅根据用户的要求进行加工，其加工目的相对单一。

三、配送的历史和发展

配送的产生和发展是社会化分工进一步细化的结果，也是社会化大生产发展的要求。在二战后，发达国家的产业界发生了许多新的变化。

1. 发展初期

首先，新型的生产方式被普遍采用。其次，生产者和需求者对后勤服务日益重视，对后勤服务的要求日益提高，不仅要求减少后勤服务的费用支出，还要求提高服务质量。

在 20 世纪 60 年代初的雏形阶段，物流活动中的一般送货开始向备货、送货一体化方向转变。而在 20 世纪 80 年代中期，配送发展为广泛应用高新技术的系列化、多功能的供货活动。此时，配送表现出区域扩大化、快速发展、技术先进、集约化和高质量的特点。发达国家对于配送的认识可能有所不同，但一个非常重要共同认识是，配送就是将货物送达。随着观念的变化，配送的方式和手段也有了很大的发展。这些发展主要体现在以下几个方面：

（1）配送的规模不断扩大，配送中心的数量明显增加。初期的送货主要由单独的企业承担，导致配送企业车辆利用率低下，不同配送企业之间的交错运输、交通拥堵和事故频发等问题。近年来，配送已经突破了一个城市的范围，在更大范围内找到了优势和便利。

（2）配送服务的质量明显提高。初期的配送更加强调及时性，即完全按照顾客的要求行事，而不一定是按照合理的要求进行规划和配送。而现在高水平的计划配送则更加注重合理计划，有效推动配送的合理化，同时由于采用大量发货减少收费等措施，也受到用户的欢迎。

（3）配送技术和设备更加先进。配送在信息传递和处理上取得了重大进展，甚至建立了 EDI 系统。计算机辅助决策也得到了广泛应用，例如辅助进货决策、辅助配货决策和辅助选址决策等。此外，计算机与其他自动化装置的操作控制，如无人搬运车和配送中心的自动分拣系统，也取得了显著进展。

（4）配送方式日益多样化。作为配送生产力要素的劳动手段得到了大规模发展。到 20 世纪 80 年代，发达国家普遍采用计算机系统、自动搬运系统、大规模分拣、光电识别、条形码等现代化技术来支撑配送业务。

2. 电商发展促使物流业蓬勃发展

进入 21 世纪初，中国电商经历了蓬勃发展，为全球物流业带来了新的机遇，推动了物流业向新的发展趋势迈进。

（1）多样化服务。

随着电子商务时代的到来，物流业进入了集约化阶段，物流配送中心不仅仅提供仓储和运输服务，还拓展了配货、配送以及提高附加值的流通加工等多样化服务项目，并且根据客户的需求，提供个性化的服务。

（2）物流系统化。

传统上，物流仅仅指产品在出厂后的包装、运输、装卸和仓储等环节。然而，如今提出了物流系统化和供应链管理（SCM）的概念，并付诸实施。此举使物流不仅仅局限于企业内部，而是与社会物流紧密结合。从采购物流、生产物流到销售物流，再经过包装、运输、仓储、装卸和加工配送等环节，物流涵盖了产品从原材料供应到消费者手中的整个物质流转过程。通过统筹协调、合理规划，物流实现了商品流动的控制，以最大化利益、最小化成本，满足客户需求的持续变化。

（3）优质的服务。

在电子商务时代，物流业作为供货方与购货方之间的第三方，以服务为第一宗旨。由于顾客需要的服务点不仅限于一个区域，而是遍布多地，所以物流企业需要在本地区提供服务的同时，还需覆盖远距离的物流服务。因此，如何提供优质的服务成了物流企业管理的核心问题。作为与客户最为接触密切的环节，配送中心起到了至关重要的作用。成功的发达国家物流企业之所以卓有成效，其中一个重要因素就在于他们高度重视客户服务的研究。

（4）物流的规模化。

随着市场经济的发展，专业化分工日益细化。现如今，大多数生产企业只制造主要部件，而其他原材料、中间产品和最终产品的供应则由不同的物流中心、批发中心或配送中心提供，以实现库存最小化甚至零库存。

（5）信息化。

在电子商务时代，物流信息化成为不可避免的要求。要想提供最佳的服务，物流系统必须拥有良好的信息处理和传输系统。

（6）网络化。

物流领域的网络化也必须建立在信息化的基础上。通过建立网络化的物流系统，实现全程的信息交互和共享，提高物流效率和准确性。

（7）物流、商流和信息流的一体化。

根据流通规律，商流、物流和信息流是相分离的。然而，趋势是将它们结合起来，实现一体化操作。

（8）物流的全球化。

电子商务的推动加速了全球经济一体化的进程，也促使物流企业发展成为多国化的经营模式。

3. 人工智能进一步为物流的发展提供新契机

人工智能技术和相关软硬件产品的引入，能够在物流企业的各个环节中有效降低人力成本，提高工作效率，成为解决物流业难题的有力手段。根据报告显示，"人工智能+物流"市场规模已经达到 15.9 亿元，并预计到 2025 年将接近百亿元。其中，运输和仓储应用是占比较大的两个方面，两者总占比超过八成。人工智能在物流领域的应用方向可大致分为两种：一是以 AI 技术赋能的智能设备代替部分人工，如无人车辆、自动机器人等；二是通过计算机视觉、机器学习等技术驱动的软件系统，如仓储管理系统、车队管理系统等。当前，人工智能在物流领域仍处于探索阶段，但已经取得的成果表明，"人工智能+物流"能够在降本增效方面为物流企业带来实际收益。因此，物流企业应以立足当下、着眼长远的原则，寻找适合引入人工智能技术的业务环节，并通过稳步推进来提升效率。同时，人工智能公司应抓住与物流企业和电商平台的合作机会，在不断测试积累中提升技术水平，同时灵活运用自身研发的技术和产品，关注物流行业的同时寻找适应其他领域的商机和变现途径。只有这样，才能使人工智能技术在物流行业的发展得以进一步推进。

四、配送的界定

1. 配送与送货

虽然配送的定义中强调了将货物从物流节点送交收货人的活动，但配送与送货在多个方面存在着重要区别：

（1）送货是生产企业和商业企业的一种推销手段，通过送货来达到销售更多产品的目的；而配送是社会化大生产高度专业化分工的产物，是商品流通社会化发展的趋势。

（2）送货仅能满足用户部分需求，因为送货人有什么送什么；而配送以用户需求为目标，具体体现为根据用户要求提供所需货物，并在用户期望的时间送达。

（3）送货通常作为送货单位的附带性工作，送货单位的主要业务并非送货；而配送则表现为配送部门的专职，通常由专门的配送中心进行配送服务。

（4）送货在商品流通中只是一种服务方式；而配送不仅是一种物流手段，更重要的是一种物流体制，最终要发展为"配送制"。

（5）配送企业能够进行集中配送，确保向企业内部的各生产单位进行物品供应，有可能取代企业内部的分散仓库，实现零库存。而送货则不具备这种功能。

2. 配送、运输与搬运

配送、运输与搬运等物流环节虽然都涉及改变物品空间位置的作用，但它们在物流运作过程中有着重要的区别。

运输指使用设备和工具，将物品从一个地点向另一个地点运送，包括集货、分配、搬运、中转、装卸、分散等一系列操作。一般而言，运输是指在较大范围内对物品进行较长距离的空间移动，可以运用多种交通工具如车辆、船舶、飞机等，主要用于干线输送或直达送货，所运送的是少品种、大批量的货物。

配送属于运输中的末端运输（又称二次运输），主要指在较小范围内对物品进行较短距离的空间移动，一般使用汽车作为运输工具，运送的是多品种、小批量的货物。

搬运指在同一场所内对物品进行以水平移动为主的物流作业，通常使用叉车、牵引车等搬运工具。

在市场竞争中，降低成本、提高效率是将货物送达收货人的活动的关键目标。为了实现这一目标，针对小批量、多品种货物，需要实施快速分拣、合理配置运输车辆，制定科学的运输规划和路线，同时不断完善配货、配装的措施，从而形成现代化的配送活动。

五、配送的特征

微课6-2　配送
的特点与分类

1. 配送的地域性

企业有其经济合理的辐射范围，因此配送受到区域限制，超出范围将导致物流成本的明显增加。然而，随着运输业的发展，配送的合理区域范围正逐渐扩大。

2. 配送的服务性

配送的概念强调"根据用户要求"，这不但明确了用户的主导地位，同时也明确了配送的服务性质。配送是按用户要求进行的一种活动，因此，必须明确配送企业的地位是服务地位，而不是主导地位，应从用户利益出发，在满足用户利益基础上取得本企业的利益，配送是"配"和"送"的有机结合。在送货过程中，如果不进行分拣、配货等作业，有一件运一件，需要一点送一点，就会大大增加人、财、物的消耗，使送货并不优于取货。而配送可利用有效的分拣、分割、加工、包装、组配等工作，使送货达到一定的经济规模，利用规模优势取得较低的送货成本。

3. 配送的综合性

配送几乎涵盖了物流活动中的所有功能要素，包括储存、搬运装卸、流通加工、包装、运送、物流信息等。有学者认为，配送是物流活动中一种特殊的、综合的、比较复杂的形式，也被称为"小物流"。

4. 配送的准"点"性

配送的准时性包含时间和地点的准确性，即按时送达指定地点的要求。确保按时将配好的货物送达双方约定地点，为客户的生产活动或销售活动提供有效支撑，降低物流和运作成本，满足客户利益。只有这样，配送中心才能在此基础上获得更多的经济利益。

5. 配送的高技术性

由于配送是许多物流业务活动的有机结合体，紧密联系着商品供应链的上游和下游，其运作管理的综合性和复杂性明显。因此，如果配送活动没有现代化的物流信息系统、信息网络，缺乏现代化的技术、装备及管理技术和方法，就难以超越以往的送货形式，在规模水平、效率、速度和质量等方面取得进一步的提高。

六、配送的分类

配送具有不同的分类方法，包括配送主体、商品种类和数量、配送时间及数量、经营形式和专业化程度等。不同的配送形式和方式适用于不同的情境和需求，从配送中心配送到商店配送，从单品种大批量配送到多品种小批量配送，以及定时配送、定量配送等。随着社会、技术的不断进步，配送的规模和质量也得到了显著提升，配送中心的设施和技术成为配送的核心支持。综合配送和专业配送在不同领域均发挥着重要作用。

1. 按配送主体分类

不同配送主体被归类为配送中心配送、生产企业配送、仓库配送和商店配送。配送中心配送由专门从事配送业务的配送中心组织和执行，其专业性强、能力强、覆盖范围广。它可以承担企业主要货物的配送任务，并向配送商店提供补充配送。生产企业配送是由生产企业（尤其是进行多品种生产的企业）组织和执行的。这些企业可以通过自己的配送系统进行配送，避免了中转作业过程，具有一定的优势。仓库配送是以仓库为物流节点进行的配送形式。它可以将仓库完全作为配送中心，也可以在保持仓库仓储功能的基础上增加一部分的配送职能。与配送中心相比，仓库配送的规模较小，专业性较差，但可以利用原有的存储设施和能力。商店配送是由商品零售或物资经营网点组织的配送形式。商店配送的规模通常较小，但经营的品种较全，容易组织配送。商店配送可以是企业组织或个别用户的服务对象，是配送中心的辅助和补充形式。

2. 按配送商品的种类和数量分类

根据配送商品的种类和数量的不同，可以将配送分为单品种、大批量配送，多品种、小批量配送，成套配送。单品种、大批量配送适用于大量相同品种的商品配送，可以采用整车运输，配送中心的组织工作相对简单。多品种、小批量配送是根据客户具体需求，在配送中心将各种商品配齐全后装车送交客户，相对要求更高，配送设备必须复杂。成套配送主要用于为装配线供应零部件的配送。配送企业承担了生产企业的大部分供应工作，使生产企业能够专注于生产活动。

3. 按配送时间及数量分类

配送还可以按照时间和数量的安排进行分类。其中包括定时配送、定量配送、定时定量配送以及定时定路线配送。定时配送是按照固定的时间间隔进行配送，配送的品种和数量可以根据计划执行或在配送前与配送企业商定。定量配送是每次配送的品种和数量固定，而配送时间不固定。配送工作相对简单，可以根据车辆的装载能力和集装箱等自动化方式高效地进行。定时定量配送是既按照固定的时间间隔进行配送，又规定了每次配送的品种和数量，不过这种形式应用较少。定时定路线配送是在规定的运行路线上，按照时间表进行配送，用户可以根据约定的时间和路线接收货物或提出配送要求。

4. 按经营形式分类

根据配送企业的经营形式，配送可以分为销售配送、供给配送、销售-供应一体化配送和代存代供配送。销售配送指配送企业作为销售型企业或为促销目的组织配送。其配送对象和用户往往根据市场占有情况而定，具有较大的不确定性和较差的计划性。供给配送是用户为满足供应需求而采用的配送形式。用户或用户集团组建配送据点，集中组织大批量进货，然后向自身企业或集团中的其他企业配送。这种方式在保证供应水平、提高供应能力和降低成本方面具有重要意义。销售-供应一体化配送是指配送企业在销售产品的同时，承担用户有计划供应者的职能，既是销售者又是用户的供应代理人。这种形式有利于形成稳定的供需关系，采取先进的计划和技术手段，保持畅通和稳定的流通渠道。代存代供配送是指用户将自己的货物交给配送企业代为存储和供应。配送企业作为用户的代理人，并不转移商品所有权，在实施配送过程中只发生商品物理位置的转移，配送企业仅获得服务性收益而非经营性收益。这种形式下的商品所有权与经营权是分离的。

5. 按企业的专业化程度分类

配送可以根据企业的专业化程度进行分类，主要包括综合配送和专业配送。综合配送是指一个配送网点组织不同专业领域的产品向用户配送。由于产品性能和形状的差异较大，这种形式只适用于相似类别的产品，而不能实现全面综合配送。专业配送是根据产品性状的不同，将配送划分为不同的专业领域。专业配送可以根据专业要求优化配送设施、配送机械、工艺流程等，提高配送工作的效率。

知识拓展

得克萨斯州沃斯堡"共同配送"案例

得克萨斯州沃斯堡的孟买家具及配件公司近期计划成立一家批发分公司，旨在服务众多零售店和在线商店。最初打算利用现有物流网络来组织新的商业物流，但是孟买公司的物流总裁迅速意识到：要使批发分公司取得成功，必须采用全新的物流方式。由于孟买公司的配送中心专为家具的储存和分拣而设，而新成立的批发分公司销售的产品性质和零售渠道完全不同，因此他们需要有能力处理来自不同地方成千上万客户的订单。考虑到服务需求的集约化和运输量的不规律性，他们需要同时采用所有的运输方式，并且许多客户还要求采用特定的条码和标签。

由于孟买配送中心初期并不具备处理订单的灵活能力，因此他们计划寻求外包物流业务。但是，新的批发分公司刚刚起步，未来的发展尚不确定，因此与第二方物流公司签订长期合同对他们来说是一种冒险。孟买公司的总裁表示："在我们不确定业务增长的大小时，我需要更多的灵活性。"因此，综合各方面的因素，孟买批发分公司于当年10月选择了 USCO 物流公司作为其物流服务合作伙伴，共享其物流设施。双方签订了一份为期一年的合同，并采用按件计费的收费方式，这使孟买批发分公司避免了支付高额的人工、设备和管理费用，也为他们的服务能力带来了更大的灵活性。

随着客户订单的快速增长，对不同客户订单的自动处理能力对于孟买批发分公司的成功至关重要。然而，孟买公司的物流系统并不具备这种能力，因此他们依靠 USCO 物流公司来实现订单处理流程的自动化，并获得了为客户定制条形码和标签的技术支持。孟买批发分公司同样将所有的出库运输交给了 USCO 物流公司，这使公司相较于自行与运输公司谈判签约要支付更低的运费，在一定程度上降低了成本。

德育之窗

"一带一路"为海外配送企业提供新的发展空间

国家政策方面，在疫情期间，物流行业对国际国内生产和生活的保障作用得到了充分展现，国家高度重视物流业的发展，以保证供应链的持续稳定与安全。国务院办公厅印发了《"十四五"现代物流发展规划》，进一步强化了物流的"先导性、基础性、战略性"定位，并凸显了其在"延伸产业链、提升价值链、打造供应链"中的重要地位。该规划围绕资源整合集聚、服务数字化升级与创新、补齐农村短板、一体化运作衔接、绿色低碳发展、末端提档升级、健全国际网络等方面，提出了对"十四五"时期仓储配送现代化发展的要求，为仓储配送企业的未来发展提供了指导性文件，作出了全局性、系统性、战略性的部署。

从发展机遇角度来看，由于经济增长放缓，生产制造和商贸流通企业开始经历紧张局面，因此更加重视物流与供应链的效率和成本，开展精细化管理，追求上下游资源整合和高效协调等。这将为仓储配送企业在国内的发展带来新的机遇。与此同时，随着"一带一路"倡议的推进，物流需求不断增长，为仓储配送企业在海外拓展提供了新的发展空间。

课堂笔记

任务 6.2　理解物流中心、配送中心的内涵及功能

【任务目标】

本任务结合配送中心的特点和实践，充分借鉴当今物流技术的最新成果，使读者对配送中心的规划和管理方面的知识有更为全面系统的了解和学习，为相关人员的系统学习和实际业务操作提供有价值的参考。

【任务内容】

深圳市凯东源现代物流股份有限公司（以下简称"凯东源"）是一家商贸物流综合服务商。在商贸流通领域，为客户提供集中采购、营销策略、分销渠道、供应链解决方案设计等全方位"一站式"服务。依托规模化的仓库设施整合客户资源，建立配送中心。凯东源在深圳、广州、东莞、上海、长沙、天津、福州等城市建立了大型配送中心，总面积超过 30 万 m²，服务对象包括生产商、经销商、品牌商、零售商等。凯东源直接向客户开放 K56 信息管理系统端口，客户可以随时随地在系统下单，通过 K56 系统代替人工，能缩短订单处理时间，效率提高 5 倍以上。凯东源对管理的仓库均配有仓储视频监控系统，公司总部可实时监控仓库安全操作和作业情况。凯东源为客户提供信息查询、订单处理、货物跟单等增值服务，定期给客户发送库存、收发货明细表，及时提醒客户库存量状态和补货情况。

提供"一站式"服务。凯东源为怡宝、雪花、屈臣氏、上海家化等众多知名企业提供高质量、可视化的仓储配送服务及配套的流通增值服务。以华润怡宝为例，凯东源通过遍布整个广东省的物流配送网络，依靠先进的信息系统，凭借仓配一体化服务优势，帮助怡宝从距离销售区域最近的水厂配送到华南区域各个 KA 超市、便利店、酒店、地铁等。畅销品的周转次数从之前的 4 次/月提升到 8 次/月，带板运输的业务量从原来的 70% 提升到 90%，零售商门店收货和分拣效率分别提高 269% 和 372%，货物由配送中心送至门店的运输效率提高 221%，货损率降低到 0.02% 以下。

请根据案例内容完成以下任务：

（1）通过上述案例，总结配送中心的功能。

（2）对凯东源的大型配送中心选址位置进行调研，并阐述其选址原理。

（3）对上述任务进行工作分析，并书面表达。

【组织过程】

（1）以学习小组为单位，事先收集资料或进行实地调研，了解企业建立配送中心的作

用、目标、原则及注意事项；在此基础上模拟物流配送中心管理岗位的工作流程，并运用重心法等选址方法制订选址方案。

（2）通过小组讨论与研究，小组成员分别扮演物流配送中心管理部门各岗位的不同角色，其中一位同学扮演负责人，负责设置过程的说明工作。

【考核指标】

考核指标如表6-3所示。

表6-3　考核指标

考核项目	考核要求	分值	得分
配送中心岗位分析材料	完成任务内容中运输部门岗位设置，内容包括岗位名称、目标、岗位职责及对选址人员的要求等，要求方案采用书面形式呈现，内容全面、完整	40	
现场讨论配送中心选址方法与优化	讨论并分配小组成员在任务内容中运输部门中扮演的角色，选择配送中心选址方法，要求口头描述，逻辑清楚、全面、完整	20	
设置方案汇报	由小组负责人带领成员汇报配送中心选择流程和优化方案的过程，要求表达清晰、完整、有效	20	
团队精神	通力合作、分工合理、相互补充	10	
团队表现	发言积极，乐于与同学分享成果，组员参与积极性高	10	

【知识讲解】

一、配送中心的理解

对于"配送中心"的认识，国内外有不同的解释。日本《市场术语辞典》对配送中心的解释是："一种物流节点，它不以贮藏仓库这种单一的形式出现，而是发挥配送职能的流通仓库，也称为基地、据点或流通中心。"配送中心的目的是降低运输成本、减少销售机会的损失，为此建立设施、设备并开展经营管理工作。

配送中心是物流领域中的一个重要环节，它通过接收、分类、保管、加工和分销多种货物，按照客户的需求提供高水平的供货服务。根据《物流手册》和物流学家王之泰教授的定义，配送中心是一个现代化的流通设施，负责货物的配备和送货，并以实现销售或供应的高效率为目标。

配送中心的发展是为了满足物流合理化和市场拓展的需求，它是物流领域中社会分工和专业分工不断细化的产物。在过去，一些转运型节点承担了部分配送中心的职能。随着发展，一部分转运站逐渐发展成为纯粹的转运站，以连接不同的运输方式和规模，而另一部分则增加了配送的功能，向着更加强调"配"的方向发展。

简单来说，配送中心就是从事配送业务并拥有完善信息网络的场所和组织。它主要为特定客户或终端客户提供服务，具备完善的配送功能，辐射范围相对较小。配送中心通常处理多品种、小批量、多批次和短周期的货物。

作为末端物流的一个重要节点设施，通过有效组织货物配备和送货，实现资源的最终配置。配送中心不仅是一个物流设施，还是一个组织者，其工作主要围绕配送展开。它的职责包括货物储备、集货、分货和加工等多个方面。配送中心的发展是现代流通设施的一部分，旨在提供高效的配送服务，满足客户的需求。

二、配送中心的分类

微课6-3　配送中心的内涵与功能

1. 按配送中心的经济功能分类

（1）供应型配送中心。

供应型配送中心是指专门向某些用户供应货物、充当供应商送货角色的配送中心，其服务对象主要是生产企业和大型商业组织，它们所配送的货物以原材料、元器件和其他半成品为主，客观上起到了供应商的作用。

这类配送中心的用户有限并且稳定，用户的配送要求范围也比较确定，属于企业型用户。因此，配送中心集中库存的品种比较固定，配送中心的进货渠道也比较稳固，同时，可以采用效率比较高的分拣式工艺进行作业。

销售型配送中心执行销售职能，是以销售经营为目的，以配送为手段的配送中心。销售型配送中心大体有两种类型：一种是生产企业为自身产品直接销售给消费者而建立的配送中心；另一种是流通企业作为本身经营的一种方式，建立配送中心以扩大销售，我国目前拟建的配送中心大多属于这种类型。

（2）销售型配送中心。

销售型配送中心的用户一般是不确定的，而且用户的数量很大，每一个用户购买的数量又较少，属于消费者型用户。这类配送中心很难像供应型配送中心一样实行计划配送，其计划性较差。

2. 按配送中心的服务功能分类

（1）储存型配送中心。

储存型配送中心是指充分强化商品的储备和储存功能，在发挥储存作用的基础上开展配送活动的配送中心。

这类配送中心通常具有较大规模的仓库和储物场地，在资源紧缺的条件下，能形成储备丰富的资源优势。我国目前拟建的一些配送中心，都采用集中库存形式，库存量较大，多为储存型配送中心。

（2）流通型配送中心。

流通型配送中心基本上没有长期储存功能，仅以暂存或随进随出方式进行配货送货。

这类配送中心的典型方式是：大量货物整进并按一定批量零出，采用大型分货机；进货时直接进入分货机传送带，分送到各用户货位或直接分送到配送汽车上，货物在配送中心里仅做短暂停留。

（3）加工型配送中心。

加工型配送中心是指根据用户的需要或者市场竞争的需要，对配送物进行加工之后再配送的配送中心。这类配送中心主要以流通加工为核心开展配送活动，包括分装、包装、初级加工、集中下料、组装产品等加工活动。

3. 按配送中心的服务范围分类

（1）城市配送中心。

城市配送中心是一种以城市为配送范围的配送中心，由于城市范围一般处于汽车运输的经济里程之内，所以这种配送中心可直接配送到最终用户，且采用汽车进行配送。

这类配送中心的服务对象多为城市范围内的零售商、连锁店或生产企业，所以一般来说其辐射能力不是很强，实际操作中多是与区域配送中心联网，处于二级配送中心的位置。

（2）区域配送中心。

区域配送中心是一种辐射能力较强、活动范围较大，可以跨省、市甚至跨国开展配送业务的配送中心。

这种配送中心配送规模较大，用户较多，配送批量也较大，而且，往往是在配送给下级的城市配送中心和大型商业企业的同时，也配送给营业所、商店、批发商和企业用户。虽然也从事零星的配送，但不是其主要形式，因而这种类型的配送中心是配送网络或配送体系的支柱结构，属于中央级的配送中心。

4. 按配送中心的经营主体分类

（1）制造商型配送中心。

制造商型配送中心的商品全部由自己生产，用以降低流通费用、提高售后服务质量和及时地将预先备好的零部件运送到规定的加工和装配工位。从商品制造到生产出来后条码和包装的配合等多方面都较容易控制，它是一种现代化、自动化的配送中心，但不具备社会化的要求。

（2）批发商型配送中心。

批发商型配送中心一般按部门或商品类别的不同，把每个制造厂的商品集中起来，然后以单一品种或搭配形式向消费地的零售商进行配送。这种配送中心的商品来自各个制造商，所进行的一项重要的活动就是对商品进行汇总和再销售，它的全部进货和出货都是社会配送，社会化程度高。

（3）零售商型配送中心。

零售商发展到一定规模后，就可以考虑建立自己的配送中心，为专业商店零售商、超级市场、百货商店、建材商场、粮油食品商店等提供服务，其社会化程度介于前两者之间。

（4）第三方成立的配送中心。

第三方成立的配送中心是由专业物流公司出资建设的，向货主企业提供配送服务，属于社会化的配送中心。这类配送中心具有较强的运输配送能力，地理位置优越，可迅速按客户要求将产品送到指定地点，配送中心的现代化程度较高。

三、配送中心的功能

配送中心是专业从事货物配送活动的物流场所或经济组织，它是集加工、理货、送货等多种职能于一体的物流节点，也可以说，配送中心是集货中心、分货中心、加工中心的综合。因此，配送中心具有以下功能。

1. 集散功能

配送中心能够将分散在各个生产企业的产品集中在一起，经过分拣、组配等向多家客户配送，这种功能被称为集散功能，即形成经济、合理的货载批量以提高仓储配送效率，实现资源的有效配置。

2. 储存功能

配送中心的服务对象是生产企业和商业网点，其主要职能就是按照用户的要求及时将各种配装好的货物送交到用户手中，满足生产和消费的需要。为了顺利、有序地完成向用户配送商品（或货物）的任务，更好地发挥保障生产和消费需要的作用，配送中心通常都建有现代化的仓储设施，如仓库、堆场等，储存一定量的商品，形成对配送的资源保证。

3. 分拣功能

作为物流节点的配送中心，其客户是为数众多的企业或零售商。每个客户的订单都至少包含一项商品，这些不同种类的商品需要由配送中心拣选出来并集中在一起。分拣就是将一批相同或不同的货物，按照客户不同的要求拣选后集中在一起进行配送。

4. 采购功能

由于配送中心的属性和种类各不相同，因此它们的功能也会有所不同。只有那些将商流和物流整合在一起的配送中心才能具备商品采购的功能，而那些纯粹用于仓储和运输的配送中心则不具备这一功能。为了适应市场供需的变化，配送中心应该制订并及时调整一套全面的采购计划，并由专门的人员和部门负责组织和实施。

5. 分装功能

配送中心通常倾向于采用大宗采购，以降低采购成本和进货费用。然而，由于用户企业希望减少库存、加速资金周转和降低资金占用，因此它们更倾向于采用小批量进货的方式。为了满足用户的需求，尤其是小批量、多批次进货的需求，配送中心必须进行分装。

6. 流通加工功能

根据用户要求和合理的配送原则，配送中心能够对进货货物进行加工，使其符合特定的规格、尺寸和形状。这些加工功能是现代配送中心服务职能的具体表现之一。货物加工是配送中心的重要活动之一，积极开展加工业务不仅方便了用户，减轻了他们的负担，还有利于提高物质资源的利用率和配送效率。此外，对于配送活动本身来说，加工也可以强化其整体功能。

7. 配送功能

配送是一种特殊的送货形式，通常在配送中心完成，涉及分拣、配货、整车合装、车辆调度等工作，严格按客户要求进行。配送不仅是送货，还包括分货、配车等活动，要求具备现代经营管理水平。依赖现代信息技术建立和完善配送系统，形成现代化营销方式。优化了物流系统，提高了经济效益；同时通过配送中心的集中库存，实现了低库存，降低了供货的缺货率。

8. 信息处理功能

配送中心必须拥有强大的信息处理系统，以支持整个物流流程的控制和决策。该系统不仅能在各个环节提供信息共享，还能直接与零售商店进行信息交流，从而及时获取销售情况。这有助于合理组织货源和控制库存，同时还能迅速将销售和库存情况反馈给制造商，指导生产计划的安排。因此，配送中心在整个物流流程中扮演着关键的信息中枢角色。

四、配送中心作业流程

配送中心的核心任务包括订货、进货、仓储、订单处理、拣货和配送等一系列活动。在确定了这些主要活动及其流程之后，才能进行配送中心的规划和设计。有些配送中心还要进行流通加工、贴标签和包装等附加作业。当出现退货情况时，配送中心还需要分类、保管和退回退货品。如图6-1所示是物流配送中心作业流程。

配送中心作业流程涉及的具体内容包括进货、订单处理、拣货、配货、送货、流通加工、退货等作业项目，它们之间衔接紧密、环环相扣，整个过程既包括实体物流，又包括信息流，同时还包括资金流。

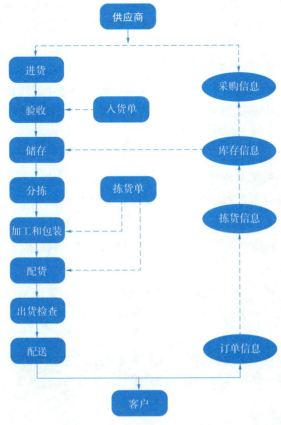

图 6-1 物流配送中心作业流程

五、配送中心与物流中心的区别

微课 6-4 配送
中心与物流
中心的区别

1. 服务对象不同

物流的配送中心大多是公司内部服务，为公司自身提供服务。而物流中心则一般是提供第三方物流服务，为除自身公司以外的客户服务。

2. 在供应链中的位置不同

物流中心和配送中心都是物流网络体系的核心节点，但是两者处在供应链中的不同位置，物流中心在供应链的上游，配送中心在供应链的下游。

配送中心的特征是其位置处于物流的下游；一般储存物品的品种较多、储存周期短；为使零售店或最终客户不设库或少设库以及不设车队，具有强大的多客户、多品种、多频次少量的拣选和配送功能。因为多客户多品种才能实现保管、运输作业的规模化、共同化进而节约费用。配送中心一般采用门到门的汽车运输，其作业范围较小（20~300 km），为本地区的最终客户服务。有时，配送中心还有流通加工的业务，如钢材的定尺加工，食品由大的运输包装改为小的零售包装，饲料由单一改饲料为复合饲料等，提供服务的延伸和增值。

物流中心的特征是位置处于物流的中游，是制造厂仓库与配送中心的中间环节，一般离制造厂仓库与配送中心较远，为使运输经济性，采用大容量汽车或铁路运输和少批次大量的出入库方式。需要说明，仓库、物流中心、配送中心都是自营或代客户保管和运输物品的场所，也可以说是过去各部、各级储运公司，要绝对按地区分是较困难的，有时它们的业务有明显的交叉性；所谓的多客户、多品种、多频次少量的拣选或大容量汽车或铁路运输和少批次大量的出入库方式等也是相对而言。仓库已逐步地被物流中心和配送中心所替代，除季节性生产明显的储备粮库、棉花库、果品库、冷冻海产品库以及军需储备库等，仍以保管保养为主。

3. 服务的数量不同

物流中心的供应商少，配送中心的供应商多。因为物流中心更侧重于为供应链上游厂商提供方服务，而配送中心更侧重于为供应链下游客户方面提供服务，相比而言，上游厂商少于下游的客户。

4. 两者规模不同

物流中心的规模一般都是比较大的，占地面积一般都较大。但是，配送中心规模则比较灵活，可大可小，可以根据当地实际需要建设，一般不会太大。

5. 商品种类和数量不同

物流中心的商品一般是少品种、大批量的。而配送中心的商品则多是多品种、小批量的。

6. 辐射范围不同

相对于配送中心，物流中心的辐射范围要大很多。这一方面是商品种类和数量不同造成的，另一方面也是两者处于供应链不同位置造成的。

7. 业务倾向不同

物流中心的主要业务是货物的储存，这就要求物流中心的吞吐能力要很强大。而配送中心主要的业务是配送，储存多是暂时的，只起到调节作用。

知识拓展

C 公司快速消费品物流配送中心选址案例

C 公司是一家饮料生产企业，年生产能力为 50 万 t，占地面积为 74 800 多 m^2。现有易拉罐、塑料瓶、玻璃瓶及 BIB 糖浆袋等 6 条生产线。公司以生产、销售碳酸饮料、茶饮料、果汁饮料、蛋白饮料、矿物质水为主，产品行销范围：天津市、河北省。

随着饮料行业产销量逐渐增加，近些年来，河北省地区汽水饮料的总体销量也不断增长，并且增长态势显著。这就说明了，河北省地区的饮料消费潜力十分巨大，需求量的后劲相当足。单是 2020 年一年，C 公司在河北省地区的年销量就达到了 5 495.2 万标箱（1 标箱 = 5.678 L）。在 2015—2020 年期间，C 公司在河北省市场的汽水饮料销量始终保持着快速稳步增长的态势，销售复合增长率（CAGR）已经达到 11.8%。如表 6-4 所示是 2015—2020 年 C 公司在河北省地区 CSD 销售的增长情况。

表 6-4　2015—2020 年 C 公司在河北省地区 CSD 销售的增长情况

年份	2015	2016	2017	2018	2019	2020
销量（千标箱）	31 554	36 764	39 498	45 665	53 910	54 952

由此，我们可以预测，河北省地区的饮料市场在未来将会存在着相当大的发展潜力和发展空间。C 公司为了满足经营规模和市场竞争的需要，实现产品销售的及时配送，降低物流成本，提高服务水平，积极应对产销量大幅提高、配送量大幅增加、物流成本在产品价值中所占的比重较高等方面问题，计划加大对河北省地区配送中心建设力度，预计于2025 年在河北省地区新建几个产品配送中心，主要负责河北省的产品配送供应工作。以实现 C 公司在天津市、河北省地区"统筹安排、及时送达"的配送目标，可以快速提高公司

产品在天津市、河北省地区的市场占有率，同时 C 公司以提高产品配送效率，降低配送成本，提升 C 公司整体服务水平为建设目的，进行配送中心选址工作。

C 公司按照快速消费品配送中心选址流程，在研究选址问题提出的基础上，通过分析影响 C 公司配送中心选址的因素，初步确定了邢台威县（M1）、承德市兴隆县（M2）、张家口桥东（M3）、石家庄长安区（M4）、唐山市丰南区（M5）、保定市莲池区（M6）、沧州市沧县（M7）、邯郸市丛台区（M8）、衡水市冀州区（M9）、秦皇岛市昌黎县（M10），这 10 个地区作为 C 公司配送中心的备选地址。

请根据上述案例思考以下问题：

（1）快速消费品物流配送中心选址应该考虑哪些因素，可以采用的方法有哪些？各有什么优缺点？

（2）根据快速消费品配送中心选址因素指标体系和以成本最小化为目标、服务水平最大化为约束条件，对 C 公司配送中心选址进行定性分析与定量分析，为该企业配送中心进行选址，达到用理论模型解决现实问题的目的。

德育之窗

了不起的工匠｜蒋教芳：传道授业，快递行业的匠心传承人

蒋教芳，1966 年出生，浙江建德人。他于 2010 年 1 月 10 日加入浙江申通快递有限公司，目前担任工会副主席兼技能培训老师。他荣获全国交通技术能手、全国邮政业首批高级工程师、全国快递行业首家技能大师工作室领衔人等荣誉，也是浙江邮电职业技术学院的指导专家和特聘讲师，杭州市快递行业工程师资格评审委员会专家库成员，杭州市 D 类高层次人才，第三届萧山工匠，萧山区第八届职业技术带头人，以及 2022 年获得的第六届杭州工匠称号。

蒋教芳自加入公司以来，从一线职工工作如打包、分拣、拉件、扫描、装卸、押运、收件、派件等开始，一步一个脚印，不断挑战自我。他先后担任转运中心经理、操作部经理、培训部经理、工会副主席等职务。

除了出色地完成本职工作外，蒋教芳还深入研究快递行业的专业技术，并取得了丰硕的成果。他参与编写了书籍《快递业务员职业技能鉴定辅导教程》（高级）中的第五、六、七章。他与浙江邮电职业技术学院合作，完成了全国邮政职业教育教学指导委员会立项的研究课题《基于精神激励的民营快递企业经营人才管理的应用研究》。他主持申报的《快递企业人才培养的探究》在 2019 年的邮政行业人才培养优秀论文征集比赛中获得三等奖。他撰写的《快递企业寄递安全文化建设探析》也荣获了第二届企业安全文化优秀论文征集活动的三等奖。此外，在 2020 年，他领衔成立了全国首家快递行业技能大师工作室。

蒋教芳是一位匠人，也是匠心的传承人。他走遍浙江省 11 个地市，培训了 12 000 多名学员，其中 9 453 人获得国家技能等级证书。他带领的团队荣获省、市快递行业技能竞赛团体第一名六次，并培养出多位获得国家赛三等奖的徒弟，以及多人多次获得省赛个人前三名的优秀选手。在他的指导下，2 人获得了"浙江省技术能手"称号，2 人获得了"浙江金蓝领"称号，3 人被认定为杭州市 D 类人才。凭借卓越的成绩，蒋教芳在快递行业享有很高的声誉，并受邀为快递企业员工和职业学院学生进行授课。

蒋教芳在技能成长的道路上，充分展现了新时代职工坚韧专注、精益求精、一丝不苟、追求卓越的工匠精神。

向匠心致敬，敬业非凡！

任务 6.3 优化物流配送路径

【任务目标】

了解配送路径优化在物流过程中的重要作用，并掌握进行配送路径优化时需要考虑的配送工具、配送时间、配送成本等因素，培养良好的职业道德素养，掌握物流配送中基础的配送路径优化方法。

【任务内容】

位于东莞市的创盈食品有限公司成立于 2018 年，主要从事肉类加工与销售、水产品和农副产品的批发与零售业务。由于公司主要经营批发和配送业务，因此冷链配送对公司非常重要。如今，创盈食品有限公司与其他公司如湖南创好供应链管理有限公司和深圳市创盈冷链食品有限公司进行合作。然而，由于创盈食品有限公司成立的时间较短，合作伙伴主要集中在东莞市内，主要服务于市内的商超，如家旺达生活超市、惠民超市、家乐福超市和盈惠生活超市，同时也有其他零星的合作订单。尽管成立时间不长，创盈食品有限公司凭借先进的科学设备和优秀的人才资源，在竞争激烈的市场中快速发展，成为行业中的"一匹黑马"。该公司始终坚持诚信经营和提供优质产品与服务，实现共赢，并赢得了广大客户的好评与订单。在服务中，创盈食品有限公司提供无微不至的服务体验，提高了客户的满意度，也增强了自身的竞争能力。

然而，在发展迅速的过程中，创盈食品有限公司的配送路线出现了问题。首先，尽管该公司拥有先进的配送中心和物流设备，并能快速准确地进行货物分拣，但运输成本并没有随着公司发展而降低，反而呈上升趋势。生鲜食品都需要在低温下保存而不同的产品对温度也有不同的条件，所以时间上的花费变得极其重要。该公司在接受客户的订单后便开始将产品装车并运出。但经观察发现，该车队的运输线路其实并没有一个合理的规划，竟然全凭司机的自我想法进行运输，路线没有固定的一条，也没有先后顺序的配送目标，在配送过程中经常出现绕路现象，甚至重复行驶同一条路，看似运输车队在行驶，实则却在原地不动，运输时间花费的越来越多。而这些的发生，都是因为运输路线不明确导致的耗时过长。

请各学习小组完成以下任务：

（1）讨论创盈食品有限公司配送中存在的问题，找出公司需要解决的首要问题。

（2）提出创盈食品有限公司的配送路径的优化方案，并书面表达。

【组织过程】

（1）建立学生小组，事先调研路径优化方法相关资料，了解配送路径优化所需要考虑的影响因素。

（2）在上述分析的基础上模拟一次简单的单点单车路径优化工作流程，并运用相关优化方法制定配送路径优化策略。

【考核指标】

考核指标如表 6-5 所示。

表 6-5　考核指标

考核项目	考核要求	分值	得分
结合案例讨论影响路径优化的因素	调研路径优化方法以及影响因素的相关资料，并结合案例讨论	40	
现场讨论配送路径优化的方法，并分析寻求优化方案	讨论并分配小组成员在任务内容中的角色，对物流配送路径的优化方法进行分析，并寻求最优路径方案，要求口头描述，内容全面、完整	20	
设置方案汇报	由小组负责人带领成员汇报配送路径优化的过程，要求表达清晰、完整、有效	20	
团队精神	通力合作、分工合理、相互补充	10	
	发言积极，乐于与同学分享成果，组员参与积极性高	10	

【知识讲解】

一、配送路径优化概述

物流配送中的配送路径优化问题，直接影响着物流配送的效率、服务质量和成本。根据国外研究结果显示，约有 6% 的距离和 12% 的时间在现实配送中浪费掉，而在中国，这个比例甚至更高。特别是在城市物流配送中，由于配送路线繁多复杂，受交通信息影响大，节点之间的可达性受到限制，并且交通拥堵现象时有发生，导致了更高的配送费用浪费。

在配送活动中，存在着多种优化决策问题，其中包括配送线路的选择。选择合适的配送路径要考虑运输距离、运输环节、运输工具、运输时间和运输费用等多个因素，因此，它实际上是一个多目标决策问题。然而，许多经典问题的研究成果仍未能完全适应实际情况，尤其是在考虑现实条件下的带限制条件的路径优化问题方面。此外，经典的车辆路径问题是非确定性多项式困难（Non-deterministic Polynomial-hard，NP-hard）问题，目前对该问题的研究大多聚焦在特殊情况下的启发式算法设计上，缺乏更符合实际情况的模型和算法研究成果。

在此背景下，对于更符合实际的模型和算法的研究显得尤为重要，例如同时考虑时间限制和运输费用的点点间运输问题、带多时间窗的车辆路径问题、考虑不同时段道路交通状况的车辆路径问题等。这样的研究有助于丰富配送路径优化问题的研究成果，为降低物流成本、全面开展科学管理提供理论依据。

因此，在实际应用中，需要通过科学合理的方法确定最佳配送线路，解决多目标之间的冲突，采取综合比较分析和规划设计，找出最为满意的方案，以实现货物快速到达客户手中、降低成本并提高总体效益。

二、配送路径优化方法

1. 路程最短法

该方法是最常用的路线优化方法，通过计算不同路径的距离，选择最短的路线。可以借助地图软件或物流系统来快速计算。

2. 时间最短法

对于有时间限制的配送任务，可以使用时间最短法进行路线优化。该方法考虑交通拥

微课 6-5　配送路径优化方法及影响因素

堵、高峰期等因素，选择能够在最短时间内到达目的地的路线。

3. 成本最低法

该方法考虑配送过程中的成本因素，包括燃料费用、人工费用等。通过综合考虑不同路线的成本，选择最低成本的运输路线。

4. 多目标优化法

对于物流配送中的复杂情况，往往需要考虑多个目标，如时间、成本、货物安全等。这时可以使用多目标优化算法，通过建立数学模型，找到一个最优的平衡解。

5. 实时路径规划

物流配送过程中，往往会面临实时变化的情况，如交通堵塞、客户需求变动等。此时，需要实时进行路径规划和调整选择最优的运输路线。

三、配送路径优化的影响因素

1. 配送时间

时间是一个至关重要的因素，特别是对于要求快速交付的订单。选择最佳配送路径可以减少运输时间，确保货物能够及时送达客户手中。优化的配送路径可以减少不必要的延误和等待时间，提高订单的满足度和客户体验。

2. 配送距离

合理选择配送路径可以最小化运输距离。更短的配送距离意味着减少燃料消耗和车辆行驶时间，从而降低运输成本和减少环境影响。通过使用路线规划工具和交通实时信息，可以找到短距离且高效的配送路径。

3. 配送成本

配送成本是企业运营中重要的考虑因素之一。优化配送路径可以降低运输成本，包括燃料费用、劳动力成本和车辆维护费用等。通过选择高效的路径和合理规划配送任务，可以减少不必要的里程和时间，从而节省成本并提高企业盈利能力。

4. 物流配送运输工具

选择合适的配送工具也是配送路径优化的重要因素。根据具体的业务需求，需要选择最适合的运输工具，如货车、轻型商用车、公共交通工具等。合理使用运输工具可以提高运输效率，减少能源消耗和排放，从而降低成本并改善环境可持续性。

【相关知识】

在实际送货过程中常常会遇到要从配送中心给单个客户送货的问题，这时企业所期望的通常是能够找到一条从配送中心到客户点最短的运行路线，因为这样能够节省油耗，节约成本。这种需要确定从始点到终点的最短路径。最短路径问题一般是描述在一个网络图中，给定一个始点和一个终点，求始点到终点的一条路径且使路径总长最短。

除配送路径选取问题外，有许多实际问题都可以归结为最短路问题，例如两地之间的管道铺设、线路安装、道路修筑等都属于最短路问题。

【案例导入】

配送中心 A 向 B 配送货物，节点①到节点⑥为需要途经的客户点，各点之间的距离如线上数据所示，货物吨公里运价 50 元，找到从 A 到 B 的最短路线，也就是最短路径问题，以此讨论将货物从 A 配送到 B 的最优配送方案。A→B 的不同配送路径图如图 6-2 所示。

可采用最大相邻法。本方法较简单，思路：从始点，或终点开始，找与该点相连的所有点中最近的点，从而得到第二个点，再找与第二个点相连的所有点中最近的点，得到第三个点，以此类推。但是注意不能够走回头路，也就是前面找到的点不能够再被找出来一次。以本任务的问题为例，解决过程如下：

如果从始点 A 开始，过程如图 6-3 所示。

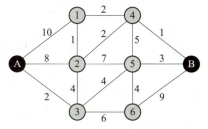

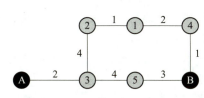

图 6-2　A→B 的不同配送路径图　　图 6-3　起始点 A 开始解决方法

可以得到两条路线：A→3→5→B 距离 9，A→3→2→1→4→B 距离 10，显然，A→3→5→B 为最短路径。如果从终点开始，则同样的办法得到 B→4→2→3→A 和 B→4→1→2→3→A。显然，两条路线中 A→3→5→B 最短，距离为 9，最低运费为 450 元。

【思考题】

（1）最大相邻法有什么缺点？一定可以找到最短路径吗？

（2）还有哪些方法找到单点最短路径？

（3）以上为单点单车线路优化方法，请了解单车多点以及多车多点线路优化方法。

知识链接

配送路径优化在物流管理中的角色

物流配送路径优化是现代物流管理不可或缺的一部分，它可以有效地提高企业物流运营效率和客户满意度。在本文中，我们将从阐述物流配送路径优化的定义和意义，从探讨进行物流配送路径优化的必要性出发，详细介绍物流配送路径优化的实施步骤，并说明物流配送路径优化所带来的诸多益处。

1. 物流配送路径优化的内涵

物流配送路径优化是通过对物流配送过程中各个环节的深入研究和精心优化，设计出合理而高效的物流配送路径，以提高物流配送效率、降低物流成本，并同时能够增强客户满意度和企业竞争力。此优化过程包括路线规划、配送区域分布和配送时间窗口等方面。

2. 进行物流配送路径优化的必要性

在企业的物流运营中，物流配送环节处于至关重要的地位，这一环节往往需要耗费大量人力物力进行管理，同时又容易出现资源的浪费和效率低下问题。因此，对于物流配送路径的优化具有十分迫切的需求，它能够有效避免上述问题的发生，提高物流配送效率，并大大降低运营成本，从而增加企业的盈利能力。

3. 实施物流配送路径优化的步骤

数据收集：收集订单、货物、发货和收货地点等相关数据。

数据整理：对收集到的数据进行仔细整理和深入分析，找出需要优化的资源消耗和瓶颈环节。

路径设计：结合数据分析结果和企业具体情况，设计出最佳路径方案，全方位考虑路线规划、配送区域分布和配送时间窗口等关键因素。

实施方案：在确定最佳路径方案后，按照方案进行逐步实施，确保物流配送过程的流畅性和高效性。

监控改进：密切关注方案实施结果，及时进行跟踪和改进，以保证物流配送路径的持续优化。

4. 物流配送路径优化的益处

提高效率：物流配送路径优化可以显著减少配送过程中的时间和资源浪费，从而提高物流运营效率。

降低成本：经过优化的物流配送路径能够有效减少不必要的配送里程和重复配送，从而降低企业的运营成本。

提升客户满意度：高效的物流配送路径能够快速、准确地为客户提供服务，进而提升客户的满意度，增强企业的竞争力。

总之，物流配送路径优化是现代物流管理的重要组成部分，对于提高企业物流运营效率和客户满意度具有非常重要的作用。因此，企业应充分重视这一环节，并采取科学合理的方法来实施优化，以实现降低成本、提高效率和满足客户需求的目标。

思考题：

有哪些最新的软件和算法可以用于求解配送路径优化的问题？

德育之窗

农村物流助力乡村振兴

农村物流是连接城乡生产和消费的重要纽带。当前，每天有 1 亿多件快递包裹在农村地区流动。高质量的农村物流对满足农村群众生产生活需要、释放农村消费潜力、促进乡村振兴具有重要意义。

2023 年年初，《中共中央国务院关于做好 2023 年全面推进乡村振兴重点工作的意见》提出，加快完善县乡村电子商务和快递物流配送体系，建设县域集采集配中心，推动农村客货邮融合发展，大力发展共同配送、即时零售等新模式，推动冷链物流服务网络向乡村下沉。近期，商务部、中华全国供销合作总社等 9 部门印发《县域商业三年行动计划（2023—2025 年）》，也对"发展农村物流共同配送"提出相关要求。

我国农村物流发展迅速。近年来，各地加快了县级物流和寄递配送中心的建设，乡镇快递和邮件处理站点也大幅增加。全国已建设了 2 600 多个县级电商公共服务中心和物流配送中心，超过 15 万个乡村电商和快递服务站点。农产品网络零售额不断增长，农民的产销两旺也得到了提升。

农村物流的发展带来了一系列亮点。供销集采集配模式打通了农村流通的"大动脉"与"微循环"，便利了农产品的上行和农民的生产资料下行。即时零售逐步兴起，满足了农村居民多样化的消费需求。

未来，农村物流发展仍然面临一些挑战。农村物流基础设施仍有薄弱之处，末端服务能力需要进一步提升，配送成本相对较高。为此，应加强基础设施建设，强化科技赋能。进一步整合农村物流资源，降低物流成本。完善产地冷链物流设施，促进农产品减损增值。通过这些措施，农村物流将实现高质量发展，为农村经济的繁荣和农民生活的改善作出更大贡献。

【综合实训】

一、实训目标

（1）通过实际案例的解析和讨论，深化对现实生活中物流配送的理解，并全面认识配送合理化、配送路径优化的实质。

（2）通过案例解析锻炼学生的思考和演讲能力。

二、实训内容

盒马创立于 2015 年 3 月，是通过大数据、信息化、移动互联三大核心技术及自建物流体系，建立起的一种零售新业态，集超市、餐饮店、菜市场于一体。与传统超市最大的不同之处在于，盒马鲜生依托阿里多年电商运营过程中积累的大数据，借助移动互联、智能物联网、自动化等技术及先进设备，实现人、货、场三者之间的最优化匹配，从供应链、仓储到配送，形成了属于自己的完整物流体系。

探索新业态一直是盒马的主旋律。自成立以来，盒马曾尝试过十余种不同的业态，包括盒马 F2、盒马菜市、盒马 mini、盒马小站、盒马里、盒马 Pick'n Go 等，几乎覆盖了所有零售商业业态。

2020 年 10 月盒马推出仓储会员店——盒马 X 会员店。经过近 3 年的发展，截至 2023 年，盒马 X 会员店已开出了 10 家门店，分别位于北京、上海、南京、苏州等地，会员数在 3 年时间内也已突破了 300 万，可以说是目前国产超市品牌中发展最快的会员店。

如图 6-4 所示是持续精进的盒马 X 会员店。

图 6-4　持续精进的盒马 X 会员店

据了解，为了持续提升竞争力，盒马还成立了专门针对盒马 X 会员店的采购部，以打造独家商品和供应链，维持较低的毛利率和更为精简的最小存货单位（Stock Keeping Unit，SKU），进一步让利消费者。

通过搜集资料理解盒马鲜生的物流配送体系的先进性和优点。

三、实训要求

（1）学生们需以 10 人一组的形式对案例进行深入的讨论和分析。

（2）从各小组中抽取 1~2 组进行交流，分享他们的分析和解决方案。

（3）教师将对每一小组的讨论结果进行评估，并对各小组的表现进行点评。

项目 7

运用物流信息技术

【学习目标】

学习目标如表7-1所示。

表7-1 学习目标

知识目标	技能目标	素质目标
（1）掌握物流信息动态跟踪技术、物流数据传输技术、物流数据采集技术的原理和应用； （2）掌握区块链技术在物流中的应用； （3）熟悉物流安全防范的重点和安全体系构建； （4）了解物流信息技术定义和发展趋势	（1）能够根据企业需求选择合适的物流信息技术； （2）能够应用物流信息技术提高企业运营效率； （3）能够为企业的信息化建设提供有效建议； （4）能够具有信息收集和筛选能力	（1）具有团队协作能力，增强学生沟通能力； （2）具有创新能力和实践能力； （3）培养爱国情怀，关注国家发展策略

案 例导入

京东物流信息技术驱动产业未来

技术对物流环节、场景、业态的改造无处不在。目前，京东物流已经具备了将物流技术对外输出的能力，并推广到零售、制造、农村、校园等领域。举例来说，京东物流为某著名车企打通全链路信息，整合全渠道数据，通过合理布货与智能补货，将订单满足率从65%提升到80%，并有望提升到90%。未来，京东物流将以技术创新作为底层驱动力探索更多场景，技术服务也将成为京东物流的核心能力之一。

经过多年的积累与发展，目前京东已形成了以云计算底层基础架构技术和通用化大数据平台、AI、IoT、研发能效、信息安全技术为依托，结合零售、物流、数字科技等不同场景的庞大技术体系。

思考：

（1）通过阅读本案例，思考什么是物流信息技术？物流信息技术如何驱动企业的发展？

（2）除了本案例中的应用场景，你还了解哪些物流信息技术应用的场景？

任务 7.1　认识物流信息技术

课堂笔记

【任务目标】

通过本任务的学习，掌握主要物流信息技术、物流信息系统的构成；能够根据不同的企业需求选择合适的物流信息技术，培养学生的创新意识和创新能力。

【任务内容】

当 2019 年"双 11"交易额不断超越历史峰值时，一同被刷新纪录的还有持续突破的物流订单量和配送速度。菜鸟网络数据显示，2019 天猫"双 11"物流订单量破 10 亿件仅用 16 小时 33 分钟，比 2018 年提前 6 小时 45 分钟。而 2019 年天猫"双 11"最终的物流订单量在 11 月 12 日 0 时，也定格在 12.92 亿件。在"双 11"购物狂欢接近尾声时，对于物流公司的考验才刚刚开始。对于"双 11"物流解题的关键，万霖认为，在于全链路"数智化"。随着菜鸟电子面单的普及与 IoT 技术的深化，正在让每一个包裹、每一个物流人、每一辆车、每一个仓库成为一个数字化节点，连接成一张数智化网络。"'双 11'期间，在这张数智化的智能物流骨干网上，全球 3 000 家快递物流公司共同协作，让大量包裹平静如水发生，带来更好的物流体验。"他表示。菜鸟推出规模化的预售订单下沉，提前发货到消费者 10 公里范围内，保障了大批"双 11"凌晨支付尾款的订单，在当天早上就送到消费者手中。

请各学习小组完成以下任务：

(1) 进行市场调研，找出物流企业运营中需要哪些信息和技术。

(2) 以小组为单位探讨使用什么方法促进快递物流公司的共同协作？

【组织过程】

(1) 事先收集资料或进行实地调研，了解常用的物流信息和技术有哪些，并根据调研梳理哪些信息和技术对物流企业的运营效率有影响。

(2) 小组成员分别扮演不同的快递物流公司，通过探讨找出促进快递物流公司共同协作的方法。

【考核指标】

考核指标如表 7-2 所示。

表 7-2　考核指标

考核项目	考核要求	分值	得分
物流企业运营分析	掌握企业运营的流程和因素，并对各影响因素进行解释分析	40	
物流企业协同运作	探讨物流企业协同合作的方法，并进行小组成员模拟	20	
设置方案汇报	由小组组长对上述两个问题进行汇报	20	
团队精神	通力合作、分工合理、相互补充	10	
	发言积极，乐于与同学分享成果，组员参与积极性高	10	

【知识讲解】

一、物流信息概念

中华人民共和国国家标准《物流术语》（GB/T 18354—2021）对物流信息的定义为："反映物流各种活动内容的知识、资料、图像、数据的总称。"在物流活动的管理与决策中，运输工具的选择、运输线路的选择、仓储的库存管理与控制、订单的处理等都需要准确的物流信息，物流信息对运输、仓储、配送等物流活动工具有支持、保障的作用。

物流信息一部分直接来自物流活动本身，另一部分则来自商品交易活动和市场。因此，物流信息的定义可以从狭义和广义两个方面来分析。狭义上的物流信息是指直接产生于物流活动的信息，如在运输、保管、包装、装卸、流通加工等活动中产生的信息。在物流活动管理与决策中，如运输工具的选择、运输路线的确定、每次运送批量的确定、在途货物的跟踪、仓库存储的有效利用、最佳库存数量的确定、订单管理、顾客服务水平的提高等，都需要详细、准确的物流信息。因为物流信息对运输管理、库存管理、订单管理、仓库作业管理等物流活动具有支持、保障的功能。广义上的物流信息不仅指与物流活动有关的信息，而且包括与其他流通活动有关的信息，如商品交易信息和市场信息等。商品交易信息是指与买卖双方的交易过程有关的信息，如销售和购买信息、订货和接受订货信息、发出货款和收到货款信息等。市场信息是指与市场活动有关的信息，如消费者的需求信息、竞争者或竞争性商品的信息、与销售促进活动有关的信息、交通通信等基础设施信息。在现代经营管理活动中，物流信息与商品交易信息、市场信息相互交叉、融合，有着密切的联系。

二、物流信息特点

1. 信息量特别大

物流信息随着物流活动以及商品交易活动的展开而大量发生。以一个有数万种商品的大型超市为例，每个商品从下订单开始，就包含有价格、数量、条码、批次、物流模式、尺码、包装规格等物流信息，到了配送中心，又有验收、整理、上架、补货、拣货、配车、盘点、退换货等业务流程。每一步业务又会产生新的物流信息，再加上现在多频次、小批量的作业越来越多，记录物流活动的物流信息数量快速增长。可以预计，这种趋势随着物流作业越来越精细，将一直延续。以上所讲只是一个狭义概念的物流信息，广义概念的物流信息包含的信息量更是惊人。

2. 信息更新快

有价值的信息第一个要求就是快，能迅速反映业务的最新动态。没有时效性，信息就会变得一文不值，在物流活动中更是如此。市场在随时变化，运输中的商品位置在不断变化，配送中心的库存状况、门店的销售情况也在不断变化，还有大量的突发情况存在，因此物流信息处于一个不断更新、不断变化的状态之中，这要求物流信息系统有非常强大的实时性和高效性。

3. 信息来源广、种类多

物流产业是服务产业，物流活动的发生必须依赖其他活动的产生。物流信息不仅包括企业内部的物流信息，而且包括企业间的物流信息，企业竞争优势的获得需要各参与企业之间相互协调合作，协调合作的手段之一是信息及时交换和共享。另外，物流活动往往利用道路、港湾、机场等基础设施。因此为了高效率地完成物流活动，必须掌握与基础设施有关的信息。

三、物流信息技术概念

物流信息技术是现代信息技术在物流各个作业环节中的综合应用，是现代物流区别传统物流的根本标志，它是建立在计算机、网络通信技术平台上的各种应用技术，包括硬件技术和软件技术，如条码技术、射频识别（Radio Frequency Identification，RFID）技术、物流数据交换技术、卫星导航与物流动态跟踪技术、大数据与云计算技术等，以及在这些技术手段支撑下的数据库技术、面向行业的信息系统等软件技术。

从构成要素上看，现代物流信息技术作为现代信息技术的重要组成部分，本质上属于信息技术的范畴。信息技术应用于物流领域而使其在表现形式和具体内容上存在一些特性，但其基本要素仍然同现代信息技术一样，可分为以下四个层次。

（1）物流信息基础技术，即有关元器件的制造技术，它是整个信息技术的基础。例如微电子技术、光子技术、光电子技术、分子电子技术等。

（2）物流信息系统技术，即有关现代物流信息的获取、传输、处理、控制的设备和系统的技术，它是建立在现代物流信息技术基础之上的，是整个现代物流信息技术的核心。其内容主要包括现代物流信息获取技术、现代物流信息传输技术、现代物流信息处理技术及现代物流信息控制技术。

（3）物流信息应用技术，即基于管理信息系统（MIS）技术，优化技术和计算机集成制造系统（CIMS）技术而设计出的各种物流自动化设备和现代物流信息管理系统。例如自动化分拣与传输设备、自动导引车（AGV）、集装箱自动装卸设备、仓储管理系统（WMS）、运输管理系统（TMS）、配送优化系统、全球定位系统、地理信息系统等。

（4）物流信息安全技术，即确保现代物流信息安全的技术，主要包括密码技术、防火墙技术、病毒防治技术、身份识别技术、访问控制技术、备份与恢复技术和数据库安全技术等。

四、物流信息技术的特点

1. 应用性

应用性是物流技术的共性。首先，物流技术是与现实物流活动全过程紧密相关的，从这个观点说，物流技术是一种应用技术；其次，物流技术总是从一定的目的出发，针对物流建设与发展中存在的具体问题，形成解决方案，从而满足人们对物流在某些方面的需求。同时，在现代物流发展过程中，人类有目的、有计划、有步骤的技术活动推动了物流技术的不断发展，尤其是在当前，不断推动着智慧物流信息技术的发展。例如，对物品标识的需要，推动了条码、RFID 技术等在物流领域的应用；对物流情境全面感知的需要，推动着物联网、车联网等技术在物流领域的应用；对物流配送精准高效的需要，推动着卫星定位与地理信息系统（Geographic Information System，GIS）技术在物流领域的应用。

2. 开发性

开发性也可理解为创新性，是技术的共性。对于技术而言，创新是技术发展的核心，技术的发展需要创新并且技术创新是一个艰难的历程。对于物流信息技术而言，必须与多

微课 7-1　物流信息技术的特点

样化需求相适应，需要制订规划以促进技术的发展，因此物流信息技术也有开发性的特点。在智慧物流的发展过程中，物流信息技术的开发性体现得更加明显。某项技术在物流领域的应用，必须结合具体的应用场景和需求，进行一定程度的开发和创新。例如，商品电子防盗系统（Electronic Article Surveillance，EAS）、便携式数据采集终端（Portable Data Terminal，PDT）等是基于 RFID 开发的结果；云计算的应用促进了物流云的形成。

3. 集成性

智慧物流信息技术的集成性体现在两个方面。一方面，单一的物流信息技术需要与其他技术集成才能发挥效能。例如，在物流信息管理过程中，数据采集技术需要与传输、存储、处理和应用等技术充分集成，形成完整的物流管理信息系统，以实现物流信息的全寿命管理。另一方面，部分物流信息技术是多种技术集成的结果。例如，EDI 是计算机、通信和现代管理技术相结合的产物；无人仓中集成了无线传感器、人工智能和自动化控制等多种技术。

4. 交叉性

时至今日，传统单一技术类型已在逐渐减少，多项技术的融合以及跨领域结合的趋势越来越明显。多学科、多领域、多区域的合作对物流的影响是显著而深远的。例如，地理信息系统就是一门综合性学科，结合了地理学、地图学、数学和统计学、测绘科学以及遥感和计算机科学。智慧物流环境下，物流信息技术的交叉性更加明显。从学科层面，传统的文科和工科的界线变得模糊，跨学科合作、多学科交叉已成为一种常态；从技术层面，多学科、多领域的交叉融合促进了物流信息技术的不断创新与发展，尤其是统计预测、智能管理（Intelligent Management，IM）、智能调度等技术的发展。例如，统计预测技术是统计学、数学和计算科学交叉融合的产物；智能管理是人工智能与管理科学、知识工程与系统工程、计算技术与通信技术、软件工程与信息工程等多学科、多技术相互结合、相互渗透而产生的一门新技术、新学科；物流中的智能调度依赖于具有高速计算性能的设备与最优的智能算法。

五、主要物流信息技术

微课 7-2　主要
物流信息技术

在国内，各种物流信息应用技术已经广泛应用于物流活动的各个环节，以下是物流运作过程中常见的信息技术。

1. 条码技术

条码技术广泛应用于商业、邮政、图书管理、仓储、工业生产过程控制、交通等领域，它是在计算机应用中产生并发展起来的，具有输入快、准确度高、成本低、可靠性强等优点。条码技术是实现 POS 系统、EDI、电子商务、供应链管理的技术基础，是物流管理现代化的重要技术手段，是实现计算机管理和电子数据交换不可缺少的前端采集技术。

2. 射频识别技术

射频识别（RFID）技术是一种无线通信技术，可以通过无线电信号识别特定目标并读写相关数据。它实现了非接触识别，能穿透雪、雾、冰、涂料、尘垢，在条形码无法使用的恶劣环境读写标签，并且阅读速度极快。目前，在身份证件和门禁控制、供应链和库存跟踪、汽车收费、防盗、生产控制、资产管理等领域，射频识别技术得到了广泛应用。

3. 电子数据交换技术

电子数据交换（EDI）技术是一种利用计算机进行商务处理的方法。贸易、运输、保险、银行和海关等行业通过 EDI 技术将行业信息用一种国际公认的标准格式，通过计算机通信网络，使各有关部门、公司与企业之间进行数据交换与处理，并完成以贸易为中心的全部业务过程。

4. 数据库技术

数据库技术主要研究如何存储、使用和管理数据，其根本目标是要解决数据的共享问题。经过数年发展，数据库技术已经非常成熟，能有效地管理和存取大量的数据资源。

5. 全球定位系统

全球卫星定位系统（Global Positioning System，GPS）是一种结合卫星及通信发展的技术，利用导航卫星进行测时和测距，具有海陆空全方位实时三维导航与定位能力。目前，GPS 广泛用于运输管理和军事领域，实现了车辆实时跟踪、调度等。

6. 地理信息系统

地理信息系统（GIS）是一种基于计算机的工具，它可以对空间信息进行分析和处理，形成可视化图形，形象生动地表达分析结果。它常把地图这种独特的视觉化效果和地理分析功能与一般的数据库操作（如查询和统计分析等）集成在一起，实现各种应用功能。

7. 遥感技术

遥感技术（Remote Sensing，RS）是根据电磁波的理论，应用各种传感仪器对远距离目标所辐射和反射的电磁波信息，进行收集、处理，并最后成像，从而对地面各种景物进行探测和识别的一种综合技术，它常与 GIS 和 GPS 形成一体化的技术系统。

六、物流信息技术发展趋势

趋势之一：RFID 将成为未来物流领域的关键技术

专家分析认为，RFID 技术应用于物流行业，可大幅提高物流管理与运作效率，降低物流成本。另外，从全球发展趋势来看，随着 RFID 相关技术的不断完善和成熟，RFID 产业将成为一个新兴的高技术产业群，成为国民经济新的增长点。因此，RFID 技术有望成为推动现代物流加速发展的新品润滑剂。

案例 1——RFID 技术被广泛应用于物流系统中

实现仓储货物的数字化构建：传统的仓储管理一般由人工进行货物数据的盘点，然后以纸张文件记录或者输入到计算机内进行数据整理。全程基本采用人工目测的方式进行，具有数据记录速度慢、精确度低、耗费的人力资源比较大等劣势，且在货物入库、出库、移库的过程需要人工及时处理，极易出现数据管理上的问题。在 RFID 智能仓储过程中，每一个货物或者货物托盘都被分配了 RFID 标签，大大提高了仓库的货物存放精度。仓库管理员不用面对整堆的货物进行分拣，只需要通过配套的专用设备即可方便地在货物仓储管理的各个环节精确地对货物进行跟踪，轻松解决了仓库中的货物分类、货物型号、货物批次难以区分的问题。另外，与传统的条形码相比，RFID 属于一种移动的电子存储媒介，RFID 标签的信息被存于标签之中。在此过程中如出现标签的损坏以及磨损都不影响对标签数据的读取。

实现流程的自动化，提升可靠性与效率：在 RFID 仓储管理系统中，每个货物都分配有一个 RFID 电子标签，在 RFID 电子标签中记录有对应其状态的信息。通过 RFID 读写器，装卸车在拿取货架上的货品时会读取产品上的 RFID 标签，然后同步更新自身 RFID 读写器的数据，实现了装卸车、RFID 标签和产品的自动关联。在读取过程中通过无线电信号的询答机制，通过 RFID 读写器（如手持式读写器、叉车车载读写器）与 RFID 电子标签进行信息交互，识别过程是非常迅速的。整个中间过程的信息传递和变化都是自动完成的，没有人为可操作的入口，可以彻底避免中间过程的信息因人工操作可能产生的差错，提高了信息读取的可靠性。

趋势之二：物流动态信息采集技术将成为物流发展的突破点

在全球供应链管理趋势下，及时掌握货物的动态信息和品质信息已成为企业盈利的关键因素。但是由于受到自然、天气、通信、技术、法规等方面的影响，物流动态信息采集技术的发展一直受到很大制约，远远不能满足现代物流发展的需求。借助新的科技手段，完善物流动态信息采集技术，成为物流领域下一个技术突破点。

案例2——FedEx物流动态信息

联邦快递（FedEx）是世界最大的快递集团之一，甚至可以让包裹主动传递信息。通过灵活的感应器，诸如SenseAware可以实现近乎实时的反馈，包括温度、地点和光照，使得客户在任何时间都能了解到包裹所处的位置和环境。而司机也可在车里直接修改订单物流信息。除此以外，联邦快递正在努力推动更加智能的递送服务，实现在被允许的情况下实时更新和了解客户所处的地理位置，使包裹更快速和精确地送达客户的手中——无论何时何地。当然，FedEx现在只是处于数据收集阶段，将来可能会根据收集到的历史数据和实时增量数据，通过大数据方案解决FedEx更多的问题，提升竞争力。FedEx通过SenseAware实现包裹信息的实时反馈，包括温度和湿度等，实现任何时间都能了解到包裹所处的位置和环境。

趋势之三：物流信息安全技术将日益被重视

借助网络技术发展起来的物流信息技术，在享受网络飞速发展带来巨大好处的同时，也时刻饱受着可能遭受的安全危机，例如网络黑客无孔不入的恶意攻击、病毒的肆虐、信息的泄密等。应用安全防范技术，保障企业的物流信息系统或平台安全、稳定运行，是企业将长期面临的一项重大挑战。

案例3——快递信息安全事件

据不完全统计，从2013年到2023年快递个人信息泄漏事件不时发生，这些事件给消费者、快递企业和整个社会带来了广泛的威胁和挑战。在线寄递业务平台、生产运营系统等多数信息系统或平台涉及公民个人信息。基于这些情况，行业各单位采取了一定的安全防护措施，部署了合适的安全防护设备，系统边界也进行了划分和防护，整体上具有一定的安全防护能力。近年来，国家邮政局积极推进网络安全管理工作，实施了一系列管理和安全防护措施。

> 课堂笔记

任务7.2 应用物流信息技术

【任务目标】

以学习小组为单位，调研校企合作企业仓储和运输环节使用的信息技术，能够根据企业的运营环节选择合适的物流信息技术，培养团队的调研能力和善于观察能力。

【任务内容】

京东物流在整个物流行业中，服务和配送质量都是有目共睹的，不仅可以实现同城当日达，在各大城市甚至村镇都能做到次日达。在京东物流高效运作的背后，RFID系统发挥了很大的作用。

请各学习小组完成以下任务：

（1）调研 RFID 在京东上的应用，至少从三个方面进行调研。

（2）对上述任务进行工作分析，并书面表达。

【组织过程】

（1）以学习小组为单位，事先收集资料或进行实地调研，了解 RFID 的原理和应用的设施设备，在此基础上调研京东在运营过程中哪些场景使用了 RFID 技术。

（2）通过小组调研和查阅相关资料，完成书面报告，可附相应的操作视频。

【考核指标】

考核指标如表 7-3 所示。

表 7-3　考核指标

考核项目	考核要求	分值	得分
分析总结能力	完成调研工作，并总结京东在运营过程中哪些场景使用了 RFID 技术，要求方案采用书面形式呈现，内容全面、完整	40	
动手操作能力	学生现场操作 RFID 设施设备，并录制视频演示操作方法和操作过程，要求视频录制清晰，操作讲解详细	20	
方案汇报能力	由小组负责人带领成员汇报此次调研的结果和感受，要求表达清晰、完整、有效	20	
团队精神	通力合作、分工合理、相互补充	10	
团队表现	发言积极，乐于与同学分享成果，组员参与积极性高	10	

【知识讲解】

一、物流数据采集技术

所谓自动识别技术就是利用一定的识别装置，通过被识别物品和识别装置之间的接近活动，自动地获取被识别物品的相关信息，并提供给后台的计算机处理系统来完成相关后续处理的一种技术。下面简要介绍几种常见的自动识别技术。

1. 条码技术

（1）条码技术定义。

条码技术是一种将信息编码成一组由黑白方块组成的图形，可通过读取器以数字形式表示和解码的技术。

（2）条码技术原理。

条形码是由一系列宽窄不等的黑白线条组成。每个线条的宽度和间隔都代表着特定的数字或字符，扫描仪通过光学传感器来识别条形码上的线条，并转换成对应的数字或字符，然后再传输给计算机进行处理。条形码的优点之一就是它可以将大量的信息编码在狭窄的空间中，并能够快速且准确地读取。

（3）条码技术在物流领域的应用。

1）运输中的应用。现代运输已广泛运用条码技术进行运输管理，用条码技术录入货物的品名、规格、数量等数据，促进了运输管理的信息化、自动化。航空、铁路、水路、公路的旅客自动化售票系统，桥梁、隧道、公路收费站的自动化收费，货运仓库、航空港、码头、物流中心、货场的物流自动化管理，都要使用条码技术来进行自动化管理。铁路运输、航空运输、邮政通信等许多行业都存在货物的分拣、搬运问题，大批量的货物需要在很短的时间内准确无误地装到指定的车箱或航班。应用物流标识技术，使包裹或产品自动分拣到不同的运输机上。人们所要做的只是将预先打印好的条码标签贴在发送的物品上，并在每个分拣点安装一台条码扫描器，物品的标识代码会通过后台的信息系统进行分拣，大大提高工作效率。

2）仓储中的应用。在仓储管理中应用条码技术，可以对仓储管理中的入库、出库、盘点等环节进行科学管理。货物在入库时自动扫描信息并输入计算机，然后由计算机处理后形成仓储信息，并输出入库货物的区位、货场的物流自动化管理，都要使用条码技术来进行自动化管理。在库存管理中采用条码对库存物品进行盘点，通过应用标识符分辨不同的信息，经过计算机对信息进行处理后，更有利于对商品的采购、保管和销售。货物出库时采用条码识读器对出库货物包装上的条码标签进行识读，并将货物信息传递给计算机，计算机根据货物的编号、品名、规格、数量等自动生成出库明细。发现标签破损或丢失按照程序人工补贴。将出库货物经过核对，确认无误后，再进行出库登账处理，更新货物库存明细。

3）配送中的应用。配送中心是商家货物集散中心，从卸货、理货、收货到配货、出货、装货、存车等众多环节，各种作业同步交错进行，是一个典型的实时多进程管理系统。在这一过程中，数据实时准确的登录、处理、利用，对于加速物流周转，减少中间损失，降低营运成本，显得极为重要。物流配送中心的各种作业活动中，利用条码技术实行自动化作业，大大提高了配送作业效率并减少了物流作业活动的差错事故，保证及时准确地将商品配送到目的地。

2. 射频识别技术

（1）射频识别技术定义。

无线射频识别即射频识别技术（RFID），是自动识别技术的一种，通过无线射频方式进行非接触双向数据通信，利用无线射频方式对记录媒体（电子标签或射频卡）进行读写，从而达到识别目标和数据交换的目的，其被认为是21世纪最具发展潜力的信息技术之一。

（2）射频识别技术原理。

一套完整的RFID系统，是由阅读器与电子标签也就是所谓的应答器及应用软件系统三个部分所组成，其工作原理是阅读器（Reader）发射一特定频率的无线电波能量，用以驱动电路将内部的数据送出，此时Reader便依序接收解读数据，送给应用程序做相应的处理。

（3）射频识别技术在物流领域的应用。

RFID技术在物流领域中的应用主要涉及四个方面，分别是物流运输管理、仓储管理、供应链管理和产品追溯。

1）物流运输管理。利用RFID技术，可以实现对运输车辆、货物和运输渠道的自动监管和跟踪。通过安装RFID标签和读写器，可以及时记录车辆和货物的位置和状态，并实现自动数据采集和实时监控。这不仅有助于实现运输过程中的安全管理和风险防范，还可以提高运输效率和减少物流成本。例如，在运输车辆上安装了RFID技术，实现了对货物运输环节的全程监管和管理。

2）仓储管理。RFID技术可以实现仓库内物品的自动识别和管理。在仓库中标记物品的RFID标签，可以自动记录物品的种类、数量、位置和状态等信息，使得仓库内的物品管理更加智能化和高效化。RFID技术还可以实现对仓库物流和运作过程的追踪和监管，有助于提高仓库的物流效率和服务水平。

3）供应链管理。RFID 技术可以实现供应链中的全程管理和监控。通过将 RFID 标签应用于供应链中的每个环节，可以实现对物流、生产、销售和售后服务等环节的全程追踪和监管。

4）产品追溯。RFID 技术可以实现对产品的全程追溯和质量管理。在物品的生产过程中，可以为其安装 RFID 标签，并对标签进行全程跟踪和记录，从而实现对产品的生产、流通和销售全过程的监管。这不仅有助于提高产品的质量和安全性，还可以通过对产品信息的记录和统计，实现产品的追溯和回溯，为企业增加价值。在食品、药品等领域，RFID 技术的应用尤为重要。例如，中国 ECNS 公司推出的 RFID 追溯系统已在海内外市场上受到广泛的关注和应用。

知识拓展

RFID 扫码终端助力医疗行业数字化转型

RFID 技术已经在医院行业得到广泛应用，特别是在药品管理、病人追踪、设备管理等方面。RFID 扫码终端则是一种可用于读取、存储 RFID 标签信息的设备。下面将详细介绍 RFID 扫码终端在医院行业的应用。

（1）药品管理。

RFID 技术可以用于药品管理，以确保药品的安全和追踪。药品包装盒上贴有 RFID 标签，可以存储药品的相关信息，如生产日期、批号、期限等。当药品包装盒进入医院时，RFID 扫码终端可以快速扫描标签信息并存储到系统中。医院可以利用这些信息来追踪药品的存储、分发和使用情况，以确保药品的质量和安全。

（2）病人追踪。

RFID 技术可以用于病人追踪，以提高病人的护理质量和安全。将 RFID 标签贴在病人的手环或标识卡上，可以实现病人的追踪和定位。当病人进入医院时，RFID 扫码终端可以读取标签信息并存储到系统中。医院可以利用这些信息来追踪病人的位置、护理情况和诊断结果，以提高病人的护理质量和安全。

（3）设备管理。

RFID 技术可以用于设备管理，以提高设备的利用率和管理效率。将 RFID 标签贴在设备上，可以实现设备的追踪和定位。当设备进入医院时，RFID 扫码终端可以读取标签信息并存储到系统中。医院可以利用这些信息来追踪设备的位置、使用情况和维护记录，以提高设备的利用率和管理效率。

（4）术室管理。

RFID 技术可以用于术室管理，以提高术室的质量和安全。将 RFID 标签贴在术室器械上，可以实现器械的追踪和管理。当器械进入术室时，RFID 扫码终端可以读取标签信息并存储到系统中。医院可以利用这些信息来追踪术室器械的位置、使用情况和维护记录，以提高设备的利用率和管理效率。

二、物流数据传输技术

1. EDI 技术定义

EDI 技术是将商业文件标准化和格式化，并通过计算机网络，在贸易伙伴的计算机系统之间进行数据交换和自动处理的技术。

EDI 具有明显的三方面特征：资料用统一的标准；利用电信号传递信息；计算机系统之间的互联。

EDI 技术能有效减少或消灭贸易双方的纸面单证，因而 EDI 也被称为"无纸化贸易"。它将贸易、运输、保险、银行和海关等行业的信息，用一种国际公认的标准格式，通过计算机通信网络，使各有关部门、公司与企业之间进行数据交换与处理，并完成以贸易为中心的全部业务过程，整个过程都是系统自动完成，无须人工干预，减少了差错，提高了效率。

2. EDI 技术原理

EDI 主要涉及的是交换文档的格式和传输方式。EDI 系统基于标准化的 SNA、TCP/IP 等网络协议，通过电子通信方式进行数据传输，以达到企业间快速、安全、标准化的信息交换。具体来说，EDI 的工作流程包括三个主要步骤：

数据格式化：EDI 系统首先将企业的各种商业文件（如订单、发货单、发票等）进行标准格式化，以便在传输过程中方便识别和处理。

数据传输：将格式化后的商业文件通过 EDI 网络向目标企业传输，并通过安全验证机制，确保数据在传输过程中不被篡改或截获。

数据处理：接收到商业数据后，目标企业的 EDI 系统将对数据进行解码和处理，并将处理结果反馈给发送企业。整个过程中，EDI 系统将商业数据从手工处理转变为计算机自动化处理。

3. EDI 技术在物流领域中的应用

（1）订单处理。EDI 技术可以实现企业间的电子订单交换，包括订单的生成、传输、确认等环节。通过 EDI 技术，物流公司可以快速接收和处理大量的订单，并且自动化处理订单的各个环节，提高订单处理的效率和准确性。

（2）运输跟踪。EDI 技术可以实现运输信息的实时跟踪和监控。物流公司可以通过 EDI 技术与供应商、承运商等合作伙伴进行运输信息的交换，包括货物的装卸、运输路线、运输时间等信息。这样可以实时了解货物的位置和状态，提高运输的效率和可靠性。

（3）库存管理。EDI 技术可以实现库存信息的实时共享和更新。物流公司可以通过 EDI 技术与供应商、客户等进行库存信息的交换，包括货物的进货、出货、库存数量等信息。这样可以快速准确地了解库存情况，提高库存管理的效率和成本控制能力。

（4）账单结算。EDI 技术可以实现物流账单的电子交换和结算。物流公司可以通过 EDI 技术与客户进行账单信息的交换，包括货物的运输费用、存储费用、保险费用等。这样可以减少纸质账单的处理和传输成本，提高结算的速度和准确性。

三、物流动态跟踪技术

1. GPS 技术

（1）GPS 技术定义。

GPS 是一种具有全方位、全天候、全时段、高精度的卫星导航系统，能为全球用户提供低成本、高精度的三维位置、速度和精确定时等导航信息，方便用户在全球范围内实时进行定位、导航。GPS 是卫星通信技术在导航领域的应用典范，是主要的空间信息技术之一，它极大地提高了地球社会的信息化水平，有力地推动了数字经济的发展。

（2）GPS 技术工作原理。

首先，假设我们接收到了 1 颗卫星的信号，并测量出了它距离接收器的距离为 18 000 km。

根据卫星的已知位置，我们可以将接收器所在位置的范围限定在距离该卫星 18 000 km 半径的地球表面上的任意位置。其次，我们再接收到第 2 颗卫星的信号，测量出距离为 20 000 km。根据第 2 颗卫星的已知位置，我们可以进一步缩小接收器所在位置的范围，将其限定在距离第 1 颗卫星 18 000 km 及距离第 2 颗卫星 20 000 km 的交叉区域。最后，继续对第 3 颗卫星进行测量，通过 3 颗卫星的距离交汇点，我们可以确定接收器当前的位置。通常情况下，为了确保测量结果的准确性，GPS 接收器会使用第 4 颗卫星的位置对前 3 颗卫星的测量进行确认。在实际应用中，GPS 定位系统需要接收到至少 4 颗卫星的信号来确定位置以及高度。根据测量得到的卫星距离，系统通过计算以卫星为中心的球面上的交叉点来确定接收器所在位置。

（3）GPS 技术在物流管理中的应用。

1）物流配送。GPS 将车辆的状态信息以及客户的位置信息快速、准确地反映给物流系统。

2）动态调度。运输公司可进行车辆待命计划管理。

3）货物跟踪。通过 GPS 和电子地图系统，可以实时了解车辆位置和货物状况，真正达成在线监控。

4）车辆优选。查出在锁定范围内可供调用的车辆，根据系统预先设定的条件判断车辆中哪些是可调用的。

5）路线优选。地理分析功能可以快速地为驾驶人员选择合理的物流路线，以及这条路线的一些信息。

6）报警援救。当发生故障和一些意外情况时，GPS 系统可以及时地反映发生事故的地点，调度中心会尽可能地采取相应的措施来挽回和降低损失。

2. GIS 技术

（1）GIS 技术定义。

地理信息系统（GIS）是在计算机软硬件支持下，运用系统工程和信息科学方法，对地表空间数据进行采集、存储、显示、查询、操作、分析和建模，以提供对资源、环境和区域等方面规划、管理、决策和研究的人机系统。简单来说就是当查询某个地方时，只需要输入地名，其位置就能立即显示在屏幕地图上，你可以随意放大或缩小地图，也可以在地图中漫游；如果确定好行程的起点和终点，GIS 会帮你找出最佳路线；如果输入某种作物的生长条件和某地区地形、土壤、水系、气温、降水等空间分布数据，GIS 可以作出综合分析，告诉你作物的最佳种植区域，并绘出地图。

（2）GIS 技术工作原理。

GIS 的工作原理可以按照工作流程分为五个步骤。

1）数据采集与输入。通过图形扫描、数字化仪、键盘输入等方式将系统外部的原始数据（图形、图像、文字等）传输给系统内部，并将这些数据从外部格式转换为便于系统处理的内部格式的过程。例如将各种已经存在的地图、遥感图像数字化或者通过通信或读磁盘、磁带的方式录入遥感数据和其他已存在的数据。

2）数据编辑与处理。为保证采集到的原始数据在内容、逻辑、数值上的一致性和完整性，需要对数据进行编辑、格式转换、拼接等一系列的处理工作。GIS 系统应该提供强大的、交互式的编辑功能，包括图形编辑、数据类型变换、数据重组、数据压缩、建立属性关联等内容。

3）数据存储与管理。为了对整理后的数据进行有效性的组织和管理，对数据要进行一定的结构化、归类和分析，产生数据库，并通过数据库管理系统（Data Base Management System，DBMS）进行有效的管理。

4）空间统计与分析。空间统计与空间分析是 GIS 的核心功能，它以地理事物的空间和形态特征为基础，以空间数据与属性数据的综合运算（如数据格式转换、几何量算、缓冲区建立、叠置操作、地形分析等）为特征，产生与提取空间的信息。空间分析是比空间查询更深层次的应用，内容更加广泛，包括地形分析、土地适应性分析、网络分析、叠置分析、缓冲区分析、决策分析等。随着 GIS 应用范围扩大，GIS 软件的空间分析功能将不断增加。

5）数据显示与输出功能。GIS 为了给系统用户提供直观有效的信息，一般需要通过图形、表格和统计图表显示空间数据及分析结果。作为可视化工具，不论是强调空间数据的位置还是分布模式乃至分析结果的表达，图形是传递空间数据信息最有效的工具。

（3）GIS 技术在物流管理中的应用。

1）实时监控。通过 GIS 将位置信号用地图语言显示出来，货主、物流企业可以随时了解车辆的运行状况、任务执行和安排情况，使不同地方的流动运输设备变得透明而且可控。另外还可能通过远程操作、断电锁车、超速报警，对车辆行驶进行实时限速监管、偏移路线预警、疲劳驾驶预警、危险路段提示、紧急情况报警、求助信息发送等安全管理，保障驾驶员、货物、车辆及客户财产安全。

2）指挥调度。客户经常会因突发性的变故而在车队出发后要求改变原定计划：有时公司在集中回程期间临时得到了新的货源信息；有时几个不同的物流项目要交叉调车。在上述情况下，监控中心借助 GIS 就可以根据车辆信息、位置、道路交通状况向车辆发出实时调度指令，用系统的观念运作企业业务，达到充分调度货物及车辆的目的，降低空载率，提高车辆运作效率。如为某条供应链服务，则能够发挥第三方物流的作用，把整个供应链上的业务操作变得透明，为企业供应链管理打下基础。

3）规划车辆路径。目前主流的 GIS 应用开发平台大多集成了路径分析模块，运输企业可以根据送货车辆的装载量、客户分布、配送订单、送货线路，交通状况等因素设定计算条件，利用该模块的功能，结合真实环境中所采集到的空间数据，分析客、货流量的变化情况，对公司的运输线路进行优化处理，可以便利地实现以费用最小或路径最短等目标为出发点的运输路径规划。

4）定位跟踪。结合 GPS 技术实现实时快速的定位，这对于现代物流的高效管理来说是非常关键的核心。在主控中心的电子地图上选定跟踪车辆，将其运行位置在地图画面上保存，精确定位车辆的具体位置、行驶方向、瞬间时速，形成直观的运行轨迹，并任意放大、缩小、还原、换图，可以随目标移动，使目标始终保持在屏幕上，利用该功能可对车辆和物流货物进行实时定位、跟踪，满足掌握车辆基本信息、对车辆进行远程管理的需要。另外，轨迹回放功能也是 GIS 和 GPS 相结合的产物，可以作为车辆跟踪功能的一个重要补充。

5）信息查询。货物发出以后，受控车辆所有的移动信息均被存储在控制中心计算机中有序存档、方便查询；客户可以通过网络实时查询车辆运输途中的运行情况和所处的位置，了解货物在途中是否安全，是否能快速有效地到达。接货方只需要通过发货方提供的相关资料和权限，就可通过网络实时查看车辆和货物的相关信息，掌握货物在途中的情况以及大概的到达时间。以此来提前安排货物的接收，存放以及销售等环节，使货物的销售链可提前完成。

6）辅助决策分析。在物流管理中，GIS 会提供历史的、现在的、空间的、属性的等全方位信息，并集成各种信息进行销售分析、市场分析、选址分析以及潜在客户分析等空间分析。另外，GIS 与 GPS 的有效结合，再辅以车辆路线模型、最短路径模型、网络物流模型、分配集合模型和设施定位模型等，可构建高度自动化、实时化和智能化的物流管理信息系统，这种系统不仅能够分析和运用数据，而且能为各种应用提供科学的决策依据，使物流变得实时并且成本最优。

3. 北斗卫星定位系统

(1) 北斗卫星定位系统定义。

微课 7-2　北斗卫星定位系统

北斗卫星导航系统由空间段、地面段和用户段三部分组成，可在全球范围内全天候为各类用户提供高精度、高可靠定位、导航、授时服务，并且具备短报文通信能力，已经初步具备区域导航、定位和授时能力，定位精度为分米、厘米级别，测速精度 0.2 m/s，授时精度 10 ns。2023 年 5 月 17 日 10 时 49 分，中国在西昌卫星发射中心用长征三号乙运载火箭，成功发射第 56 颗北斗导航卫星。

(2) 北斗卫星定位系统工作原理。

北斗导航系统由一系列卫星组成，这些卫星在发射后以确定的轨道高度绕地球旋转。卫星发射后，它们会向地球发送广播信号。北斗导航系统的接收器位于地球的移动设备上。接收器接收卫星发送的信号并解码它们，以确定接收器与卫星的距离。接收器通常与几个卫星通信，并测量接收器与每个卫星之间的距离，进而计算出接收器的位置。为了更精确地计算位置，接收器还会考虑其他因素，如接收器位置的不确定性、卫星时钟的误差等。最终，接收器将计算出的位置展示在其屏幕上，用户可以使用这些位置数据来导航等。

(3) 北斗卫星定位系统在物流中的应用。

1) 车辆定位和监控。北斗导航技术可以实现对物流企业车辆的实时定位和监控。通过安装北斗导航设备，可以实时了解车辆的行驶轨迹、状态和速度等信息，从而帮助企业合理规划车辆路线，降低能耗和成本，提高运输效率。此外，物流企业还可以根据车辆的监控情况，加强对员工的管理，避免违规操作和不正当行为。

2) 智能调度和配送。北斗导航技术还可以帮助物流企业实现智能调度和配送。在物流的运输过程中，由于路况、天气等因素的影响，往往会出现包裹延误或者错过配送时间等情况。而借助北斗导航技术，物流企业可以在车辆路线、配送时间和路线密度等方面进行科学调度，从而实现更加高效的配送操作。此外，北斗导航技术还可以自动生成配送路线和行驶路线，避免配送员自行规划路线的遗漏和错误。

3) 仓库管理和物品跟踪。物流企业的仓库管理是难点之一，如何精准记录进出库时间、数量和品种等信息，是提高仓库管理效率的重要环节。借助北斗导航技术，物流企业可以通过 RFID 标签、传感器等设备实现对仓库物品的自动管理和跟踪。通过引入北斗导航技术，可以实现精细化管理和运作，更好地满足客户的多项需求。

4) 客户服务和满意度。随着物流行业的不断发展，客户对于物流企业的服务质量和满意度要求也日益提高。而借助北斗导航技术，物流企业可以通过实时查询运输信息、配送时间和路线等方面的信息，提供更加便利的服务体验，提升客户满意度。同时，物流企业还可以运用北斗导航技术的智能化特点，根据客户的需求和要求，定制精准化的服务方案，逐步提升品牌口碑和市场竞争力。

任务 7.3　认知物流信息安全

课堂笔记

【任务目标】

安全管理物流信息系统是一种日常行为，同时又是一项非常重要的基础工作。请以小组为单位讨论如何解决物流信息的安全问题。

【任务内容】

近年来，随着个人信息防护意识的增强以及信息泄露危害性的增加，人们对信息安全愈加重视。而快递行业本身就掌握了大量公民的个人信息，网购的普及，快递量大大增加的同时，个人信息安全面临泄露的风险更是逐渐扩大。网民本身对快递行业个人信息安全的保护就存有疑虑，加上近几年快递企业接二连三发生这类事件，快递企业内部对信息的管理如此松懈，更是让广大用户担忧。快递行业个人信息泄露风险系数高，缘于"快递面单"中记录着发件人、收件人以及货物种类等相关信息，且"快递面单"会在快递站点、物流公司、网购平台等多个环节流转，造成更多的人掌握着用户个人信息，增加了泄露的风险。

　　由于"快递面单"上的个人信息准确、完整，一旦被不法分子获取后用于犯罪活动，将直接危及公民人身、财产安全，侵害社会公共利益。比如：利用手机号等进行过度营销，骚扰私人生活；根据购物记录，利用退货、退款等理由实施精准诈骗；未经允许，根据商品、住址等，推测用户消费能力并对外销售牟利；冒充社区管理、公检法等人员，诱导提供更多信息，进一步实施诈骗等。

　　请各学习小组完成以下任务：

　　（1）请查阅相关资料，说明物流信息泄露的危害。

　　（2）结合物流信息技术并查阅相关资料，讨论如何解决物流信息泄露的问题。

【组织过程】

　　（1）以小组为单位，讨论信息泄露的危害，并举例说明产生的后果。

　　（2）通过阅读文献和政策文件，以小组为单位讨论解决物流信息泄露的办法，并形成书面报告。

【考核指标】

　　考核指标如表7-4所示。

表7-4　考核指标

考核项目	考核要求	分值	得分
信息搜索能力	查阅资料，找出物流信息泄露的危害，并将资料出处进行标识。 　查阅资料，找出解决物流信息泄露的办法，并将资料进行分类汇总	40	
方案设计能力	以小组为单位设计解决物流信息泄露的方案，并形成书面报告	20	
小组展示汇报能力	由小组负责人带领成员汇报物流信息泄露的危害和解决办法，要求表达清晰、完整、有效	20	
团结协作能力	通力合作、分工合理、相互补充	10	
	发言积极，乐于与同学分享成果，组员参与积极性高	10	

【知识讲解】

一、物流信息安全概念

　　随着物流行业的发展，物流信息安全问题也越来越受到重视。物流信息安全是指在物流业务过程中，对涉及物流信息的保密、完整性、可用性等方面进行保护和管理的一系列措施。安全风险是指物流信息网络系统在运行过程中遇到不确定的安全损失的可能性。这一概念包含了几个因素：

（1）不可预知性。风险的影响时间和结果都无法确定，不能通过预测来达到有效防范。

（2）影响风险产生的因素多样化。安全风险因素不可控，各种因素都会产生影响，例如：人的道德思维方式改变，网络系统短路风险和自然条件风险等。

（3）安全风险成为现实的条件。

（4）安全风险损失。风险损失是风险控制的主要对象，这种损失会造成物流信息的丢失、挪用。物流信息网络系统中风险的表现方式和影响程度都与传统网络风险不同，更具隐蔽性和复杂性。物流信息网络系统风险不是单一的，而是多重并存的，故其防范的难度更大。

二、物流信息系统安全问题类型

（1）物理风险造成网络环境的破坏，引起网络设备与线路阻断，危及网络系统整体安全。这种情况产生的原因为：

1）不可抗力情况下的线路阻断或信息泄露。如地震、海啸或者电磁辐射等。

2）连接线路长期未保养产生的老化断路或人为破坏设备设施（蓄意或无意）。

（2）物流信息网络系统信息安全风险问题。这一安全问题的引发，主要原因是企业不当竞争引发的网络窃密行为，入侵物流信息网络系统，窃取网络传递信息数据，解密信息内容，篡改或者泄露信息，给被窃取信息的企业带来网络系统安全威胁。

（3）物流信息网络安全问题。网络风险主要包括两种：

1）互联网出口风险。互联网操作系统、网络 IP 被有目标性地攻击，开放的 TCP 端口、用户名及密码被盗取，这些方式都会造成物流企业内网的破坏，公司还会被入侵者窃取内部重要资料以及信息，更有的入侵者攻击主服务器，造成整个物流信息网络系统的瘫痪。

2）来自人员的安全问题。这里的人员是指企业的员工，包括解聘的老员工和对企业心存不满的新员工，这部分人群对企业内部信息网络系统十分了解，他们在个人利益得不到满足的情形下会作出泄密或者窃密等极端行为，进而威胁企业物流信息网络系统的安全。

（4）物流信息网络系统漏洞安全问题。互联网系统漏洞不可避免，物流信息网络系统也不例外。病毒软件的侵袭与软硬件系统的漏洞若被入侵者利用，将会导致物流企业遭受重大的损失。

（5）网络交易风险与不履约信用危机。互联网的交易快捷便利，但也带来了客户身份识别、违约后追责难等方面的问题。网络交易过程的风险高于现实交易，信息网络系统内的交易会面临不履约的信用风险，甚至会出现冒名订购套取物流存货讯息、购货后不下单、收货后不付款的情况。这些信用风险会直接导致企业损失。也有物流企业不能及时按照订单完成工作，失信于客户，使信誉度受到影响，造成客户流失。

（6）无纸贸易带来的法律风险安全问题。物流信息网络系统是基于电子商务虚拟网络交易框架，其电子合同与网上交易并没有完善的法律条文保护，相关法律法规并不健全，由此带来的交易法律风险居高不下。

三、物流信息安全防范重点

根据系统安全问题来源，物流信息系统的安全性可分外部和内部两大部分，系统的安全性问题可从这两方面进行保障。

外部信息交流中的安全。对外交流中，接收企业订单、反馈信息等许多重要信息交易都在网上进行。网络上的不安全因素众多，诸如网络黑客攻击、网络病毒传播、网络系统本身不安全等。可采取的对策有数据加密技术、数字签名技术、报文鉴别技术、访问控制技术、密钥管理技术、身份认证技术等。

内部信息处理中的安全。保证内部信息处理安全的目标，是努力确保有充分保护的安全环境，有可靠的人员，按正确的规范，使用符合安全标准的计算机及其信息系统。我们可以把内部信息系统安全的逻辑层次由内而外划分为以下七层：信息、安全软件、安全硬件、安全物理环境、法律、规范、职业道德。由此逻辑层次可见，人是威胁安全的核心因素，是最能动的。可以说，安全的运行环境是基本要求，而形成一支高度自觉、遵纪守法的技术职工队伍，则是物流信息系统安全管理工作中的最重要一环。

四、建立物流信息安全标准

保证物流信息的安全，是成功运作物流信息系统的关键，需从以下两个方面建立物流信息系统的安全标准。

1. 安全技术

（1）物理安全。

机房和办公场地应选择在独立于仓房的建筑内，具有防震、防风和防雨等能力，并采取防雷击、防火、防水、防潮、防静电以及温湿度控制、电磁防护措施。防火时禁止使用容易产生二次破坏的灭火剂。应建立备用供电系统，在供电不足或中断时，保证服务器及重要设备的正常运行。

（2）网络安全。

应当分别为业务管理系统、智能仓储系统、自动化作业系统、远程监管系统和办公自动化系统等信息系统设置单独的子段或网段，并部署网络交换机和统一的外部访问防火墙，以进行访问控制和入侵防范，并进行网络设备防护、边界完整性检查和安全审计。应安装防恶意代码软件，及时更新系统及防恶意代码软件版本和恶意代码库。当检测到攻击行为时，能够记录攻击源 IP、攻击类型、攻击目的、攻击时间，在发生严重入侵事件时应提供报警。应在信息节点与各业务服务器之间进行路由控制，建立安全的访问路径。

（3）主机和应用安全。

1）服务器的安全管理。

安全管理最重要的就是数据的备份，服务器、数据库、存储设备等存放了大量的数据，这些数据是非常宝贵的资源，所以需要加以整理，进行备份。对于各种各样的网络服务，如 WWW 服务、DNS 服务、DHCP 服务、SMTP 服务、FTP 服务等，需要重新设定各个服务的参数，使之正常运行。数据库经过长期的运行，性能会有所下降，要对性能进行调优。

服务器口令的规则：口令必须大于 12 位，符合规定的复杂度要求，包含大小写字母、数字、特殊字符；不同服务器不能重复使用同一口令；不能使用容易记忆的密码（包括姓名、电话、生日等作为密码）；一般口令应三个月更改一次；员工离职或服务器归属发生变化，应及时更改密码。对于服务器关机时间超过 6 周，关机期间发布了重大漏洞的补丁，或者服务器感染木马、病毒、蠕虫和被入侵过，管理员都应当及时重装服务器，以免服务器瘫痪或者再次被攻击。服务器上不允许安装程序开发环境或开发调试程序，不允许使用 IE 浏览外部网站，不允许收发 E-mail，不允许在服务器上玩游戏。

2）应用软件的安全管理。

应对使用物流信息系统的用户进行身份标识和鉴别，对所有用户按照一定规则分配不同的用户名，口令应有复杂度要求并定期更换。为各业务部门主管以及业务人员分配不同的用户访问权限。应标识出重要的业务信息，尤其是系统管理数据、鉴别信息和决策分析系统、业务管理系统等重要业务数据传输时要有保密措施。应提供本地数据备份与恢复功能，业务管理系统数据每天备份一次，所有业务数据每周备份一次，备份介质在机房以外的安全场地单独存放。

2. 安全管理要求

（1）安全管理制度。

建立信息系统管理与操作人员安全管理制度。安全管理制度要经过论证和审定，以正式文件的形式发放到相关人员手中。安全管理制度应当明确业务管理系统等重要信息系统的安全操作规程。

微课 7-3 安全管理要求

（2）安全管理机构。

应指定一名中层以上领导担任信息系统安全主管，全面负责信息系统安全工作，以及应急处置和灾难恢复工作。安全主管应熟悉物流业务和信息系统安全保护常识。可聘请具有相应资质的外部专家协助实施应急处置和灾难恢复工作，并签署安全保密协议。网络管理员负责网络设备和服务器系统的配置、管理和维护工作，为内部网的安全运行做技术保障。系统管理员负责具体信息系统日常管理和维护，以及应急和灾难恢复的实施工作，具有信息系统的最高管理权限。安全管理员负责定期进行安全检查，检查内容包括系统日常运行、系统漏洞和数据备份等。

（3）人员安全管理。

根据人员的工作职责，分配信息系统用户权限。安全主管应该及时终止离岗人员的所有访问权限，取回各种身份证件、机房及办公室钥匙以及仓库提供的软硬件设备等；应记录并保存对离岗人员的安全处理记录（如交还身份证件、设备等的登记记录）。应定期对接触信息系统的工作人员进行安全教育，以及信息安全技能和岗位技能培训，告知相关的安全知识、安全责任和惩戒措施；不定期地考查其对工作相关的物流信息安全、仓储信息系统、信息安全技术基础知识、安全责任和应急处理措施等的理解程度和实际处理能力。一般情况下禁止外部人员接触物流信息系统；在特殊情况下，必须经安全主管批准才能访问，外部人员访问重要区域（如访问机房、重要服务器或设备区等）应采取一些安全措施，严禁外部人员复制信息系统中的信息；当外部人员接触物流信息系统时，必须有专人在场，记录并保存外部人员访问的时间、地点等信息；外部人员接触物流信息系统的时间，必须限定在正常工作时间之内，并有安全管理人员陪同。

（4）系统安全管理。

应提高所有操作人员的防病毒意识，及时升级防病毒软件，在读取移动存储设备上的数据以及网络上接收文件或邮件之前，先进行病毒检查，外来计算机或存储设备接入网络系统之前应进行病毒和木马检查。应提高所有用户的防病毒意识，告知及时升级防病毒软件，在读取移动存储设备上的数据以及网络上接收文件或邮件之前，先进行病毒检查，对外来计算机或存储设备接入网络系统之前也应进行病毒检查。应建立密码使用管理制度，使用符合国家密码管理规定的密码技术和产品。

（5）网络安全管理。

应定期对操作系统进行漏洞扫描，对发现的系统安全漏洞进行及时修补；应定期对防恶意代码软件进行更新；应及时安装系统的最新补丁程序，并在安装系统补丁前对现有的仓储业务数据以及重要文件进行备份。

五、构建物流信息网络系统安全防御体系

1. 从安全管理体系展开分析

需要设立网络安全管理机构，逐个明确各子系统的安全目标及安全管理机构的人员组成和岗位职责，制定相关安全宣传、培训和教育的计划，组建物流信息网络系统安全应急小组，制定应急措施，规定网络安全管理机构制定安全管理策略和安全问题的处置，对物流信息网络安全防御过程中发现的违规、违纪事件进行处置。安全管理人员是信息网络系统安全的关键，因为人员管理的疏漏会造成网络安全事故的发生，故而对全体安全管理人员定期进行专业培训十分必要。安全培训需有认证，物流企业要不定期地对安全管理人员进行考核，以提升管理人员业务思想和业务水平。此外，要禁止所有工作人员分享系统账号和密码，禁止滥用系统资源、电子邮件、盗版的软件和游戏软件，禁止随意下载没有通过安全检查的软件，禁止监听和运行密码检查工具等。对系统管理人员要执行机房实名登记准入制度，多人负责机制，重要的安全管理活动必须两人以上人数同时在场，并做好相关记录。安全管理制度是物流信息网络系统的核心。完善的安全管理制度能辅助物流信息网络系统的构建，更能够填补网络安全系统自身的缺憾，提升系统整体的安全性。健全安全管理制度的具体措施包括：

（1）明确物流信息网络系统安全总则。

（2）制定物流信息网络系统安全评估准则。

（3）制定严格的操作流程。

（4）制定完备的系统维护制度。

（5）制定应急演练策略及响应指南。

（6）制定安全管理人员培训管理制度，提高他们的安全防范意识。

（7）划分出物流信息网络安全域，制定出相应的等级，根据风险发生的特点确定对应级别。

随着我国计算机信息技术的不断发展，更多高科技的专业安全管理技术软件会被应用到物流企业信息网络体系中。

2. 从安全技术保障体系展开分析

（1）保障物理平台安全，需要物流企业对主机房及重要的信息储存部门进行高效屏蔽，以杜绝磁鼓、磁带和高辐射设备等信号的泄露，同时要采用光缆传输方式和抗干扰设备，抗击计算机系统辐射，掩盖系统工作频率。

（2）通过运用加密技术保障物流信息网络系统的基本安全，配备多层加密系统，实现通信安全。

（3）物流信息网络系统有专门的防火墙，在内外网之间创设安全防护网，管控进出内网数据流，避免非法用户的网络入侵，采用 VPN 安全系统，与防火墙相结合，构建内部网络的安全通道，更好地保证网络安全。

（4）不断更新系统和下载安装补丁以堵住系统漏洞，关闭多余的服务程序，避免不安全因素的影响，给缺省的系统账号设置复杂的登入口令来识别用户身份。

（5）采用授权的代理服务器访问内网，应用平台采用安全认证技术实现更高科技的保护。此外还应当对系统数据进行备份，以防系统崩溃而造成的数据丢失。

3. 从安全服务体系角度分析

从安全服务体系的角度出发，物流企业要抓住服务体系的关键环节，逐步展开有效防

范，避免安全问题的产生。

（1）为了进一步保护网络系统及主机服务器不被外界侵袭，就要运用安全的网络产品来实时对操作系统本身、信息传递过程和系统应用进行有效保护。

（2）网络安全管理应该成立专门的监控组，负责监控和检查物流信息网络系统的安全，来随时掌握物流信息网络系统安全现状和问题，针对问题制定更加有效的解决措施，重新构建物流信息网络系统，使其增强抵御风险的能力。在安全检查过程中要单独设置监控系统，定期对企业网络系统进行风险识别和预警。在收集物流信息网络系统变化信息的基础上，分析风险的根源，针对这些问题展开全面的分析，制定改进的具体措施，并由专人进行监督。监控系统的构成有：网管软件、网络监控设备、实时入侵检测设备和系统监控管理系统。在实施监控过程中一定要充分发挥网络设备、防火墙、操作系统和应用系统的监控功能，对重要的信息实施检测。监控部门有预警和预测物流信息网络系统风险的职能，要能够提前分析物流信息网络系统安全状态的变化。监控小组的实时监控数据通过专业人士进行进一步的分析，对相应的风险作出纠正举措。

（3）安全应急服务是对多样化的应急事件进行充足的准备，当风险来临时能够有备无患及时处理。这就需要物流企业创设专门的应急响应部门，制定应急预案，以备出现风险时网络管理员根据应急预案来对风险作出正确的反应。

六、区块链技术提高物流信息安全性

区块链技术基于去中心化的分布式账本，每一次交易都会被记录下来并与之前的交易形成链条。这种机制使得区块链具有不可篡改、可追溯、透明的特点，非常适合应用于物流信息管理，如何利用区块链技术提升物流信息的安全性成为当前亟须解决的问题。

1. 区块链技术的基本原理及优势

区块链技术是一种去中心化的数据库技术，其基本原理是将数据分布式存储在多个节点上，并通过密码学算法确保数据的安全性和完整性。与传统的集中式数据库相比，区块链技术有以下优势：

（1）区块链技术具备公开透明的特点。所有的交易记录都被公开存储在区块链上，任何人都可以查看和验证，确保交易的透明性和公正性。

（2）区块链技术具备不可篡改的特性。每个区块都包含前一个区块的哈希值，由于区块之间的关联性，一旦有人试图篡改区块中的数据，就会破坏区块链的完整性，从而易被其他节点发现。

（3）区块链技术具备高度的安全性。由于区块链的分布式存储特性，没有单一的中心节点容易受到攻击。此外，区块链上的数据通过密码学算法进行加密，确保数据的机密性。

2. 区块链技术的安全性

（1）区块链技术能够提高物流信息的可信度。在传统的物流信息系统中，存在着信息篡改的风险。信息篡改可能导致诸如货物出发时间、货物状态等重要信息的伪造和篡改，给物流行业带来了巨大的不安全因素。而区块链的不可篡改性保证了物流信息的真实性，并且可以帮助检测到任何未经授权的修改。只有经过网络中其他节点的共识确认的信息才能被写入区块链，确保了信息的可信度和安全性。

（2）区块链技术可以提高物流信息的透明度。在传统的物流行业中，信息的流通往往受到限制，很难实时了解到货物的位置、状态以及交易记录等关键信息。而区块链技术提供了一个公开的、共享的账本，任何参与者都可以实时查看和验证物流信息，使信息更加透明。通过区块链，物流公司、供应商、客户等各方都可以共享同一份信息，减少信息的不对称性，提高物流效率和安全性。

（3）区块链技术的智能合约功能也能有效提升物流信息的安全性。智能合约是区块链的一项重要功能，它是一段自动执行的代码，可以自动执行合约规定的各项操作。在物流行业中，智能合约可以用于自动验证物流数据的准确性，自动执行合同相关的条款，并将执行结果永久记录在区块链上。这种自动执行和记录的机制，不仅能够提高物流信息的安全性，还能减少中间环节的人为错误和纠纷，提高整体的交易效率。

综上所述，区块链技术在提高物流信息安全性方面具有巨大的潜力。通过区块链的可信度、透明度和智能合约功能，物流行业可以实现信息的不可篡改、透明共享和自动执行等目标，提高物流信息的安全性和有效性。然而，区块链技术的应用还面临一些挑战，如扩展性和隐私性等问题，需要进一步的研究和改进。未来的发展中，区块链技术有望为物流行业带来更多的创新和提升，助力物流的高效、安全发展。

【思考题】

（1）物流信息安全对你的生活有什么影响？

（2）除了本书提到的区块链技术，你还知道哪些解决物流信息安全的技术吗？举例说明。

德育之窗

交通运输部公布了 2023 年 4 月 14 日经第 8 次部务会议通过的《公路水路关键信息基础设施安全保护管理办法》（以下简称《办法》），自 2023 年 6 月 1 日起正式施行。为保障公路水路关键信息基础设施安全，维护网络安全，《办法》第十八条规定，法律、行政法规和国家有关规定要求使用商用密码进行保护的公路水路关键信息基础设施，其运营者应当使用商用密码进行保护，自行或者委托商用密码检测机构每年至少开展一次商用密码应用安全性评估。公路水路关键信息基础设施是指在公路水路领域，一旦遭到破坏、丧失功能或者数据泄露，可能严重危害国家安全、国计民生和公共利益的重要网络设施、信息系统等。为保护关键信息基础设施安全，《中华人民共和国密码法》明确规定，关键信息基础设施须使用商用密码进行保护，并开展商用密码应用安全性评估。结合交通运输部近日公布的《办法》规定，进一步推进和强化商用密码在关键信息基础设施保护中的应用及开展密评工作，既是相关责任主体的法定职责，也是交通运输领域应对网络安全形势，维护系统安全的必然要求。

试分析：

（1）维护交通运输领域的信息安全对国计民生的重要性是什么？

（2）作为物流人，你在工作生活中如何保证信息不泄露？

知识链接

福佑卡车和京东物流区块链对账合作模式

福佑卡车是京东物流最大的干线运输服务商，在双方合作场景不断深度开拓过程中，针对双方的对账业务需求，京东物流和福佑卡车研发部门依托区块链技术，打造了一套快速对账区块链解决方案。在该方案中，通过电子签名和区块链技术实现结算双方运输凭证的无纸化，确保了物流在配送过程中数据收集的真实性和有效性；同时，将包含运价规则的电子合同也写入区块链，使结算双方共享同一份双方认可的交易数据和运价规则。利用区块链不可篡改的特性，该方案实现了交易数据的实时上链结算，大大缩短了对账时间和对账成本。除此之外，利用区块链的记录特性，可以实现对司机的征信评级，这为第三方金融、信贷机构提供了可靠的征信服务。

目前，双方已将交易数据上链，利用链上月度对账单汇总，双方可以实现共管一笔账，同时，利用区块链与电子签名技术的有机结合，可以实现对信用主体的建立和运单电子化的签收，替代了原有的纸质委托单和手写签名。根据合作计划，最终，双方会将电子签名和区块链即服务（Blockchain as a Service，BaaS）能力平台化，作为基于区块链的软件即服务（Software as a Service，SaaS）对外赋能。

通过自身应用与对外赋能，京东物流和福佑卡车将把区块链技术融合到更多物流行业场景，解决了大物流中的上下游企业信任问题，打造了既公开透明、又能充分保护各方隐私的开放合作网络。随着区块链技术的不断发展，京东物流与福佑卡车将一起打造更多区块链物流应用样本，助力区块链技术在物流行业的创新、有序、标准化发展。

【综合实训】

一、实训目的
（1）通过查阅资料，加深学生对物流信息技术应用的理解，提升学生信息收集能力。
（2）通过小组汇报提升学生团结合作和演讲能力。

二、实训内容
调研苏宁家电物流运用了哪些物流信息技术，并对每一种物流信息技术的应用场景进行演示说明，此外，对苏宁物流信息系统和物流信息技术进行总结归纳。

三、实训要求
（1）10 人一组对案例进行讨论分析。
（2）抽取 1~2 个小组进行交流。
（3）教师对每一小组进行评比。

项目 8

理解物流与电子商务

【学习目标】

学习目标如表 8-1 所示。

表 8-1　学习目标

知识目标	技能目标	素质目标
（1）掌握电子商务的概念、特征、模式、应用范围及发展趋势； （2）掌握物流与电子商务之间的关系； （3）熟悉电商物流模式的定义、类型及选择方式	（1）能够分析出电子商务发展的趋势及主要应用范围； （2）能分析出物流对电子商务的影响以及电子商务如何促进物流发展； （3）能够结合企业实际情况，为企业选择出合适的电商物流模式	（1）在农村电商模式等内容的学习过程中，激发和培养学生的爱国情怀，将个人命运与国家、民族和社会命运融合在一起； （2）帮助学生了解电商物流的相关政策法规与新技术，培养学生关注社会发展，了解建设数字中国的意义； （3）通过为企业选择电商物流模式，培养学生全局观念、节约成本与可持续发展意识

案 例导入

野兽派——花界爱马仕的电子商务模式

野兽派，2011 年诞生于微博，被誉为花界爱马仕的品牌，可以算作是电商营销的典范。经过不断的发展，它已经由一个传奇花店逐渐成长为一个生活艺术品牌，为越来越多的人所熟知。

野兽派的目标客户群体是一二线城市的高消费人群，追求精致生活品质的中产；野兽派女性消费者占比高达 90%，且 18～40 岁年龄层粉丝占比高达 90%。针对目标客户群体的特点，它的商业模式是线上线下全域布局。

（1）线下。

在线下，野兽派在全国已有 50 多家门店。野兽派的每个实体店都有一个主题，主要分成两种不一样的设计风格——野兽小姐和野兽之家。

"Ms beast 野兽小姐"：注重鲜花品类，以花艺产品为主打，坚持品牌的经典传统，连带销售女性产品。后来由女性产品又发展出来更加细分的美妆生活方式概念店"Little B"和高端内衣家具品牌"Naked Beast"。

野兽派的线下门店凭借视觉、嗅觉、触觉等体验将客户吸引至线上购买，形成一个完整营销闭环。

（2）线上。

官网：野兽派开通了官网及各网购电商平台旗舰店，同时还与闪送签署合作协议，负责其鲜花及其他礼品配送业务。

微博：利用微博病毒式的故事传播，在新浪微博上发布的内容以"实体店近况"和"故事"为主，有的是顾客带来的故事，有的则是新制花束的花语类故事。

小红书、抖音：野兽派常驻于小红书、抖音等平台，通过明星、网红博主带货宣传以及一些带有故事性的文案推送。

微信小程序：野兽派上线小程序，并开放会员日抽奖，同时在小程序也开展直播，后开始进行花艺教学。

思考：

（1）通过阅读本案例，请思考什么是电子商务？野兽派的电子商务模式是什么？

（2）除了野兽派的电子商务模式外，电子商务还有哪些模式？

任务 8.1　了解电子商务与物流的相关理论

课堂笔记

【任务目标】

以小组为单位，通过完成任务，了解电子商务的概念及特征，并能够根据不同电商企业的经营情况分析出其电子商务模式、优势及盈利模式。

【任务内容】

阿里巴巴的电子商务模式

阿里巴巴是目前国内、甚至全球最大的专门从事 B2B（企业对企业）业务的服务运营商。阿里巴巴的运行模式，概括起来即为注册会员提供贸易平台和资讯收发，使企业和企业通过网络做成生意、达成交易。服务的级别则是按照收费的不同，针对目标企业的类型不同，由高到低、从粗至精阶梯分布。为阿里巴巴下一个定义，其实它就是：把一种贴着标有阿里巴巴品牌商标的资讯服务，贩卖给各类需要这种服务的中小企业、私营业主。为目标企业提供了传统线下贸易之外的另一种全新的途径——网上贸易。

它的经营模式为依托阿里巴巴网站（中、英、日三个版本），拢聚企业会员，整合成一个不断扩张的庞大买卖交互网络，形成一个无限膨胀的网上交易市场，通过向非付费、付费会员提供、出售资讯和更高端服务，赢得越来越多的企业会员注册加盟。阿里巴巴在充分调研企业需求的基础上，将企业登录汇聚的信息整合分类，形成网站独具特色的栏目，使企业用户获得有效的信息和服务，阿里巴巴主要信息服务栏目包括：商业机会、产品展示、公司全库、价格行情、行业资讯、以商会友、商业服务。

请各学习小组完成以下任务：

（1）结合案例分析，阿里巴巴的优势包括哪些？它的盈利模式包括哪些？

（2）通过查阅资料，分析并总结未来电子商务的发展趋势是什么？

【组织过程】

（1）事先收集相关资料，了解各种电子商务模式、各电子商务模式代表性企业的基本情况，并深入分析代表性电子商务企业的优势及盈利模式。

（2）各小组成员结合案例及搜集的材料，讨论并总结未来电子商务的发展趋势。

【考核指标】

考核指标如表 8-2 所示。

表 8-2　考核指标

考核项目	考核要求	分值	得分
阿里巴巴企业分析	阿里巴巴企业概况、优势分析以及盈利模式分析	30	
电子商务未来发展趋势	小组搜集材料，讨论并分析电子商务未来的发展趋势	30	
设置方案汇报	由小组组长对上述两个问题进行汇报	20	
团队精神	通力合作、分工合理、相互补充	10	
	发言积极，乐于与同学分享成果，组员参与积极性高	10	

【知识讲解】

一、电子商务的内涵

电子商务作为一种新的商业模式，带动了经济结构的变革，对现代经济活动产生了巨大的影响。电子商务是建立在电子技术和网络技术基础上的商业运作模式，是利用电子技术所提供的工具手段实现其操作过程的商务。

从广义角度来看，一切以电子技术手段所进行的与商业有关的活动都可以称为电子商务，如打印传真、发送电子邮件等。从狭义角度来看，电子商务是以互联网为运行平台的商务交易活动，如在线订票、开网店、网络营销等。

如今，电子商务利用网络实现了所有商务活动业务流程的电子化，不仅包括电子商务面向外部的业务流程，如网络营销、电子支付、物流配送等，而且包括企业内部的业务流程，如企业资源计划、管理信息系统、客户关系管理、供应链管理、人力资源管理、网上市场调研、战略管理及财务管理。

二、电子商务的特征

微课 8-1　电子商务的特征

1. 交易快捷化

电子商务克服了传统贸易方式费用高、易出错、处理速度慢等缺点，极大地缩短了交易时间，使整个交易过程更加快捷方便。

2. 交易虚拟化

通过互联网进行的贸易，使贸易双方从贸易磋商、签订合同到支付，都无须当面进行，而是通过互联网完成，整个交易完全虚拟化。

3. 交易连续化

电子商务交易能更大程度上满足网上用户的消费需求，不会因为交易时间和地点的限制而中断交易，体现了电子商务交易的连续化特点。

4. 产品丰富化

随着互联网科技的发展，电子商务会逐步包含更多的传统商务活动中的产品，使人们的生活方式更加快捷方便。

5. 市场全球化

随着互联网经济的崛起，"互联网+"引领下的电子商务正在深刻影响着经济的增长方式，深化经济结构调整，国际贸易从单一做大做强到双向优化和平衡转变。随着经济全球化、区域经济一体化的深入发展，电子商务市场全球化已经成为必然趋势。

6. 成本低廉化

网络上进行信息传播的成本相对于信件、电话、传真而言更低；买卖双方通过网络进行商务活动可以无须中介参与，减少了交易的有关环节；卖方可以通过互联网进行产品介绍宣传，避免了在传统方式下做广告等大量费用；电子商务实行无纸化贸易，可减少文件处理费用；互联网使买卖双方即时沟通供需信息，使无库存生产和无库存销售成为可能，从而降低了库存成本。

三、电子商务的模式

1. B2B 模式

B2B 是 "Business to Business" 的缩写，中文简称为 "企业对企业"，是指企业与企业之间通过互联网进行数据信息的交换、传递，开展交易活动的商业模式。在这种模式下，B2B 网站可以分为两类，即综合 B2B 网站和垂直 B2B 网站。综合 B2B 网站是面向所有行业内的企业提供服务，如阿里巴巴、中国制造网等，在这类网站上，可以查询到各行各业的企业产品信息；垂直 B2B 网站是面向一类行业内的企业提供服务，如找钢网、好茶仓等，在好茶仓上只能查询到跟茶叶相关的产品。

（1）B2B 模式的特点。

1）交易金额较大。

B2B 交易规模大，一般是大额交易且交易对象比较集中。

2）交易操作规范。

涉及对象比较复杂，因此对合同格式要求比较严谨，注重法律的有效性。

3）交易过程复杂。

涉及多个部门和不同层次的人员，信息交互沟通比较多，对交易过程控制比较严格。

4）交易对象广泛。

商品覆盖种类广泛，既可以是原材料，也可以是半成品或成品。

（2）B2B 电子商务平台的盈利模式。

1）会员费。

企业通过第三方电子商务平台参与电子商务交易，必须注册为 B2B 网站的会员，每年要交纳一定的会员费，才能享受网站提供的各种服务，目前会员费已成为我国 B2B 网站最主要的收入来源。

2）广告费。

网络广告是门户网站的主要盈利来源，同时也是 B2B 电子商务网站的主要收入来源。

3）竞价排名。

企业为了促进产品的销售，都希望在 B2B 网站的信息搜索中将自己的排名靠前，而网站在确保信息准确的基础上，根据会员交费的不同对排名顺序作相应的调整。

4）增值服务。

B2B 网站通常除了为企业提供贸易供求信息以外，还会提供一些独特的增值服务，包括企业认证、独立域名、行业数据分析报告、搜索引擎优化等。

5）线下服务。

线下服务主要包括展会、期刊、研讨会等。通过展会，供应商和采购商面对面交流，一般的中小企业还是比较青睐这种方式。期刊主要是关于行业资讯等信息，同时也可以植入广告。

6）按询盘付费模式。

区别于传统的会员包年付费模式，按询盘付费模式是指从事国际贸易的企业不是按照时间来付费，而是按照海外推广带来的实际效果，也就是海外买家实际的有效询盘来付费。

7）商务合作。

商务合作包括广告联盟、政府、行业协会合作、传统媒体的合作等。广告联盟通常是网络广告联盟，在我国还处于萌芽阶段，大部分网站对于广告联盟还比较陌生。国内做的比较成熟的几家广告联盟包括百度联盟、谷歌联盟等。

2. B2C 模式

B2C 是 Business to Customer 的缩写，中文简称为"企业对消费者"，即企业通过互联网为消费者提供一个新型的购物环境——网上商店，消费者通过网络进行网上购物、网上支付等消费行为。

在这种模式下，B2C 网站可以分为两类：一类是综合 B2C 网站，如天猫、京东，该类网站向消费者提供各个类型的商品，在这类网站上，消费者可以购买到各行各业的企业产品；另一类是垂直 B2C 网站，该类网站是向消费者提供同一类型的商品，如钻石小鸟，消费者在该网站上只能购买到和钻石相关的产品。

（1）B2C 模式的特点。

1）B2C 购物没有任何限制。

只要用户在需要的时间登录网站，就可以挑选自己需要的商品。

2）购物成本低。

对于网络商品购买者，他们挑选、对比各家的商品，只需要登录不同的网站或选择不同的频道就可以在很短的时间内完成，而且可以直接由商家负责送达。

3）网上商品价格相对较低。

网上的商品相对便宜，因为网络可以省去很多传统商场无法省去的相关费用。

4）个性化服务。

网络可以方便、快捷地为消费者提供个性化的服务。

5）网上商店中的商品种类多，没有商店营业面积限制。

它可以包含国内外的各种产品，充分体现了网络无地域的优势。

6）商品容易查找。

网络商店中基本都具有店内商品的分类、搜索功能，通过搜索，购买者可以很方便地找到需要的商品。

（2）B2C 电子商务平台的盈利模式。

1）网络广告收益模式。

广告收益是大部分 B2C 网站的主要盈利模式，这种模式的成功与否取决于网站的访客量与广告是否能够受到关注。

2）产品销售营业收入模式。

这种方式主要是通过赚取采购价与销售价之间的差价和交易费来获得利润，如亚马逊、当当网等都属于这种。

3）出租虚拟店铺收费模式。

这种模式是 B2C 电子化交易市场的主要收入来源，这些网站在销售产品的同时，也出租虚拟店铺，通过收取租金来赚取中介费。如天猫、京东和当当网等网站都向入驻的商家收取了一定的服务费和保证金。

4）网站的间接收益模式。

间接收益模式是指通过除以上三种方式以外的方式进行盈利，如网上支付。

3. C2C 模式

C2C 是 Customer to Customer 的缩写，中文简称为"消费者对消费者"，它是消费者个人之间的电子商务行为，例如，一个消费者有一台计算机，通过网络进行交易，把它出售给另外一个消费者。

C2C 模式在我国开始于 1999 年的易趣网，而 2003 年淘宝网的成立，意味着我国 C2C 模式新的开端。2006 年，腾讯推出了拍拍网，2008 年，百度也推出了百度有啊。在经历了群雄激战后，易趣网、拍拍网、百度有啊这些 C2C 网站均已消失，目前淘宝网仍十分活跃。

（1）C2C 模式的特点。

1）用户数量大、分散，往往身兼多种角色，可以是买方，也可以是卖方。

2）买卖双方在第三方交易平台上交易，由第三方交易平台负责技术支持及相关服务。

3）没有自己的物流体系，依赖第三方物流体系。

4）交易额小，低价值商品加上物流费可能会造成价格偏高。

5）个人网店平均寿命短，不到一年的占绝大多数。

6）在 C2C 交易中如果发生纠纷很难解决。

（2）C2C 电子商务平台的盈利模式。

1）会员费。

会员可以享受到更多、更高质量的服务，如可以得到特定或专供信息、增值服务项目等。

2）网络广告费。

根据不同版面、不同形式、发布时间和长短等因素而确定不同的收费标准，如推荐位费用、竞价排名。

3）增值服务费。

物流服务费、支付交易费等。

4）特色服务费。

产品特色展示费用，如为拍品提供多角度的拍摄、旺铺、试衣间、店铺管理工具等。

4. O2O 模式

O2O 是 Online to Online 的缩写，中文简称为"在线离线/线上到线下"，是指将线下的商务机会与互联网结合，让互联网成为线下交易的前台。O2O 的概念非常广泛，只要产业链中既涉及线上，又涉及线下，就可通称为 O2O。

O2O 经营模式的关键是在网上寻找消费者，然后将他们带到现实的商店中，它是支付模式和为店主创造客流量的一种结合。O2O 模式更偏向于线下，更利于消费者，让消费者感觉消费得比较踏实。O2O 模式里做得比较好的企业有美团、饿了么、居然之家等。

其中，居然之家是一家主要为顾客提供设计、材料、家具、家居用品及饰品等"一站式"服务，融家装设计中心、家具建材品牌专卖店、建材超市、家居商场等多种业态为一体的大型家居建材主题购物中心。居然之家 O2O 的经营模式主要包括：第一，大举兴建线下店。因为消费者的消费习惯是会去线下体验再去线上购物，而且消费者对家居这方面比较看重的是体验、物流服务和价值；第二，搭建全新架构 O2O 家居服务平台"设计家"。

通过线下门店的优质体验吸引消费者去自己的"设计家"平台进行选购消费，而"设计家"平台的目的是连通线上线下的设计。

（1）O2O模式的四种运作模式。

1）先线上后线下。

企业先搭建起一个线上平台，以这个平台为依托和入口，将线下商业流导入线上进行营销和交易，同时，用户借此又到线下享受相应的服务体验。

2）先线下后线上。

即线下营销到线上完成交易，指商家通过线下渠道进行营销，让用户享受服务体验，再将线下商业流引入线上平台并进行交易，促使线上线下互动。

3）先线上后线下再线上。

即线上营销到线下体验再到线上交易，指用户通过商家线上推广获得信息并检索到附近的店面后，到实体店进行体验感受，在扫码成为会员之后进行在线消费形成闭环。

4）先线下后线上再线下。

即线下营销到线上交易再到线下体验，指商家先通过线下渠道进行营销，再将线下商业流导入或借力全国布局的第三方线上平台进行线上交易，再让用户到线下消费体验。

（2）O2O的消费过程。

与传统的消费者在商家门店内直接消费的模式不同，在O2O电子商务平台模式中，整个消费过程是由线上和线下两个部分组成。线上平台为消费者提供消费指南、优惠信息、便利服务和分享平台，而线下商户则更加专注于提供服务。

在O2O模式中，消费者的消费流程可以分为五个阶段。

1）引流。

线上平台作为线下消费决策的入口，可以汇聚大量有消费需求的客户或者吸引消费者的线下消费欲望。常见的O2O平台引流入口如消费店铺类网站、电子地图、社交类网站或应用等。

2）转化。

O2O网站线上平台向消费者提供商家的详细信息、优惠、便利服务，以此供消费者进行搜索和对比，从而促成最终消费者选择线下商户完成消费决策。

3）消费。

在O2O网站中，消费者利用线上获得的信息到线下商户接受服务、完成消费。

4）反馈。

在O2O平台的应用中，消费者将自己的消费切身感受反馈到线上平台，有助于其他消费者进行消费对象选择。线上平台通过整理和分析消费者的反馈信息，形成更加完整的商品信息库，以吸引更多消费者应用该O2O电子商务网站。

5）存留。

线上平台为消费者和本地商户建立沟通渠道，可以帮助本地商户维护消费者关系，使消费者重复消费，成为商家的回头客。例如建立用户激励体系，持续运营激励，增加用户离开成本等。

（3）O2O模式的运营价值。

1）对于线下商家：降低了线下商家对店铺地理位置的依赖，减少了租金方面的支出，持续深入进行"客情维护"，进而进行精准营销。

2）对于消费者：O2O提供了丰富、全面、及时的商家折扣信息，能够快捷筛选并订购适宜的商品或服务，且价格实惠。

3）对于O2O平台：带来大规模高黏度的消费者，进而能争取到更多的商家资源。本地化程度较高的垂直网站借助 O2O 模式，还能为商家提供其他增值服务。

5. C2B 模式

C2B 是 Customer to Business 的缩写，中文简称"消费者到企业"，是互联网经济时代新的商业模式。通常情况为，消费者根据自身需求定制产品和价格，或主动参与产品设计、生产和定价，产品、价格等彰显消费者的个性化需求，生产企业进行定制化生产。

C2B 电子商务模式的特征：
1）个性化定制。
2）消费者驱动。
3）创造价值方式独特。
4）基于互联网化的大规模协作。
5）范围经济凸显。

6. G2C 模式

G2C 是 Government to Citizen 的缩写，中文简称"电子政务"，是指政府与公众之间的电子政务，是政府通过电子网络系统为公民提供各种服务的模式。G2C 电子政务包含的内容十分广泛，主要应用有：公众信息服务、电子身份认证、电子税务、电子社会保障服务、电子民主管理、电子医疗服务、电子就业服务、电子教育、培训服务、电子交通管理等。G2C 电子政务的目的是除了政府给公众提供方便、快捷高质量的服务外，更重要的是可以开辟公众参政、议政的渠道，畅通公众的利益表达机制，建立政府与公众良性互动的平台。

四、电子商务的应用范围

微课 8-2
电子商务的
应用范围

1. 网络零售

网络零售也称网络购物，包括 B2C 和 C2C 两种模式，现在还多了微商模式。电子商务的出现不仅改变了商品销售方式，也改变了消费者的购物习惯，通过电子商务平台即可购买到全球物美价廉的产品。如淘宝网和京东商城都属于网络零售平台。

2. 移动电子商务

随着移动互联网的高速发展和移动智能终端的日益普及，电子商务在移动领域也得到了快速发展，如购物、聊天社交、旅游出行、交通导航、金融理财、教育培训、新闻阅读等移动商务应用在不断地丰富。在众多移动商务应用中，百度、阿里、腾讯三家提供的移动服务占据移动端 Top20 APP 中的 17 个，控制力远远强于 PC 端。

3. 跨境电子商务

近年来，我国在对外贸易整体增速趋缓的情况下，跨境电子商务异军突起。跨境电子商务是指分属不同关境的交易主体，通过电子商务平台达成交易、进行支付结算，并通过跨境物流送达商品、完成交易的一种国际商业活动。跨境电子商务缩短对外贸易环节的中间环节，提升了进出口贸易效率。

4. 农村电子商务

广义的理解是借助信息技术开展的所有与农村相关的业务活动。狭义的理解是利用淘宝、京东等平台，从事涉农业务的主体所开展的产品网络推广、销售、支付、物流及客户沟通等业务活动。现如今，电子商务已经广泛渗透至农村，成为解决农民增收、农业发展、农村稳定的重要手段。

5. 社区零售

因消费者的变化，社区店悄然兴起。现在，小的商业形态正意气风发，看似是偶然的发展，其实里面有许多必然。小业态，因为小，选址相对容易，可迅速布点；也因为小，可以离消费者更近，更贴近消费者的生活。如雨后春笋，许多社区的周边一夜之间出现了很多社区店，这些因地制宜的小业态门店，都以自己理解的经营方式与消费者沟通交流。

五、电子商务未来的发展趋势

趋势一：未来电商将同其他互联网经济业态，实现进一步融合发展

以微信为代表的互联网社交平台，以今日头条、抖音为代表的互联网内容平台逐渐与电商平台实现业务结合。腾讯在微信平台上为京东提供接口，在社交媒体服务、广告采购和会员服务等一系列领域与京东展开深度合作；内容平台抖音引入购物车功能，可以从小视频页面直接跳转至淘宝页面，实现了从内容到电商的引流。未来，电商平台将与这些业态实现进一步融合发展。

趋势二：电商新业态新模式将快速发展

2021 年，中国线上消费、无人零售、智慧消费、共享消费、信息消费、体验式消费等新业态、新模式将快速发展，聚焦新型消费模式的新电商企业与传统制造企业合作，促进消费产业双升级。一方面，随着大数据、人工智能等现代技术发展，消费多样化、个性化、小众化发展趋势显著，消费者之间的信息交流显著增强，社交互动消费需求逐渐凸显，催生出更多电商新模式。另一方面，在数字经济迅速发展、年轻人独立意识增强的趋势下，消费者的个性化需求将进一步被挖掘，多元化、个性定制化消费将持续成为消费热点。

趋势三：社区团购将继续获得瞩目

社区团购是基于位置向附近的消费者进行批量销售。社区团购在 2020 年变得流行，尤其是在疫情的高峰期。目前许多互联网巨头纷纷推出社区团购平台以抢占市场份额。未来，社区团购将继续扩大规模。

趋势四：电商将在中国乡村振兴中发挥积极作用

农村电商是精准扶贫的重要载体，也是数字经济的重要组成部分，农村电商为乡村振兴提供了新动能、新载体。电商打破了农村长期以来信息闭塞的局面，并有助于扩大农产品的销售，增加农民的收入，利国利民。随着基础设施不断完善，农产品供应链管理体系得到提升，农村电商品牌培育加强，农民的电子商务技能提高，农村经济将得到加速发展。

知识拓展

交通运输部、国家邮政局下发《关于公布第四批农村物流服务品牌的通知》，金湖县"交邮快融合 创富'尧乡'家"获全国农村物流服务品牌，此前，金湖县刚刚荣获第一批全省"交邮社"农村寄递物流典型项目。

2021 年 3 月，金湖县启动农村物流达标县创建工作，并于 2022 年 7 月成功入选全省第二批"农村物流达标县"名单。目前该县已初步建成以县级农村物流中心为集散中枢、镇级农村物流服务站为中间节点、村级农村物流服务点为基层末梢的三级农村物流服务网络。通过整合资源，实施"交通运输+邮政快递整合"模式，开通 10 条镇村公交交邮融合线路，实现了 68 个建制村公交快递直投，开通 5 条共配线路，实现 7 个建制村快递直投。

通过打造不断完善的农村物流服务体系，真正打通了农村物流"最后一公里"的瓶颈，

老百姓对"快递进村"赞不绝口，快递运输成本同比下降约 16%，配送效率同比提升约 20%，有效带动就业 3 000 多人，实现了县域经济效益和社会效益的"双丰收"。

德育之窗

电商与文创的双向奔赴

随着纪录片《我在故宫修文物》、综艺节目《国家宝藏》等的热播，博物馆越来越受到当下年轻人的喜爱，以满足他们的精神文化需求。甘肃省博物馆爆款铜奔马，通过自媒体平台的魔性"种草"一度成为爆款，破圈登上热搜。考虑到种种不确定影响因素，第一批订单的规模定在了 2 000 只，预计能覆盖 6 个月的销售。但他们显然低估了文创叠加电商的影响力——这 2 000 只"绿马"瞬间售罄，库存甚至没能撑过一天。

文创本身属于"情景消费类"：或许是你在看完某个展览，或许是某件文物后，很激动，很喜欢这件文物，喜欢背后的文明。于是到商店寻找相关产品，作为纪念收藏，或者作为礼物赠予他人，这是文创背后价值的内核。这个情景在过去的几年，无疑充满着不确定性——本身文创就是文化精神类的消费产品，它不是刚需。在大家都不宽裕，也未必有闲情逸致的情况下，这类产品并不是会是他们的首选。

优质的文创更需要一个窗口、一个平台，将情景一步步桥接到线上，桥接到电商。文创+电商双引擎新模式，让文物真正"活"起来，加速助力文创复兴跑出加速度。让传统 IP 活化带来新生机，也为消费者带来全新的文创+电商种草新体验。

通过电商平台"种草"，种种鲜明的文化符号似乎有种恰到好处地融合、呈现，优质的内容也会使接触到电商的老年群体，以一种更新、更多元的方式接收到传统文化的多面性、普适性、包容性和开放性。

任务 8.2　理解物流与电子商务的关系

课堂笔记

【任务目标】

以学习小组为单位，分析并总结物流与电子商务之间的关系，通过辩论赛的形式加深学生对知识的认识，培养团队的信息收集与归纳能力和语言表达能力。

【任务内容】

辩论赛：电子商务促进物流的发展 VS 物流促进电子商务的发展

请各学习小组完成以下任务：

（1）课前分配正反方小组及任务，各小组成员提前准备好辩论材料。

（2）由正方组长与反方组长分别组成正反方两个队伍进行辩论，其余同学观战并进行点评。

【组织过程】

（1）以学习小组为单位，事先收集资料或进行实地调研，深入了解电子商务与物流的关系，并形成书面报告。

（2）引导正反方代表进行辩论，其他成员在辩论结束后进行点评。

【考核指标】

考核指标如表 8-3 所示。

表 8-3　考核指标

考核项目	考核要求	分值	得分
材料搜集与归纳能力	根据辩论要求搜集电子商务与物流之间的关系，形成书面报告，内容全面、完整	40	
逻辑思维能力与语言表达能力	各组代表现场辩论时遵守规则，能直击重点、表达清晰，观点全面	40	
团队精神	通力合作、分工合理、相互补充	10	
团队表现	发言积极，乐于与同学分享成果，组员参与积极性高	10	

【知识讲解】

微课 8-3　电子商务对物流的影响

一、电子商务对物流的影响

1. 电子商务将促进物流基础设施的改善、物流技术与物流管理水平的提高

（1）电子商务将促进物流基础设施的改善。

电子商务高效率和全球性的特点，要求物流也必须达到这一目标。而物流要达到这一目标，良好的交通运输网络、通信网络等基础设施是最基本的保证。

（2）电子商务将促进物流技术的进步。

物流技术包括物流硬技术和软技术。物流硬技术是指在组织物流过程中所需的各种材料、机械和设施等，物流软技术是指组织高效率的物流所需的计划、管理、评价等方面的技术和管理方法。从物流环节来考察，物流技术包括运输技术、保管技术、装卸技术、包装技术等。电子商务的飞速发展，促使传统的物流技术向现代物流技术转变。传统的物流技术主要指物资运输技术，包括运输材料、机械、设施等。现代物流技术则是以计算机信息技术为基础，如地理信息系统（GIS）、全球卫星定位系统（GPS）、电子数据交换（EDI）、条码技术（Bar Code）等。物流技术水平的高低是决定物流效率高低的一个重要因素，建立一个适应电子商务运作的高效率的物流系统，对提高物流的技术水平有着重要的作用。

（3）电子商务将促进物流管理水平的提高。

物流管理水平的高低直接决定和影响着物流效率的高低，也影响着电子商务高效率优势的实现。只有提高物流的管理水平，建立科学合理的管理制度，将科学的管理手段和方法应用于物流管理当中，才能确保物流的畅通进行，实现物流的合理化和高效化，促进电子商务的发展。

（4）电子商务将改变物流企业的竞争状态。

在传统经济活动中，物流企业之间存在激烈的竞争，这种竞争往往是依靠本企业提供优质服务、降低物流费用等方面来进行的。在电子商务时代，这些竞争内容虽然依然存在，但有效性却大大降低了。原因在于电子商务需要一个全球性的物流系统来保证商品实体的合理流动，对于一个企业来说，它的规模再大，也是难以达到这一要求的。这就要求物流

企业应相互联合起来，在竞争中形成一种协同竞争的状态，以实现物流高效化、合理化、系统化。

2. 电子商务使物流的服务空间有了更大的拓展

（1）增加便利性的服务。

一切能简化手续和操作的服务都是增值性服务。在提供电子商务的物流服务时，推行一条龙、门到门服务，提供完备的操作或者作业提示、代办业务、24 小时营业、自动订货、传递信息和转账，以及物流全过程的追踪等服务，这些都是对电子商务销售有用的增值服务。

（2）加快响应速度的服务。

加快响应速度的服务，即使流通过程变快的服务。例如，优化商务系统的配送中心和物流中心网络，重新设计适合电子商务的流通渠道，以此来减少物流环节、简化物流过程，提高物流系统的快速反应性能。

（3）延伸服务。

延伸服务即指将供应链集成在一起的服务。电子商务下，新型物流强调物流服务的恰当定位和完善化、系列化。向上可以延伸到市场调查与预测、采购及定单处理；向下可以延伸到配送、物流咨询、物流方案的选择与规划、库存控制决策建议、货款回收与结算、教育与培训、物流系统的设计与规划方案的制作等。物流系统的运作需要电子商务经营者的支持和理解，通过向电子商务经营者提供物流培训服务，可以培养他与物流中心经营管理者的认同感，可以提高电子商务经营的物流管理水平，可以将物流中心经营管理者的要求传达给电子商务经营者，也便于确立物流作业标准。

（4）物流系统设计与规划方案的制作。

关于结算功能，物流的结算不仅只是物流费用的结算，还可能包括替货主向收货人结算货款等。关于需求预测功能，物流服务商应该负责根据物流中心商品进货、出货信息来预测未来一段时间内的商品进出库量，进而预测市场对商品的需求，从而指导订货。关于物流系统设计咨询功能，第三方物流服务商要充当电子商务经营者的物流专家，因而必须为电子商务经营者设计物流系统，代替它选择和评价运输商、仓储商及其他物流服务供应商。关于物流教育与培训功能，物流系统的运作需要电子商务经营者的支持与理解，通过向电子商务经营管理者提供物流培训服务，可以培养他与物流中心经营管理者的认同感，可以提高电子商务经营者的物流管理水平，可以将物流中心经营管理者的要求传达给电子商务经营者，也便于确立物流作业标准。

（5）降低成本的服务。

在电子商务发展的前期，物流成本通常居高不下，有些企业可能会因为承受不了这种高成本而退出电子商务领域，或者选择将物流外包出去。所以，寻找能够降低物流成本的物流方案对电子商务至关重要。企业可以考虑的方案包括采取物流共同化计划，即和其他企业共用同一物流系统，加大物流规模，以此来降低成本。同时，如果具有一定的商务规模，比如亚马逊这样的具有一定销售量的电子商务企业，可以通过采用比较适用但是投资比较少的物流设备和技术，或推行物流管理技术，比如运筹学中的管理技术、条形码技术和信息技术等，提高物流的效率和效益，降低物流成本。

（6）物流企业的新技术。

在电子商务时代，物流发展到集约化阶段，一体化的物流配送中心不单是提供仓储和运输服务，还必须开展配货、配送和其他提高商品附加值的流通加工服务项目，也可按客户要求为其提供各种个性化服务。现代供应链管理是通过整合从供应者到消费者的供应链运作，达到物流的最优化。企业追求全面的、系统的综合效果。作为一种战略概念，供应链的目的不仅是降低成本，更重要的是提供用户所期望的甚至是期望之外的增值服务，以建立和保持竞争优势。从某种意义上来讲，供应链是物流系统的充分延伸，是产品和信息从原料到最终消费者之间的增值服务。

供应链管理系统目前采用了许多新技术，比如准时工作法（JIT）和销售时点系统（POS）等，商店和分销中心可以将销售情况及时反馈给工厂和配送中心，有利于厂商按照市场来调节生产，以及同配送中心调整配送计划，提高企业的经营效率和经济效益。

（7）配送服务。

在电子商务环境中，物流业仍是处于供货方和购货方之间的第三方，应以服务作为第一宗旨。从现状看，物流企业的服务客户可能处在多个地方，因此，如何在一个广阔的地理范围内高效率、低成本地提供物流服务，成为物流企业管理的中心课题。建立配送中心可以相对缩短与客户的距离，提高对客户需求的反应速度，改善服务质量。美、日等国物流企业成功的要诀，就在于他们都十分重视客户服务，因地制宜地建立起了高效率的配送服务中心。

3. 对物流时效性的要求更高

纵观几十年的制造业发展史，可以概括为七个字："更便宜、更好、更快"。20世纪60年代，重点是降低成本，提高劳动生产率，为顾客提供更便宜的产品，竞争焦点是成本。20世纪80年代，竞争转移到质量，制造更好的产品，提供更好的服务，竞争的焦点是质量。20世纪90年代、21世纪，成本、质量仍是重要的竞争手段，但是在许多行业中时间正成为新的竞争焦点，需求趋向多样化、个性化，快速反应市场需求是企业竞争的新定律，时间代替质量成为新的竞争焦点。电子商务的优势之一就是能大大简化业务流程，降低企业运作成本。而电子商务下企业成本优势的建立和保持必须以可靠和高效的物流运行为保证。现代企业要在竞争中取胜，不仅需要生产适销对路的产品、采取正确的营销策略以及强有力的资金支持，更需要加强"品质经营"，即强调"时效性"。其核心在于服务的及时性、产品的及时性、信息的及时性和决策反馈的及时性。

4. 电子商务改变了传统的物流运作方式

（1）电子商务可使物流实现网络的实时控制。

传统物流活动的实质是以商流为中心，其运动方式紧紧伴随着商流而来，即从属于商流活动。在传统的物流供应链中，由于受到通信手段和管理模式的限制，信息流和物流都是逐级传递的，物流和供应信息是从供应商到制造商再到分销商最后到用户。而需求信息恰好相反，它是由用户逐级传到供应商。

传统的物流运作方式存在的缺点是容易产生需求变异放大效应，到最后一道环节时，已经与更真实的顾客需求相差甚远了。这种放大效应的原因之一就是供应链中各企业对于不同需求的反应时间不同。因为反应时间的延迟，企业在需求生产的前期，如果不能迅速生产或过多生产也会导致丧失市场机会或积压库存。然而在电子商务环境下，物流是以信息为中心进行运作的，信息不仅决定了物流的运动方向，也决定了物流的运作方式。在实际运作过程中，通过网络及时准确地掌握产品销售信息与顾客信息。此时存货管理采用反应方法，按所获得信息组织产品生产和对零售商供货，可以有效地实现对物流的实时控制，实现物流的合理化。例如，在电子商务方案中，可以利用信息网络，通过信息沟通，将实物库存暂时用信息代替，将信息作为虚拟库存，为生产厂商和下游的经销商、物流服务商提供Web服务，共享库存信息，这样就能够在不降低供货服务水平的同时尽量减少实物库存。

（2）电子商务可实现全球范围内的实时控制。

在传统的物流活动中，物流往往是基于某一企业来进行组织和管理的，而电子商务则要求物流以社会的角度来实行系统的组织和管理，以打破传统物流分散的状态。这就要求企业在组织物流的过程中，不仅要考虑本企业的物流组织和管理，更重要的是还要考虑全社会的整体系统。传统的物流中心或仓储企业中所实施的计算机管理信息系统，大都是以企业自身为中心来管理物流的。而在电子商务时代，通过网络全球化，实现对物流的实时控制是在全球范围内以整体物流来进行的。

5. 电子商务下物流需求发生新变化

（1）消费者地区分布分散化。

电子商务的最大载体是因特网，从理论上说，凡是能够接触到因特网的地区都是电子商务可能的销售地区。一般商务活动的有形销售网点资源都是按照销售区域来配置，每一个销售点负责一个特定区域的市场，并且负责这个区域的货物配送问题。

但是在电子商务下，客户的地理分布可能是十分分散的，要求送货的目的地不集中，物流网络一般不可能像因特网那样有广泛的覆盖范围，所以物流要适应电子商务下消费者地区分散的新情况，必须要有新的处理办法。

一般有两种解决方案：一种方案是像有形店铺销售一样，要对销售区域进行定位，对消费者集中的地区提供物流承诺；另一种方案是针对不同的销售区域采取不同的物流服务政策，在消费者比较集中的地区，订货可能比较集中，可以适用于不低于有形店铺销售的送货标准组织送货，但是对于偏远的、订货比较分散的地区，则要进行集货，送货期肯定要比大城市长得多，那里的消费者享受的电子商务的服务就要差一些。但是随着电子商务的发展，物流配送体系会逐渐完善。

（2）销售的商品标准化。

并不是所有的商品都适合于采用电子商务的销售形式，主要看商品的消费特点和流通特点，尤其是物流特点。比如音乐、电影、计算机软件等就非常适合电子商务销售，因为这些商品可以在网上完成全部的交易过程，包括商品信息查询、订货、支付、交付等，实现了商流、物流、信息流、资金流的完全统一。

但是其他的一些必须实物交付的商品，相应的对物流的要求就比较高。电子商务为了降低物流环节的成本，应该适当选择经营的商品品种，因为品种越多，进货渠道和销售渠道就越复杂，组织物流的难度就越大，成本也越高。一般来说，商品如果有明确的包装、质量、数量、价格、储存、保管、运输、验收、安装和使用标准，对储存、运输和装卸等作业没有特殊的要求，就适合于采用电子商务的销售方式。

（3）物流服务需求的多功能化和社会化。

传统的物流把包装、运输、仓储、装卸等各个环节独立，各个环节可能由不同的企业单独完成。但是现代电子商务对物流的要求是提供全方位的服务，除了仓储、运输服务，还包括配货、分发和各种客户需要的配套服务，使物流成为联系生产企业和用户的重要环节。

在传统的经营方式下，无论是大企业还是小企业，都是自己承担物流的职能，结果导致物流高成本、低效率。在电子商务条件下，特别对小企业来说，在网上订购、支付后，自己完成所有物流是不现实的，也是不经济的，特别是面对跨地区、跨国界的用户时。所以未来物流由专门的企业来做物流社会化，将是一个非常重要的趋势。

二、物流对电子商务的影响

1. 物流是电子商务的重要组成部分

电子商务可以用一个等式来表示，即电子商务＝网上信息传递＋网上交易＋网上支付＋物流配送。一个完整的商务活动，必然要涉及信息流、商流、资金流和物流各流动过程。在一定意义上说，物流是电子商务的重要组成部分，是信息流和资金流的基础和载体。

微课 8-4　物流
对电子商务
的影响

2. 物流是电子商务所具优势正常发挥的基础

电子商务的开展能够有效地缩短供货时间和生产周期，简化订货程序，降低库存水平，同时使客户关系管理更加富有成效。在电子商务下的商品生产和交换的全过程，即从原材料的采购、各工艺流程的生产到成品的交付，都需要各类物流活动的支持。物流还是商流的后续者和服务者。在电子商务交易过程中，消费者通过网上购物，完成了商品所有权的转移，即商流过程。但电子商务的活动并未就此结束，只有商品或服务真正转移到消费者手中，即只有通过物流过程，商务活动才得以终结。因此物流系统的效率高低是电子商务成功与否的关键，而物流效率的高低很大程度上取决于物流现代化的水平。没有现代化的物流运作模式支持，没有一个高效、合理、畅通的物流系统，电子商务所具有的优势就难以得到有效的发挥，没有一个与电子商务相适应的物流体系，电子商务就难以得到有效的发展。

3. 物流是电子商务的支点

没有现代物流作为支撑，电子商务的巨大威力不能得到很好发挥。合理化、现代化的物流，通过降低费用从而降低成本，优化库存结构，减少资金占压，缩短生产周期，保障现代化生产的高效进行。如果没有现代化的物流，生产不能顺利进行，电子商务将成为无米之炊。电子商务领域的先锋——亚马逊网上书店比世界上最大的零售商沃尔玛开通网上业务早3年。然而，沃尔玛拥有遍布全球的由通信卫星联系的物流配送系统，这就使沃尔玛在送货时间上比亚马逊快了许多。

4. 物流提高电子商务的效益和效率

电子商务为客户带来的是便捷的购买方式，减少了众多的中间环节，提供了价廉物美的商品和舒适安全的付款手段。电子商务涉及的交易成本中，信息流和资金流在技术成熟后可以通过网络本身完全解决，而大部分商品的物流无法通过网络手段进行处理，只有完善而高效的现代物流体系才能使电子商务的效益和效率得到完美实现。

5. 物流扩大电子商务的市场范围

电子商务的销售对象是全球性的，但是商务活动的最终完成与否，涉及商品的最终交付和贸易额的交割，如果电子商务的物流体系无法满足商务本身所涉及的地理位置，则其市场范围还是有限的。

6. 物流是实施电子商务的关键

（1）物流保障生产。

无论在传统的贸易方式下，还是在电子商务下，生产都是商品流通之本，而生产的顺利进行需要各类物流活动支持。生产的全过程从原材料的采购开始，便要求有相应的供应物流活动将所采购的材料送到位，否则生产就难以进行；在生产的各工艺流程之间，也需要原材料、半成品的物流过程，即所谓的生产物流，以实现生产的流动性；部分余料、可重复利用的物资的回收，就需要所谓的回收物流；废弃物的处理则需要废弃物物流。可见，整个生产过程实际上包含了系列化的物流活动。

（2）物流服务于商流。

在商流活动中，商品所有权在购销合同签订的那一刻起，便由供方转移到需方，而商品实体并没有因此而移动。在传统的交易过程中，除了非实物交割的期货交易，一般的商流都必须伴随相应的物流活动，即按照需方（买方）的需求将商品实体由供方（卖方）以适当的方式、途径向需方（买方）转移。而在电子商务下，消费者通过上网购物完成了商品所有权的交割过程，即商流过程。但电子商务的活动并未结束，只有商品和服务真正转移到消费者手中，商务活动才告终结。

在整个电子商务的交易过程中，物流实际上是以商流的后续者和服务者的姿态出现的。没有现代化的物流，如此轻松的商流活动都将会化为一纸空文。

7. 物流是电子商务中实现"以顾客为中心"理念的最终保证

电子商务的出现，在最大程度上方便了最终消费者。他们不必再跑到拥挤的商业街，一家又一家地挑选自己所需的商品，而只要坐在家里，在因特网上搜索、查看、挑选，就可以完成他们的购物过程。但试想，他们所购的商品迟迟不能送到，或商家所送并非自己所购，那消费者就不会选择网上购物。

物流是电子商务中实现以"以顾客为中心"理念的最终保证，缺少了现代化的物流系统，电子商务给消费者带来的购物便捷等于零，消费者必然会转向他们认为更为安全的传统购物方式，那网上购物就没有什么必要了。

8. 物流支持电子商务的快速发展

目前，物流系统采用了许多先进技术，如 EDI（电子数据交换）、RF（射频技术）、GPS（全球卫星定位系统）、GIS（地理信息系统）等。在大型的配送公司里，往往建立了 ECR 和 JIT 系统。所谓 ECR（Efficient Customer Response），即有效客户信息反馈。有了 ECR，就可做到客户要什么就生产什么，而不是生产出东西等顾客来买，可以使仓库商品的周转次数下降，大大增加仓库的吞吐量。有了 JIT 系统，可从零售商店很快地得到销售反馈信息。配送不仅实现了内部的信息网络化，而且增加了配送货物的跟踪信息，从而大大提高了物流企业的服务水平，降低了成本。物流系统不断升级，物流业迅速发展，直接的效果便是能够更快地满足顾客对商品的需求，从而使交易量大幅上升，电子商务的效率得以提高的同时，经济效益也增加了。物流的发展壮大对电子商务的快速发展会起到支撑作用。

知识拓展

备战"黑五"，京东物流海外仓"黑科技"放大招

2022 年，京东为备战"黑五"，在京东物流荷兰芬洛的自动化仓内，200 台地狼 AGV 搬运机器人和智能分拣机器人正有条不紊地工作着。曾经，大量工作人员穿梭在货架间，查找、拣选商品是"黑五"爆单的标志。现在，仓库里人少了，但订单处理却变得更加高效了。智能机器人的出现将传统发货模式从"人找货"变成了"货找人"，有效地避免分拣出错、管理混乱等问题。欧洲时尚品牌香蔻慕乐今年就在这套自动化系统的帮助下，将订单生产时效提升了 3 倍多，切实地体验到了来自中国的物流"黑科技"。

那么这是怎么做到的？

主要是因为京东物流对自动化分拣系统进行了迭代：先由"地狼"拣选全部订单的商品，再由智能分拣机器人将商品投放到对应不同订单的格口中。在 3D 高清摄像头 360°无死角的监测和智能算法的规划下，这些机器人的分拣准确率可以达到 99.99%，与传统人工分拣相比，效率提升了近 5 倍。不仅如此，还将人工降低了近 70%，直接帮助企业降低整体物流成本。

德育之窗

顺丰减碳承诺"零碳未来"

顺丰在国家邮政局的指导下，积极响应国家"双碳"政策，主动履行社会责任，把绿色环保作为企业重要发展战略，推进健康可持续发展。

2022 年 4 月 22 日世界地球日，正式发起业内首个"零碳未来"计划，通过整合各项绿色环保举措，打造数智碳管理平台构建标准碳管理体系，将绿色价值延伸至产业链，携手上下游伙伴及客户，帮助合作伙伴加速低碳转型，实现绿色发展，共建"零碳未来"。

多年以来，顺丰一直通过科技创新，在快递的容器包装、运输、转运等多层面融入了绿色理念，以此提升自身的资源利用率，降低碳排放和能源消耗，践行环保社会责任。

顺丰主要通过如下方式贯彻"零碳未来"：科技助力，数智碳管理平台升级上线、创新开发，推动绿色包装的落地应用、空运+陆运，实现绿色节能运输组合拳，携手消费者，探索建立快递行业碳普惠机制。

任务 8.3 　选择企业物流模式

课堂笔记

【任务目标】

以学习小组为单位，加强对电商物流模式的类型以及优缺点的理解，培养团队合作精神和分工、协调能力。

【任务内容】

电子商务最大的优势之一便是能大大简化业务流程，降低电子商务企业运营成本。物流是电子商务企业面对面接触客户的主要通道，如果能够把这条通道做好，就能有效提升电子商务企业的口碑。电子商务企业的发展，离不开物流的助力。建立在传统仓储和运输基础上的物流模式已不能适应现代电商物流的需求，新型电商物流模式越来越受到电子商务企业的关注。其中比较典型的电子商务公司便是苏宁、阿里与京东，它们的物流模式也值得很多企业借鉴。

苏宁已完成全国 70 个物流基地的建设，包括智慧物流基地"苏宁云仓"，在无人机、机器人仓、社区无人快递车、无人重型卡车等方面均有所建树。

截至 2019 年 10 月，阿里物流平台上已聚集了德邦物流、天地华宇、新邦物流、佳吉快运、大田物流等 30 多家专业物流公司，整合了全国 60 万条线路，拥有上万个物流网点。

京东商城虽大规模自建物流，但也与第三方物流企业进行合作。例如，图书、便携式计算机、小家电，京东商城是自己配送；彩电、冰箱、洗衣机等大家电，京东商城均采用第三方物流。

请各学习小组完成以下任务：

（1）讨论并总结上述三家电商公司的物流模式。

（2）对不同电商物流模式的优缺点及潜在优势与潜在风险进行讨论和分析，并书面表达。

【组织过程】

（1）以学习小组为单位，事先收集资料或进行电商物流模式的调研，了解电商物流的模式及优缺点，并总结出上述不同公司采取的物流模式存在何种潜在优势与潜在风险。

（2）通过小组讨论与研究，小组成员分别扮演企业进行电商物流模式决策部门的不同角色，其中一位同学扮演负责人，负责设置过程的说明工作。

【考核指标】

考核指标如表 8-4 所示。

表 8-4 考核指标

考核项目	考核要求	分值	得分
电商物流模式分析	根据收集或者调研的相关材料，总结出上述三家电商公司的物流模式	30	
现场讨论各电子商务模式的优劣势，并分析潜在优势劣势	分配小组成员在任务中所扮演的角色，分析案例中各公司采取的物流模式，并结合企业实际情况总结出其模式的优劣势以及存在的潜在优势与风险，要求口头描述，内容全面、完整	30	
设置方案汇报	由小组负责人带领成员汇报，要求表达清晰、完整、有效	20	
团队精神	通力合作、分工合理、相互补充	10	
	发言积极，乐于与同学分享成果，组员参与积极性高	10	

【知识讲解】

一、电商物流模式的定义

电商物流模式主要是指在电子商务环境下，以市场为导向，以满足客户需求为宗旨，实现系统整体效益最优化的适应现代社会经济发展要求的物流运作模式。

二、电商物流模式的主要类型

1. 自营物流模式

微课 8-5 电商
物流模式的
主要类型

自营物流模式是由电子商务企业自己组建物流系统，且经营管理企业整个物流运作过程的模式。电子商务企业的发展受到物流的制约，对于大型电子商务企业来说，突破这一瓶颈会取得新的制高点，在企业竞争中掌握控制权，提升品牌的价值。

在自建物流的同时，部分电子商务企业还具备了对外提供物流服务的能力。例如，2012 年 6 月，国家邮政局批准江苏京东信息技术有限公司快递业务经营资格申请，至此该公司具备跨省、自治区、直辖市经营快递业务或者经营国际快递业务的资质；2012 年 12 月，苏宁获得国内快递业务经营许可，作为家电连锁实体企业和新兴电商企业，又获得快递牌照，该公司物流资源可对外开放，经营区域包括北京、广州、武汉等全国大多数大城市。

2. 第三方物流模式

第三方物流模式又称外包物流模式或合同制物流模式，是指由电子商务企业以签订合同的方式，在一定期限内将所有的物流业务以外包的形式委托给第三方物流企业运作。电子商务企业寻找的第三方物流企业一般是快递企业。其合作方式依规模的不同，可能是外购公共性物流服务，也有可能是物流外包给第三方。例如，华为自建电商平台销售手机等产品，物流则外包给第三方。可见，电子商务企业可自营物流，当其达到一定程度后，还可以对外提供物流服务，亦可将物流业务外包给第三方物流企业，或直接外购公共性物流服务。

3. 物流联盟模式

物流联盟是以物流为合作基础的企业战略联盟，它是指两个或多个企业之间，为了实现自己的物流战略目标，通过各种协议、契约而结成的优势互补、风险共担、利益共享的松散型网络组织。简单地说，物流联盟模式就是"自营物流+第三方物流"的模式。物流联盟模式主要有合资式联盟和契约式联盟两种。例如，联想集团借力自营物流和第三方物流，完成配送任务。

三、三种电商物流模式的优劣势

1. 自营物流模式

（1）优势。

1）降低物流成本。可以加强对采购与库存、物流配送等环节的管理，提升企业对供应链的控制能力，有效减少货物丢失和货物损毁。

2）加速资金周转。公司的配送人员可以在上门配送货物的同时收取货款，实现客户当天收到的货物当天回款，提高企业资金的流动性。

3）提高客户满意度。企业不仅拥有强大的物流信息管理系统，而且拥有仓储配送中心、配送车队和配送人员。企业可以随时掌握发出货物的具体位置，准确把握配送时间，保证客户配送服务的质量，从而提高客户对企业的忠诚度和满意度。

（2）劣势。

1）自建物流的成本决定了它的前景。自建物流的成本过于昂贵，投资成本让大多数电子商务企业难以承受。

2）自营物流要求具有规模效应。只有电子商务企业自身物流达到一定规模时，自营物流的优势才能发挥出来，否则降低物流成本的目标难以实现，反而会给电子商务企业带来沉重的资金负担。

3）自营物流有较大的管理风险。电子商务企业有限的资金，限制了企业自营物流的规模和现代化程度，且需要该企业具备较强的物流管理能力。

2. 第三方物流模式

（1）优势。

1）有利于企业集中发展核心业务。物流服务外包给第三方，可以使电子商务企业扬长避短，集中优势资源，培育核心能力，发展核心业务，将主营业务做大、做强、做出品牌。

2）有利于降低企业投资规模。自营物流需要投入大量资金，用于物流基础设施建设。这对于中小电子商务企业来说，是一个沉重的资金负担。若使用第三方物流模式，则可以减少物流基础设施投资，加速资金周转。

3）有利于提高市场服务水平。第三方物流企业由于自身在专业化水平、规模效益、经营渠道、管理方式等方面有很多优势，各环节密切结合，为供需双方提供标准化、链条式的"一条龙"服务，体现了电子商务物流集约、集中的要求。

（2）劣势。

1）采用第三方物流模式容易受制于人。由于第三方物流企业不成熟，专业化水平还有待提高，电子商务企业若过分依赖第三方物流企业，容易受制于人，对供应链的控制能力较差，最终可能失去客户而被淘汰出局。

2）电子商务企业转换物流服务商的难度高。电子商务企业长期依赖第三方物流服务商提供物流服务，由于信息不对称，转换第三方物流服务商也变得相对困难，转换成本增高。

3. 物流联盟模式

（1）优势。

1）有利于降低企业经营风险。各合作伙伴优势互补，相互信任，从而最大限度地降低了经营风险。

2）有利于减少投资。物流联盟模式可以使电子商务企业有效地利用第三方物流企业的资源优势，第三方物流企业则可获得比较稳定的货源，实现资源共享，有效减少电子商务企业在物流领域的投资。

3）有利于积累物流技术及管理经验。电子商务企业在与第三方物流企业合作的过程中，可以学习它们的物流技术及管理经验，从而服务于企业自营物流领域。

（2）劣势。

物流联盟合作的长期性，往往使电子商务企业对合作伙伴过度依赖，资产的专用性、信息的不对称可能使电子商务企业蒙受损失，客户资源为其他企业所掌控而处于被支配的状态，使企业丧失核心竞争力。

四、电商物流模式的选择

1. 矩阵选择法

电子商务企业选择物流模式的参考模型——矩阵选择法，如图 8-1 所示。

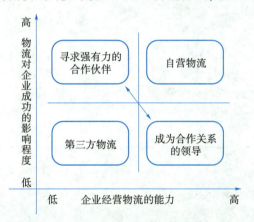

图 8-1　电子商务企业选择物流模式的参考模型——矩阵选择法

每个电子商务企业的实际情况有所不同，选择物流模式的约束条件也各异，但电子商务企业在选择物流模式时，至少应该考虑物流服务对本企业的影响程度和本企业经营物流的能力。其决策参考模型可用矩阵选择法，具体决策方法如下：

（1）若物流对企业成功的影响程度高，企业处理物流的能力相对较低，则宜采用物流联盟，寻求强有力的合作伙伴，以弥补自己的物流劣势。

（2）若物流对企业成功的影响程度较低，同时企业处理物流的能力也较低，则宜采用第三方物流服务。

（3）若物流对企业成功的影响程度高，且企业处理物流能力也高，则宜采用自营物流模式。

（4）若物流对企业成功的影响程度低，但企业处理物流的能力高，即企业存在物流能力盈余现象，宜采用物流联盟，成为合作关系的领导，以充分利用物流资源。

2. 优劣势比较分析法

优劣势比较分析法就是电子商务企业在对不同物流模式优势、劣势分析考察的基础上，结合自身实际来选择物流模式的方法。

> **▶▶▶ 案例演示**
>
> 假如你是甲公司（电子商务企业）的物流配送经理，请结合公司实际情况及销售范围，拟订出企业的物流解决方案，并做必要说明。
>
> 第一步：了解甲公司的实际情况。甲公司是一个电子商务平台，以服务、品质、女性消费者为主导，商城主要销售护肤、彩妆、香水等女性美容护肤产品。
>
> 第二步：结合企业自身情况分析自营与第三方外包两种物流模式的优劣，如表8-5所示。
>
> 表8-5 甲公司物流模式选择优劣势分析表
>
> | 优劣势 | 模式 | |
> |---|---|---|
> | | 企业自营物流 | 第三方物流 |
> | 优势 | （1）掌握控制权。能及时了解客户喜好及需求，能更好地沟通并提供服务。
（2）可加快企业资金流转，创造利润 | （1）可以提供灵活多变的服务，为客户创造更多的价值。
（2）专门从事物流业，可以整合各项物流资源，使物流的成本降到最低 |
> | 劣势 | （1）增加企业运行风险、成本负担。
（2）无法进行规模效益的评估，尚未达到自建物流资金规模 | （1）物流失控的风险。第三方物流介入，本企业对物流控制下降，协调不好会导致物流失控。
（2）客户关系的风险。企业与客户关系削弱，以及存在客户资料泄露等风险 |
>
> 第三步：优劣势评价。企业自营物流可以多给企业一份机遇，同时也会多一份风险和负担。第三方物流可以给企业降低成本，但会损失企业的一部分利益。
>
> 第四步：综合考虑，降低劣势的危害。首先考虑成本。如果公司实力雄厚，有稳定的物流，且自营物流成本低于第三方物流，则自营物流。其次考虑公司性质。如果公司的物流不适合第三方物流介入，则自营物流。甲公司实际情况不允许自营物流，但可选择第三方物流模式，并与物流公司建立稳定的合作关系，建立客户消费及物流满意度反馈平台，以降低采用第三方物流模式的风险。
>
> 第五步：决策分析。结合产品特点及公司情况，决定采用第三方物流模式，并与邮政快递、中通快递、圆通速递等几家物流公司合作。

3. 层次分析法

层次分析法是指电子商务企业要解决的问题按目标层、规则层、要素层和方案层进行分层处理，然后对规则层不同因素的相对重要性给予不同的权数，再对各因素下的具体要素进行评分，最终通过综合计算选择总分最大的方案作为最终选择。目标层就是确定适合企业自身长期发展的物流模式目标，如规模最大化、利润最大化、可持续发展等。

层次分析法应用的关键技术有两点：第一，确定规则层的组成部分和要素层的各要素；第二，确定规则层各组成部分的权数和要素层在各备选方案下的评分。正确应用层次分析法,决策者必须掌握企业的实际情况和内外环境,并能根据备选方案情况和评分标准,对各要素进行科学评分,在此基础上才能获得最佳方案。不同企业可根据自己的实际情况,构建规则和要素不同的层次分析决策模型。层次分析法要素参考评分标准如表 8-6 所示。电商物流模式选择层次分析图如图 8-2 所示。

表 8-6 层次分析法要素参考评分标准

分数	要素参考评分标准
1	表示两个要素具有相同的重要性
3	表示一个要素相较另一个要素稍微重要
5	表示一个要素相较另一个要素明显重要
7	表示一个要素相较另一个要素特别重要
9	表示一个要素相较另一个要素极其重要
2,4,6,8	表示两个要素之间的重要性对比介于临界等级之间

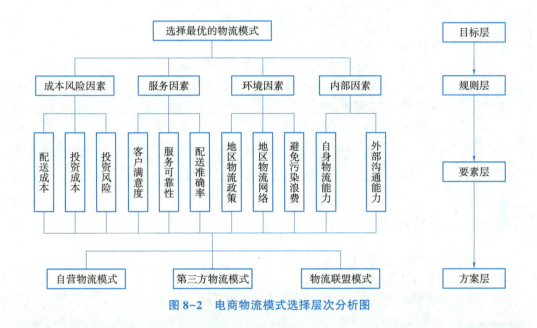

图 8-2 电商物流模式选择层次分析图

▶▶▶ 案例演示

物流是苏宁易购的核心竞争力之一。苏宁易购建立了区域配送中心、城市配送中心、转配点三级物流网络,依托 WMS、TMS 等先进信息系统,实现了长途配送、短途调拨与零售业配送到户一体化运作,平均配送半径为 80~300 千米,日最大配送能力为 17 万台/套,实现 24 小时送货到户。假设苏宁易购现有自营物流模式、第三方物流模式、物流联盟模式、供应商配送模式四种物流模式可供选择,那么苏宁易购应该选择何种物流模式呢?

第一步:确定成本风险因素、服务因素、环境因素、内部因素的权重。根据苏宁易购的实际情况,通过 3 位专家评估,确定四个因素的权重分别为 0.3,0.3,0.2,0.2,保证权数总和为 1。

第二步：先由3位专家对四种可供选择的物流模式参照评分标准进行评分，然后计算3位专家的评分，具体如表8-7所示。

表8-7　专家评分表

模式	成本风险因素	服务因素	环境因素	内部因素
自营物流模式	24	27	18	18
第三方物流模式	21	21	15	27
物流联盟模式	18	18	12	15
供应商配送模式	15	6	6	12

第三步：计算四种备选物流模式得分。

自营物流模式：$24×0.3+27×0.3+18×0.2+18×0.2=22.5$

第三方物流模式：$21×0.3+21×0.3+15×0.2+27×0.2=21$

物流联盟模式：$18×0.3+18×0.3+12×0.2+15×0.2=16.2$

供应商配送模式：$15×0.3+6×0.3+6×0.2+12×0.2=9.9$

第四步：比较四种备选方案得分。

自营物流模式>第三方物流模式>物流联盟模式>供应商配送模式。自营物流模式对苏宁电器提高竞争能力和经营水平有比较好的作用，应该优先选择。除此以外，还应根据实际需要，考虑第三方物流模式。

第五步：与实际情况对比。苏宁易购绝大部分是采用自营配送的，但在运输配送环节，苏宁易购也并不是完全自己配送，比如在天津的配送业务就由天津邮政为其提供物流配送服务。这符合分析的结果。

【思考题】

（1）电子商务的概念、特征、模式及应用范围。

（2）电子商务与物流有怎样的关系？

（3）电商物流模式的类型、优缺点及选择方式包括哪些？

【综合实训】

一、实训目的

（1）通过案例分析、讨论，加深对电商物流模式的认识，掌握物流电商模式选择的方法。

（2）通过案例分析锻炼学生的思维能力和演讲能力。

二、实训内容

张三是某高校物流专业的学生，他利用课余时间在淘宝网上开了一家店铺，成为一名箱包和小型饰品卖家。由于网上客户大多选择快递送货，于是他想选择一家服务和信誉较好的快递公司。在学校附近，有A、B、C、D四家快递公司。2024年1月10日张三接到广东省广州市李小姐的一份订单，订单金额为650元，货品质量为1.5 kg。按约定卖家应承担运费，李小姐希望3天内能收到货品。请利用矩阵选择法、优劣势比较分析法、层次分析法判断张三应该选择哪家快递公司？

四家快递公司的基本情况如表8-8~表8-10所示。

表8-8　四家快递公司的服务优劣势

快递公司	服务优势	服务劣势
A	网络最广，比较安全；提供的服务种类多，属经济快递，有代收货款等业务	价格较贵，灵活性有待提高
B	知名度高，网点密集	操作欠规范，售后服务有待改进
C	优越的地理环境，价格优势	历史短，规模偏小
D	收件快、派件快，查询快，安全性相对高	价格稍贵

表8-9　四家物流公司从徐州到广州平均耗时

快递公司	平均耗时/天
A	2.89
B	3.65
C	2.3
D	1.9

表8-10　四家物流公司从徐州到广州的快递费用

快递公司	寄送质量/kg	运费/元	备注
A	1.5	41	
B	1.5	27	
C	1.5	32	参考价格
D	1.5	21	优惠价格

三、实训要求

（1）10人一组对案例进行讨论分析。

（2）抽取1~2个小组进行交流。

（3）教师对每一小组进行点评。

项目 9

认识供应链管理

【学习目标】

学习目标如表9-1所示。

表9-1　学习目标

知识目标	技能目标	素质目标
（1）掌握供应链基本知识； （2）掌握供应链管理环境下企业业务外包的原因及其主要方式； （3）熟悉供应链管理环境下供应商管理目标与实施策略； （4）供应链联盟的性能评价原则与流程	（1）能通过供应链优化来提升顾客满意度、降低库存量与成本； （2）能根据实际情况，制定出适当的供应商考核指标体系； （3）能够使用供应链网链方法为企业构建虚拟供应链； （4）应用供应链联盟双赢策略构建企业战略伙伴关系	（1）从企业供应链管理角度，培养学生的社会及企业责任感和主人翁意识，培养学生的专业人才意识和职业素养； （2）帮助学生了解物流供应链行业领域的国家战略和相关政策，引导学生深入社会实践、关注现实问题； （3）通过海尔物流、南宁威耀公司等案例分享，厚植爱国主义情怀，增强民族自信心

案 例导入

海尔：优化供应链，实现零库存

作为一个传统的民族工业制造企业，成立于1984年的海尔集团经过40年的高速发展，已经成长为一个业务遍及全球的国际化企业集团。海尔集团取得今天的业绩和企业实行全面的供应链管理是分不开的，借助先进的信息技术，海尔发动了一场供应链管理革命。海尔集团以市场链为纽带，以订单信息流为中心，带动物流和资金流的运转，通过整合全球供应链资源和用户资源，逐步向零库存、零营运资本和与用户零距离的目标迈进。

零库存：传统企业根据生产计划进行采购，所以企业里有许许多多的库存。企业库存不仅是资金占用的问题，最主要会形成很多的呆坏账。现在家电和电子产品更新换代很快，产品积压的最后出路就降价形成价格战。现在海尔实施供应链管理，通过三个准时制打通这些库存。准时制采购，就是按照计算机系统的采购计划，需要多少采购多少。准时制送料，是指各种零部件暂时存放在海尔立体库，然后由计算机进行配置，把配置好的零部件直接送到生产线。海尔在全国建有物流中心系统，无论在任何地方，海尔都可以实现快速送货，实现准时制配送。海尔用准时制配送的方式满足用户的需求，最终消灭库存的空间。

营运资本也称作流动资产，流动资产减去流动负债等于零就是零营运资本。简单说，就是做到现款现货。要做到现款现货就必须按订单生产。海尔集团依靠供应链管理，最终实现了零营运资本。

当今企业之间的竞争已经转为面向客户的竞争。海尔的目标就是要实现端对端的零距离销售，从而达到快速获取客户订单，快速满足用户的需求。

未来中国企业将面临更加激烈的竞争。海尔集团将继续保持和推广精确的供应链管理，实现零库存，从而支持海尔集团的发展，使海尔融入全球一体化经济的大潮中。

（资料来源：https：//www.lyd114.com/xwzx/wlzs/23613.html，有改动）

思考：

（1）在阅读本案例资料基础上，从供应链管理角度，思考供应链运作有哪几种方式？不同运作方式有哪些优缺点？

（2）通过海尔集团供应链准时制管理方式，思考企业供应链管理在保障社会经济生产流通中的重要作用。

任务 9.1　认识供应链

课堂笔记

【任务目标】

以学习小组为单位，设置你们的供应链管理部门，加强对不同供应链运作方式的理解，能够认知物流供应链运作的意义与作用，培养团队合作精神和分工、协调能力。

【任务内容】

广西南宁市创新性地以供应链"集采集配"的方式来保障全市师生饮食的健康安全，在市属公办学校推广食材供应链"集采集配"服务，目前该服务项目的中标单位为南宁威耀集采集配供应链管理有限公司。该公司以安全、高效、有序进行供应链"集采集配"项目，致力于为南宁市广大师生提供"绿色健康、营养均衡、平价优质"的膳食，是关乎食品安全的民心工程和民生工程，需要对接众多供应商和数量众多的学校，涉及面广、参与人数多、各方需求差异大，因此迫切需要一个具有公信力的可信体系，既能保障食品的安全，也能让广大师生和家长放心和安心。

作为服务社会的公益项目，食材供应链服务的社会监督压力巨大，对食材的可信溯源有迫切的需求。该公司食材供应链"集采集配"业务基于区块链"点对点"传输、信息传输过程加密、智能合约等技术特性，充分发挥其隐私保障性、安全性、可溯源性等技术优势，构建虚拟联盟供应链，解决信息孤岛壁垒，促进运营主体、供应商、政府监管部门、社会民众等主体之间的相互信任和信息互通。区块链的可追溯性使数据从采集、整理、交易、流通以及统计分析的每一步记录都被留存，数据质量获得强信任背书，有效保证数据挖掘的有效性，支撑平台大数据的统计分析、动态监测和决策功能，实现供应链"集采集配"食材业务全过程溯源、全闭环操作。

威耀供应链公司运营的南宁市五象配送基地作业面积约 1 万 m^2，一期投资超 5 000 万元，已购置 80 多辆冷链配送车辆、多台先进的检测机器等，目前该基地服务学校数量超 160 所，服务师生超过 10 万人次，每日处理食材超过 300 个种类，日处理食材质量约 50 t。

（资料来源：http：//www.chinawuliu.com.cn/xsyj/202307/05/610424.shtml，有改动）

请各学习小组完成以下任务：

（1）进行市场调研，确定市场对该企业食材供应链业务的需求，以确定其原来供应链运行的不合理表现，并提出供应链运行合理化措施。

（2）通过综合考虑公司经营、市场需求和不同时期食材供应链方案，制订出该公司的年度供应链工作计划。

（3）对一体化的供应链合规体系中的问题如何实现标准化、精细化管理，从而减负增效进行分析，并书面表达。

【组织过程】

（1）以学习小组为单位，事先收集资料或进行实地调研，了解食材供应链选择的注意事项；在此基础上模拟供应链管理部门食材管理岗位的工作流程，并运用所学知识解决供应链管理中的问题，实现其供应链食材管理合理化。

（2）通过小组讨论与研究，小组成员分别扮演供应链管理各岗位的不同角色，其中一位同学扮演负责人，负责设置过程的说明工作。

【考核指标】

考核指标如表9-2所示。

表9-2　考核指标

考核项目	考核要求	分值	得分
供应链管理岗位分析材料	岗位名称、岗位目标、岗位职责及对供应链管理人员的要求等，要求方案采用书面形式呈现，内容全面、完整	40	
现场讨论不同食材供应链管理方案的选择和依据	讨论并分配小组成员在"任务内容"中供应链管理部门食材管理岗位中扮演的角色，制定食材供应链运作优化策略方法，要求口头描述，内容全面、完整	20	
设置方案汇报	由小组负责人带领成员汇报寻求食材供应链运作优化策略的过程，要求表达清晰、完整、有效	20	
团队精神	通力合作、分工合理、相互补充	10	
	发言积极，乐于与同学分享成果，组员参与积极性高	10	

【知识讲解】

一、供应链管理的形成

微课 9-1　认识供应链

多少年来，企业出于管理和控制上的目的，对为其提供原材料、半成品或零部件的其他企业一直采取投资自建、投资控股或兼并的"纵向一体化"管理模式，即某核心企业与其他企业是一种所有权关系。例如，美国福特汽车公司拥有一个牧羊场，出产的羊毛用于生产本公司的汽车坐垫；美国某报业大王拥有一片森林，专为生产新闻用纸提供木材。中国企业更是有过之而无不及，许多制造业企业拥有从毛坯铸造、零件加工、装配、包装、运输、销售等一整套设备、设施、人员及组织机构。

推行"纵向一体化"的目的，是为加强核心企业对原材料供应、产品制造、分销和销售全过程的控制，使企业能在市场竞争中掌握主动，从而达到增加各个业务活动阶段利润的目的。在市场环境相对稳定的条件下，采用"纵向一体化"战略是有效的，但是，在高科技迅速发展、市场竞争日益激烈、顾客需求不断变化的今天，"纵向一体化"战略已逐渐显示出其无法快速敏捷地响应市场机会的薄弱之处。

实际上，每项业务活动都想自己干，势必要面临每一个领域的竞争对手，反而易使企业陷入困境。进一步地，如果整个行业不景气，采取"纵向一体化"战略的企业不仅将在最终用户市场遭受损失，而且在各个纵向发展的市场上也会遭受损失，因为这样发展起来的纵向市场是为最终用户市场服务的。最终用户市场不景气，必然连带着纵向市场的萎缩。因此，"纵向一体化"战略已难以在当今市场竞争条件下获得所期望的利润。

在这种背景下，在 20 世纪 70 年代晚期，Keith Oliver 通过和 Philips 等客户接触的过程中逐渐形成了自己的供应链观点。Michael E. Porter 在 1982 的《金融时代》杂志的一篇文章里阐述了"供应链管理（SCM）"的意义，这个概念对管理者的采购、物流、操作、销售和市场活动的意义重大。

进入 21 世纪以来，企业面对着一个变化迅速且无法预测的买方市场，致使传统的生产模式对市场剧变的响应越来越迟缓和被动。为了摆脱困境，企业虽然采取了许多先进的单项制造技术和管理方法，并取得了一定实效，但在响应市场的灵活性、快速满足顾客需求方面并没有实质性改观。人们才意识到问题不在于具体的制造技术与管理方法本身，而是它们仍在传统的生产模式框架内。严峻的竞争环境改变了人们认识、分析和解决问题的思想方法，开始从"纵向一体化"向"横向一体化"转化。

全球制造及由此产生的供应链管理是"横向一体化"管理思想的一个典型代表。国际上一些领先企业摒弃了过去那种纵向一体化经营模式，转而在全球范围内与供应商和销售商建立最佳合作伙伴关系，与它们形成一种长期的战略联盟，结成供应链利益共同体。

例如，美国福特汽车公司在推出新车 Festiva 时，就是采取新车在美国设计，由日本的马自达公司生产发动机，由韩国的汽车厂生产其他零件和装配，最后再运往美国和世界市场上销售。制造商这样做的目的显然是追求低成本、高质量，最终目的是提高自己的竞争能力。Festiva 从设计、制造、运输、销售，采用的就是"横向一体化"的全球制造战略。整个汽车的生产过程，从设计、制造直到销售，都是由制造商在全球范围内选择最恰当的企业，形成了一个供应链企业集群。在体制上，这些供应链集群企业组成了一个主体企业的利益共同体；在运行形式上，构成了一条从供应商、制造商、分销商到最终用户的物流和信息流网络。由于这一庞大网络上的相邻节点（企业）都是一种供应与需求的关系，因此称之为供应链。

供应链管理强调核心企业与供应链上其他的企业建立战略合作关系，委托这些企业完成一部分业务工作，自己则集中精力和各种资源，通过重新设计业务流程，做好本企业能创造特殊价值、比竞争对手更擅长的关键性业务工作，这样不仅大大地提高本企业的竞争能力，而且使供应链上的其他企业都能受益。

二、供应链的定义及其核心思想

所谓供应链管理（SCM），是对一条供应链中的物流、信息流、资金流、业务流及伙伴关系等进行计划、组织、协调和控制等一体化的管理工作。

供应链管理强调对企业整个原材料、零部件和最终产品的供应、储存和销售系统进行总体规划、重组、协调、控制和优化，加快物料的流动、减少库存，并使信息快速传递，时刻了解并有效地满足顾客需求，从而大大降低产品成本，提高企业效益。形象一点，我们可以把供应链描绘成一棵枝叶茂盛的大树：生产企业构成树根；独家代理商则是主干；分销商是树枝和树梢；满树的绿叶红花是最终用户；在根与主干、枝与干的一个个结点，蕴藏着一次次的商业流通，而遍体相通的脉络便是信息管理系统。

国外学者和企业家非常重视供应链问题和供应链管理的改进。研究供应链管理产生的背景、发展模式和技术，提高供应链管理的效率，则是提高企业在信息经济时期竞争力的关键。专家还认为，当今制造业的生存三个要素是信息技术、供应链管理和现代制造技术。其中，使用信息技术就是由依赖人工的作业方式转变为依赖信息的作业快速化、高效化方式，大量减少人工介入，降低生产经营成本；而供应链管理则是从原材料供应到产品出厂的整个生产过程，使物流资源的流通和配置最优化。

当今世界，真正的竞争不是企业与企业之间的竞争，而是供应链与供应链之间的竞争。这句话高度概括了供应链的重要性。在很多行业中，制造成本的降低几乎走到了极限，销售额的增加也难有大的突破，对供应链的优化和细化最有可能成为成长型企业的另外一个利润源。这不仅仅是一个与效率和成本相关的话题，对那些希望加快自己的市场反应速度，更好地满足客户需求的成长型公司来说，选择合适的供应链管理模式，可能就等于选择一款生死攸关的防身或攻击性利器。

供应链上各企业间合作关系的密切程度与其带来的价值增值呈正相关关系，其共有四个层级，如图9-1所示。

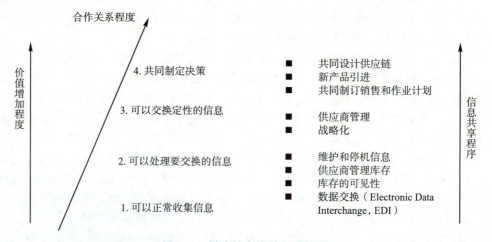

图9-1　供应链合作关系增值图

第一层表示企业之间只具有正常的业务交往关系。在这个关系层次上，企业之间能够交换日常生产和经营中的普通信息。一般认为这种关系属于传统的企业关系，更谈不上企业间的战略联盟与协作。因此，它们只能得到维系企业交往所必需的最低限度的信息。

在第二层，随着供应商与制造商战略层合作的加强，研究和开发成本的大幅度提高，使用新技术的风险性、新产品淘汰速度加快，生产工艺复杂性增加，以及来自产品创新性和生产柔性高度集成的要求等因素推动供应商与制造商走向集成。集成供应链关系发展的主要特征就是以产品/物流为核心转向以集成/合作为核心。供应商与制造商不仅仅要进行物质上的交换，而且还包括一系列的服务（R&D、设计、信息、物流等）交换。例如，供应链管理库存（VMI）这一新理念的出现，就把制造商和供应商更紧密地结合在一起。通过供应商管理库存，可以为制造商提供更好的服务，但如果双方的合作关系达不到一定的程度，无法共享必要的信息，就无法实现供应商管理库存这一新理念所带来的价值。

在第三层，为使供应链系统生产均衡化和物流服务同步化，供应链管理模式开始发生革命性变化，许多制造商都使用"协同计划系统"把供应商关系管理纳入自己的战略体系。在信息共享（透明性）、服务支持（协作性）、并行工程（同步性）、群体决策（集智性）、柔性化与敏捷性等方面都对合作关系提出了更高的要求，于是产生了基于战略伙伴关系的企业供应链关系。为使供应链更具竞争力，保证交货的可靠性和准确性，供应商要采用先进的管理技术（如准时制 JIT、全面质量管理 TQM 等）来管理和控制整个供应商网络。制造商则要积极管理和协调供应链，为合作伙伴提供培训和技术支持等，使其对供应链的管理能够形成一个战略体系。

在第四层，战略伙伴的供应链关系体现了企业内外资源的集成与优化利用。基于这种合作关系的产品制造过程，从产品的研究开发到投放市场，周期大大地缩短，而且顾客导向化程度更高，模块化、简单化、标准化的组件，使供应链系统在多变的市场中敏捷性显著增强。虚拟制造与动态联盟加强了业务外包策略的利用，企业集成从原来的中低层次的内部业务流程重组上升到企业间的战略联盟，形成一种更高级别的企业集成模式。

因此，供应链的核心思想就是：企业在保持一种稳定而有活力的供需关系的同时，各个企业实现合作，充分利用现代各种先进的科学技术实现集成，联合面对竞争对手，合理利用资源，从而实现总体和个体的效益双赢。因此，供应链管理是一种新的策略，它把不同企业集成起来以增加整个供应链的效率，并更注重企业之间的合作。

三、供应链合作关系的特征与优化策略

一般来说，构成供应链的基本要素包括：

（1）供应商。供应商指给生产厂家提供原材料或零部件的企业。

（2）厂家。厂家即产品制造企业，是产品生产的最重要环节，负责产品生产、开发和售后服务等。

（3）分销企业。分销企业是为实现将产品送到销售市场每一角落而设的产品流通代理企业。

（4）零售企业。零售企业是将产品销售给最终消费者的企业。

根据供应链的概念，它涵盖着从原材料的供应商开始，经过工厂的开发、加工、生产至批发、零售等过程，最后到达用户之间有关最终产品或服务的形成和交付的每一项业务活动。因此供应链的内容也涵盖了生产理论、物流理论和营销理论等三大理论。在新的供应链合作关系下，企业间强调直接、长期的合作，强调生产计划共享并共同努力解决问题，强调相互之间的信任与合作，这与传统的企业合作关系有着很大的区别。供应链合作关系与传统企业关系比较如表 9-3 所示。

表 9-3　供应链合作关系与传统企业关系比较

比较项	传统企业关系	供应链合作关系
相互交换的主体	物料	物料、服务
供应商选择标准	强调价格	多标准并行考虑（交货的质量和可靠性等）
稳定性	变化频繁	长期、稳定、紧密合作
合同性质	单一	开放合同（长期）
供应批量	小	大
供应商数量	大量	少（少而精，可以长期紧密的合作）
供应商规模	小	大

续表

比较项	传统企业关系	供应链合作关系
供应商的定位	当地	国内和国外
信息交流	信息专有	信息共享（电子化连接、共享各种信息）
技术支持	不提供	提供
质量控制	输入检查控制	质量保证（供应商对产品质量负全部责任）
选择范围	投标评估	广泛评估可增值的供应商

供应链企业之间的合作策略，可以根据其合作的时间长短和关系密切程度分为长期战略性合作、中期策略性合作和短期临时性合作三种策略。

1. 长期战略性合作

供应链企业强调企业之间的长期战略性合作关系，如果不考虑供应的长期战略问题，可能会导致成本和服务之间产生不平衡，开发供应链管理的机会将丧失，企业也将得不到竞争优势，不可能获得长远利益。所以必须从长远的观点、战略的观点来考虑供应链管理问题，特别是战略合作伙伴关系应引起重视。

在长期战略合作中，通过与合作伙伴的战略合作，供应链企业集群把自己的资源投入到共同的任务（诸如共同的开发研究）中，这样不仅可以使供应链核心企业分散开发新产品的风险，同时，也使企业集群可以获得比单个企业更高的创造性和柔性。尤其在高科技领域，核心企业要获得竞争优势，必须尽可能小而有柔性，并尽可能地在合作过程中与其他供应链集群企业采用长期的战略性合作策略。

2. 中期策略性合作

中期策略性合作的规模比长期战略性合作小，但是比短期临时性合作大，通常是基于一定项目的合作。它们的合作一般不考虑长期的战略性影响。当目标市场产生一定的市场需求时，需要供应链集群企业之间形成一定的策略性合作。集群企业之间可以采用中期策略性合作，以应对急剧变化的市场机会，在市场需求消失后，这种合作即告结束。这也是这种合作策略动态性的特点，供应链企业会在不同目标市场需求变化环境下不断更换合作对象，这也是导致供应链的动态性的原因之一。

3. 短期临时性合作

一些企业在完全控制他们的主导产品生产过程的同时，会外包一些诸如自助餐厅、邮件管理、门卫等辅助性、临时性的服务，从而在不同企业之间形成一种短期临时性合作。临时性合作的优势在于，当企业需要有特殊技能的职工，或需要短期的设备或资源，但又不需永久拥有时，企业可通过这种合作缩减过量的经常性开支，降低固定成本，同时提高劳动力的柔性，提高生产率。

总之，我们构建供应链管理系统，就要从实用的角度出发，以计算机集成制造技术、网络技术、数据交换（EDI）等为运作基础，以精细生产、敏捷制造、集成理论等为理论指导，从而更好地服务于企业竞争的需求，提升企业的竞争优势。

知识拓展

精益生产管理

精益生产管理（Lean Production Management，LPM）是生产制造业中一种非常有效的管理方法，主要体现在生产过程中消除浪费、提高生产效率、降低成本等方面，在业内备受关注。

精益生产管理需要在"精益"思想和准则的指导下，学习和实践一些有用的工具和方法，比如工业工程、价值流图分析、柔性生产线建立、缩短作业转换时间、拉动式连续"一个流"生产、5S 管理、TQC 工具、统计质量控制、防呆错技术等。

以下是一家企业在具体实践精益生产管理中的一个案例。

某汽车零部件生产企业在引进产品的同时也引进了先进的精益生产管理模式，但是因为精益管理措施未能及时到位，曾一度造成其生产相当被动，导致产品的质量不佳、效益不理想的状况出现。为了扭转被动局面，该企业采用了"精益生产管理"，具体措施如下：

（1）采用"拉动式"生产组织方式，变"推动式"生产为"拉动式"生产组织方式，以市场需求为目标组织生产。

（2）实行"一人多机"操作，实行"U 形"生产设备布置，"一人多机"操作，大大提高劳动生产率。

（3）实施生产工具定置集配，其中高精度刀具实行强制换刀与跟踪管理。

（4）"三为"现场管理。强调观念更新，以生产现场为中心，生产工人为主体，车间主任为首的"三为"管理体制。一切部门围绕精益生产服务，使生产线不停地创造附加价值。

最终，该汽车零部件公司实现了大幅提高产品质量和生产效率的目标，降低了成本。自采用精益生产管理后，该企业的生产线正常运营时间提高了 20%，生产节拍提高了 16%，产品质量问题率降低了 22%，库存周转率提高了 18%，企业综合竞争力大幅提升。

总之，精益生产管理是企业提高效率、降低成本、增强竞争力的必要手段，对于企业的长期健康发展具有不可忽视的重要意义。

德育之窗

"绿色环保" 赋能传统童装企业供应链

娃哈哈集团是中国饮料行业中的龙头企业，在短短的 15 年时间里，其饮品在国内市场所向披靡，并营建了庞大的市场销售体系，曾经连续四年在全国饮料行业稳居第一。2002 年，娃哈哈集团开始进军童装。在娃哈哈童装上市一周年后，其产品就受到了广大消费者的认可，全国共建立了 800 家专卖店。娃哈哈童装最终以优良的质量进入了国家质检总局"质量较好的产品及企业名单"。

娃哈哈童装能取得如此成绩，和该公司"绿色环保，处处为孩子健康着想"的理念是密不可分的，这个理念构筑了娃哈哈童装世界的坚固基石。娃哈哈童装的绿色环保主要体现在对面辅料等原材料的供应链管理上。

在国家质检总局质量抽查中，许多品牌童装由于面料的甲醛含量超标而落马。因为甲醛对皮肤和眼睛黏膜有刺激作用，纺织品中如存在过量甲醛，会随着穿着过程逐渐释放，通过人体的皮肤和呼吸道对人体产生危害，特别是容易刺激婴幼儿的皮肤和呼吸道。此外，色牢度也是卫生指标一个重要方面。染料中含有重金属离子，附着在纤维上要有一定的牢度，否则在穿着过程中脱落，会转移到皮肤上而伤害人体。

娃哈哈童装针对这些问题制定了严格的标准，在原材料的采购中，对纤维组成结构、弹子顶破强力、纤维含量、甲醛含量、pH 值、水洗尺寸变化率、耐洗色牢度以及面料的绿色环保等数十项性能指标进行综合检测。娃哈哈童装全面的面料检测，彻底解决了儿童服装行业中最为重要的甲醛含量控制问题和色牢度问题。

娃哈哈童装还是国内童装品牌中首家通过环境标志认证的生态纺织品。它采用绿色环保面料，无氯处理，同时采用世界知名的染料，保证制成品符合"生态纺织品"技术要求。

此外，该公司还斥巨资引进国际一流的检测设备，对各项环保指标、物理指标进行跟踪检测。在确保面料无任何有害物质的前提下，注重保暖性、吸湿性和透气性等功能，让孩子们穿得既健康又安全，真正体现了绿色环保的理念。

课堂笔记

任务 9.2 构建供应链

【任务目标】

以学习小组为单位，设置你们的供应链管理部门，增进对系统论、柔性理论与企业重构的理解，能够设计制作供应链构建相关流程，培养团队合作精神和分工、协调能力。

【任务内容】

上海汽车工业（集团）总公司（以下简称"上汽集团"）是中国三大汽车集团之一，主要从事乘用车、商用车和汽车零部件的生产、销售、开发、投资及相关的汽车服务贸易和金融业务。上汽集团坚持自主开发与对外合作并举，一方面形成上海通用、上海大众、上汽通用五菱、上海申沃等系列产品；另一方面集成全球资源，加快技术创新，推进自主品牌建设，相继推出了"荣威"品牌产品。逐步形成了合资品牌和自主品牌共同发展的格局。

上汽集团的供应链构建策略如下：

首先改造传统制造业务。上汽集团的制造企业经过了多年的发展，有丰富的制造经验，积极地实施物流业务外包，很大程度上提高了上汽在制造领域的竞争优势。现在国际汽车巨头纷纷进入中国，竞争进入白热化，这种物流业务外包精化了生产流程，畅通了信息流程，同时让企业对市场的反应速度更加敏捷，降低整体物流成本。

其次借助外包实现供应链管理。在竞争不很激烈的年代，上汽集团的制造企业与生产流程在每个环节进行繁复的规划与计算，确保一个"安全的库存"。这种生产模式可以概括为"以库存为核心"的生产模式。随着近几年的发展，企业管理理念的不断创新，上汽集团正在以物流外包为基础，实现向供应链管理模式的迈进。通过这种管理模式的变革，一定程度上实现了成本的领先与快速的响应速度，这对上汽集团相关企业的市场、销售、采购、生产、物流、售后服务等多个环节提出了严苛的要求，各物流部门通过加强与各部门的协作，深入地将物流流程与其他流程进行优化与整合，成功地实现了利用全面的供应链管理来提升上汽集团的竞争能力。

最后实现物流战略多样化和全面的供应链管理。通过建设仓储物流园区并且在外地建厂，上汽集团多设节点采用循环取货，包装一体化管理方式来加快速度减少成本，加强企业供应链管理。

（资料来源：https://www.ndrc.gov.cn/fgsj/tjsj/jjyx/xdwl/200709/t20070929_1182279.html，有改动）

请各学习小组完成以下任务：

（1）为该公司制订安全库存管理方案，并设计流程图及相关表格。

（2）寻求该公司供应链管理优化流程。

（3）对上述任务进行工作分析，并进行书面表达。

【组织过程】

（1）以学习小组为单位，事先收集资料或进行实地调研，了解企业供应链构建的目标、原则及注意事项；在此基础上模拟供应链管理部经理岗位的供应链构建工作流程，并运用供应链构建的相关知识制定优化策略，并对其工作流程进行分析。

（2）通过小组讨论与研究，小组成员分别扮演供应链管理部供应链构建岗位的不同角色，其中一位同学扮演负责人，负责设置过程的说明工作。

【考核指标】

考核指标如表 9-4 所示。

表 9-4　考核指标

考核项目	考核要求	分值	得分
供应链管理部供应链构建岗位分析材料	完成任务内容中供应链管理部供应链构建岗位设置，内容包括岗位名称、目标、岗位职责及对供应链构建人员的要求等，要求方案采用书面形式呈现，内容全面、完整	40	
现场讨论供应链构建管理方式选择的方法与技巧	讨论并分配小组成员在任务内容中供应链管理部门中扮演的角色，制定供应链构建管理方式优化方法，要求口头描述，内容全面、完整	20	
设置方案汇报	由小组负责人带领成员汇报供应链构建管理方式选择流程和优化方案的过程，要求表达清晰、完整、有效	20	
团队精神	通力合作、分工合理、相互补充	10	
团队表现	发言积极，乐于与同学分享成果，组员参与积极性高	10	

【知识讲解】

一、供应链的网链结构

20 世纪 80 年代以来，科学技术不断进步，市场需求日益多变。在激烈的市场竞争中，越来越多的企业运用合作共赢的经营思想和经营模式。合作经营突出企业核心竞争能力，强调社会分工与合作，注重企业外部资源的利用。这种经营模式会形成一条供应商—制造商—分销商—用户的工业生产"链"，相邻节点企业之间表现出一种需求与供应的关系，当把所有相邻企业依此连接起来，便形成了所谓的供应链。

微课 9-2
供应链类型

供应链存在于所有的服务业和制造业中，虽然它们在结构和复杂性等方面有较大的差别，但基本内容是一致的。供应链实质上是围绕核心企业而进行的业务联合，是一个范围扩展的企业模式。具体地说，供应链就是围绕核心企业，通过对信息流、物流、资金流的控制，将产品生产和流通中涉及的原材料供应商、生产商、分销商、零售商以及最终用户连成一体的功能网链结构，如图 9-2 所示。

供应链是一个系统，在这个系统中，各个成员有自己独立的价值和目标，又为了整个供应链的利益而把资源联结成一体，这就是经常说的供应链一体化。如图 9-2 所示是供应链的一般结构，它由所有加盟企业组成，其中核心企业可以是制造商，也可以是零售商，

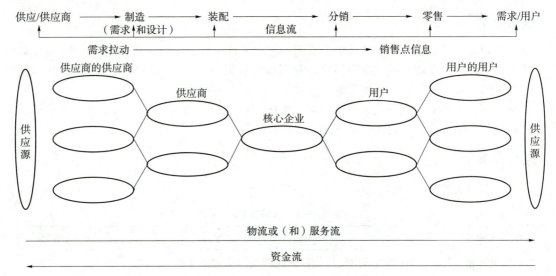

图 9-2　供应链的网链结构模型图

节点企业在需求信息的驱动下，通过供应链的职能分工与合作，以资金流、物流和服务流为媒介实现整个供应链的不断增值。供应链的具体结构受到许多因素的制约和影响，例如行业特点，产品特点，核心企业的生产规模，信息技术的发展水平（特别是企业的信息化水平），市场经济的完善程度等。

二、供应链的构建策略

设计和运行一个有效的供应链对于每一个企业都是至关重要的，因为它可以获得很多好处，如提高用户服务水平、达到成本和服务之间的有效平衡、提高企业竞争力、提高柔性、渗透入新的市场、通过降低库存提高工作效率等。但是企业供应链也可能因为设计不当而导致浪费和失败。

费舍尔（Fisher）认为供应链的设计要以产品为中心。供应链的设计首先要明白用户对企业产品的需求是什么，产品寿命周期、需求预测、产品多样性、提前期和服务的市场标准等都是影响供应链设计的重要问题。优秀企业必须设计出与产品特性一致的供应链，也就是所谓的基于产品的供应链设计策略（Product-Based Supply Chain Design，PBSCD）。

不同的产品类型对供应链设计有不同的要求，高边际利润、不稳定需求的革新性产品的供应链设计就不同于低边际利润、有稳定需求的功能性产品。两种不同类型产品的比较（在需求上）如表 9-5 所示。

表 9-5　两种不同类型产品的比较（在需求上）

需求特征	功能性产品	革新性产品
产品寿命周期/年	>2	1~3
边际贡献/%	5~20	20~60
产品多样性	低（每一目录 10 到 20 个）	高（每一目录上千）
预测的平均边际错误率/%	10	40~100
平均缺货率/%	1~2	10~40
季末降价率/%	0	10~25
按订单生产的提前期	6 个月~1 年	1 天~2 周

从表 9-5 中可以看出，功能性产品一般用于满足用户的基本需求，变化很少，具有稳定、可预测的需求和较长的寿命周期，但它们的边际利润较低。为了避免低边际利润，许多企业在式样或技术上革新以寻求消费者的购买，从而获得高的边际利润，这种革新性产品的需求一般不可预测，寿命周期也较短。正因为这两种产品的不同，才需要有不同类型的供应链去满足不同的市场需要。

当知道产品和供应链的特性后，我们就可以设计出与产品需求一致的供应链。供应链设计与产品类型策略矩阵表如表 9-6 所示。

表 9-6　供应链设计与产品类型策略矩阵表

供应链	功能性产品	革新性产品
有效性供应链	匹配	不匹配
反应性供应链	不匹配	匹配

表 9-6 中策略矩阵的四个元素代表四种可能的产品和供应链的组合，从中可以看出产品和供应链的特性，管理者可以根据它判断企业的供应链流程设计是否与产品类型一致，也就是基于产品的供应链设计策略：有效性供应链流程适于功能性产品，反应性供应链流程适于革新性产品，否则就会产生问题。

三、供应链网链的构建原则

在供应链的设计过程中，我们认为应遵循一些基本的原则，以保证供应链的设计和重建能满足供应链管理思想。

1. 自顶向下和自底向上相结合的设计原则

在系统建模设计方法中，存在两种设计方法，即自顶向下和自底向上的方法。自顶向下的方法是从全局走向局部的方法，自底向上的方法是从局部走向全局的方法；自上而下是系统分解的过程，而自下而上则是一种集成的过程。在设计一个供应链系统时，往往是先由最高管理层作出战略规划与决策，规划与决策的依据来自市场需求和企业发展规划，然后由下层部门实施决策，因此供应链的设计是自顶向下和自底向上的综合。

2. 简洁性原则

简洁性是供应链的一个重要原则，为了能使供应链具有灵活快速响应市场的能力，供应链的每个节点都应是精简、具有活力、能实现业务流程的快速组合。比如供应商的选择就应以少而精的原则，通过和少数的供应商建立战略伙伴关系，来实现减少采购成本，推动实施 JIT 采购和 JIT 生产。生产系统的设计更是应以精细思想（Lean Thinking）为指导，努力实现从精细的制造模式到精细的供应链转变这一目标。

3. 互补性原则

供应链的各个节点的选择应遵循"强-强联合"的原则，达到实现资源外用的目的，每个节点企业只集中精力致力于各自核心的业务过程，就像一个独立的制造单元（独立制造岛），这些单元化节点企业具有自我组织、自我优化、面向目标、动态运行和充满活力的特点，能够实现供应链业务的快速重组。

4. 协调性原则

供应链业绩好坏取决于供应链合作伙伴关系是否和谐，因此建立战略伙伴关系的合作是实现供应链最佳效能的保证，最终形成充分发挥系统与环境的总体协调性。只有和谐而协调的系统才能发挥供应链最佳的效能。

5. 动态性原则

不确定性在供应链中随处可见，许多学者在研究供应链运作效率时都提到不确定性问题。而不确定性的存在，会导致需求信息的扭曲。因此要预见各种不确定因素对供应链运作的影响，减少信息传递过程中的信息延迟和失真。例如，降低安全库存总是和服务水平的提高相矛盾，因此供应链需要增加透明性，减少不必要的中间环节，提高预测的精度和时效性都是极为重要的。

6. 创新性原则

创新性是供应链系统设计的重要原则，没有创新性思维，就不可能有创新的管理模式。因此在供应链的设计过程中，创新性是很重要的一个原则。要产生一个创新的系统，就要敢于打破各种陈旧的思维框架，用新的角度、新的视野审视原有的管理模式和体系，大胆进行创新设计。进行供应链创新设计，需要注意几点：一是创新必须在企业总体目标和战略的指导下进行，并与供应链整体战略目标保持一致；二是要从市场需求的角度出发，综合运用供应链核心企业的能力和优势；三是发挥各节点企业各类人员的创造性，集思广益，并与其他企业共同协作，发挥供应链整体优势；四是建立科学的供应链评价体系及组织管理系统，进行供应链运作的技术经济分析和可行性论证。

7. 战略性原则

供应链的构建应具有战略性观点，通过战略的观点考虑减少不确定影响。从供应链战略管理的角度考虑，供应链建模的战略性原则还体现在供应链发展的长远规划和预见性。例如，供应链的系统结构发展应和核心企业的战略规划保持一致，并在核心企业战略指导下进行。

下面我们看一个某造船厂的供应链网链构建完成后的实例。如图9-3所示是某造船厂供应链网链结构图。

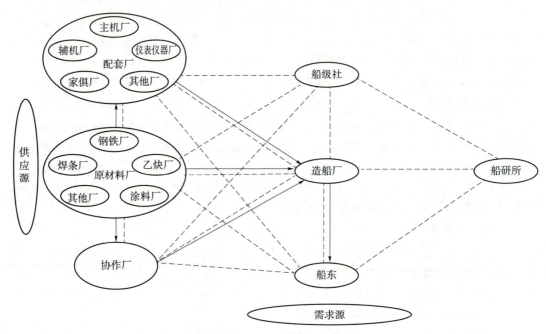

图9-3 某造船厂供应链网链结构图

从图中我们可以看出，造船具有大型复杂组装件定制生产的特点，其供应链结构有别于一般工业品的供应链。船舶生产的驱动力来自其供应链的最终用户——船东，造船厂按船东要求进行船舶设计，向上游配套厂采购原材料、设备和舾装件，向专业公司提出协作要求，经过逐级制造和装配，最终试航和交船。在此过程中，造船厂和有关单位的生产活动除满足船东要求外，还要符合相应船级社的规范。因此，其供应链结构的供需网络就是将原材料、设备、舾装件等配套企业的产品配套，经由某些协作厂的相关合作，由造船厂加工成各制造级的组件、部件、分段，并最终组装完整船舶产品送到船东手中。

造船厂供应链的结构不仅与其他行业的供应链结构有明显区别，且在不同的造船模式下，其供应链结构也不完全相同。由于不同的造船模式是在不同的技术推动下产生的，其船舶建造的方式有明显的区别，造船厂的工作重心不同，其供应链各节点企业的地位和职能范围不同。

供应链管理发展到今天，已经不仅仅是一种生产方式，而是一种管理思想，一种管理原则。现代企业必须将供应链管理的实施上升到企业战略的高度，才能充分发挥出供应链管理的强大生命力。

知识拓展

供应链企业联盟的新模式——虚拟供应链

虚拟供应链的概念最早在 1998 年由英国桑德兰大学电子商务中心在一个名为"供应点"（Supply Point）的研究项目中被提出。该项目旨在开发一个电子获取系统，以使最后客户能够直接从中小企业组成的供应链虚拟联盟中订货，并称之为虚拟供应链。它可以被看作是：合作伙伴基于专门的信息服务中心提供的技术支持和服务而组建的动态供应链。

虚拟供应链一般是一种网状结构，因此它的体系结构是以虚拟供应链信息服务中心的服务系统作为支撑，包括客户、供应商、制造商、承运商、分销商、零售商和其他合作伙伴等参与者。它可以从目标、任务、信息和技术等方面来描述。

基于虚拟供应链的体系结构，虚拟供应链的运作模式可以分为七个步骤：

（1）市场信息获取；

（2）虚拟供应链发起与组织；

（3）合同投标与获取；

（4）产品制造与递送；

（5）售后服务与产品回收；

（6）利益分配；

（7）虚拟供应链的解散。

虚拟供应链作为一种现代的企业供应链联盟模式，对于降低供应链成本、提高响应速度和效率、提高产品和服务质量，进而高质量、快速和廉价地满足客户需求有着重要的意义。

德育之窗

香港机场国际货运中心的智慧物流供应链建设

香港机场货运中心是现代化的综合性服务货运中心，它的物流实现了高度的自动化，如在其 1 号货站，货运管理部对需要入库的货物按标准打包；之后，一般规格的包装通过货架车推到一列摆开的进出口，在电脑输入指令，货架车就自动进入滚道，运送到六层楼高布满货架的库房，自动进入指定的仓位。

需要从库房提取的货物，也是通过电脑的指令，货物自动从进出口输送出来。巨型的货架，则用高 3 米宽 7 米的升降机搬运到仓库的货架。搬动货物主要用叉车、拖车，看不到人工搬运。

传统物流供应链业务与现代智慧物流供应链有很多不同。传统物流供应链的基本要求是做好货物的保管和运输，现代智慧物流供应链则包括运输、装卸、保管、加工、包装、配送、信息网络等，其要求是通过整体科学管理使物流过程做到最优化。基于此，现代化的香港机场国际货运中心，必须是具备地点适中、一定的规模、完整的配套设施、拥有专业人才等条件，并不断提高信息化、现代化和国际化水平，以实现其智慧物流供应链上的商流、物流、信息流、资金流的四流合一。

课堂笔记

任务 9.3 管理供应链

【任务目标】

以学习小组为单位，设置你们的供应链管理部门，增进对供应链联盟和业务外包的理解，能够计算并优化供应链联盟和业务外包方案，培养团队合作精神和分工、协调能力。

【任务内容】

提起中国的第三方物流企业，业内许多人士会提及宝供物流公司。由于遵循了现代物流发展理念，在短短不到 10 年的时间内，宝供物流公司完成了从储运、第三方物流到供应链服务的三级跳，一跃成为国内领先的现代化物流企业集团。近年来，宝供物流公司开始向提供"增值化的供应链一体化"物流服务方向努力，并将物流基地的建设作为提高其供应链服务能力的重要突破点。

宝供物流公司建设中的物流基地，将是集配送、分拣、拼装和简单加工等功能为一体的一站式物流中心，还附加了基于进出口业务的保税、通关、检验检疫和国际金融结算等功能。另外，由于生产商和供应商的产品都在宝供物流的基地集散，因而其基地也是一个采购平台。利用这些基地，宝供物流公司为客户减少了大量的搬运环节，降低了物流成本，自身也通过增值服务获取更多的利润。宝供物流公司之所以花这么多资源在其物流基地的建设上，是因为随着物流市场竞争的激烈，客户对物流服务的要求也越来越高。随着客户越来越看重物流供应商小批量、多批次、多品种的配送方式和快速反应的能力，这就要求宝供物流公司对物流的各环节进行高度整合，以提高效率。宝供建设物流基地就是为了适应这种需要。实际上，物流基地建设这么受重视，还在于宝供将此作为其向"增值化的供应链一体化"物流服务提供商转型的重要载体。

截至目前，宝供物流公司的转型已取得了一定的成绩：联合利华公司整个工厂的仓库管理都在由宝供物流公司来做，像飞利浦照明、红牛饮料的整个供应链业务更是都交给了宝供物流公司。（资料来源：https：//news.56ye.net/show-2142-1.html，有改动）

请各学习小组完成以下任务：

（1）讨论宝供物流公司供应链管理合理化的方案，找出该公司供应链管理的首要目标。

（2）对宝供物流公司向"增值化的供应链一体化"服务领域业务拓展进行讨论和分析，提出优化解决方案，并书面表达。

【组织过程】

（1）以学习小组为单位，事先收集资料或进行供应链联盟和业务外包合理化调研，了解供应链联盟和业务外包合理化的注意事项；在此基础上模拟供应链联盟和业务外包岗位的工作流程，并运用相关知识制定供应链联盟和业务外包优化策略，对供应链联盟和业务外包工作进行分析。

（2）通过小组讨论与研究，小组成员分别扮演供应链管理部门、供应链联盟和业务外包岗位的不同角色，其中一位同学扮演负责人，负责设置过程的说明工作。

【考核指标】

考核指标如表9-7所示。

表9-7　考核指标

考核项目	考核要求	分值	得分
供应链联盟和业务外包岗位分析材料	完成任务内容中供应链管理部门、供应链联盟和业务外包岗位设置，内容包括岗位名称、岗位目标、岗位职责及对管理人员的要求等，要求方案采用书面形式呈现，内容全面、完整	40	
现场讨论供应链联盟和业务外包管理方式的优劣势，并分析寻求优化方案	讨论并分配小组成员在任务内容中供应链联盟和业务外包管理部门扮演的角色，制定供应链风险管理和优化配置策略，分析寻求方法，要求口头描述，内容全面、完整	20	
设置方案汇报	由小组负责人带领成员汇报供应链联盟和业务外包管理合理化的分过程，要求表达清晰、完整、有效	20	
团队精神	通力合作、分工合理、相互补充	10	
	发言积极，乐于与同学分享成果，组员参与积极性高	10	

【知识讲解】

一、供应链管理环境下的企业业务外包

供应链管理注重的是核心企业核心竞争力，强调根据核心企业的自身特点，专门从事某一领域、某一专门业务，在某一点形成自己的核心竞争力，这必然要求核心企业将其他非核心竞争力业务外包给其他供应链节点企业，即所谓的业务外包。

微课9-3
供应链管理

传统纵向一体化模式已经不能适应目前技术更新快、投资成本高、竞争全球化的制造环境，现代企业应更注重高价值生产模式，更强调速度、专门知识、灵活性和革新。与传统的纵向一体化控制和完成所有业务的做法相比，实行业务外包的核心企业更强调集中企业资源于经过仔细挑选的少数具有竞争力的核心业务，也就是集中在那些使他们真正区别于竞争对手的技能和知识上，而把其他一些虽然重要但不是核心的业务外包出去，从而使核心企业的供应链运作提高到世界级水平。

使多家公司的优秀人才为我所用的概念正是业务外包的核心，其结果是使现代企业供

应链运作模式发生了根本的变化。企业内向配置的核心业务与外向配置的业务紧密相联，形成一个关系网络（即供应链）。企业运作与管理也把"控制导向"转为"关系导向"。在供应链管理环境下，企业成功与否不再由纵向一体化的程度高低来衡量，而是由整个供应链企业积聚和使用的知识为产品或服务增值的程度来衡量。核心企业在集中资源于自身核心业务的同时，通过业务外包利用其他企业的资源来弥补自身的不足，从而增强其竞争优势。

1. 供应链业务外包的原因

业务外包推崇的理念是，如果核心企业在供应链上的某一业务活动不是最好的，如果这又不是其核心竞争优势，如果这种业务活动不至于与其客户分开，那么可以把它外包给市场上最好的专业公司去做。也就是说，首先确定核心企业的核心竞争力，并把该企业内部的知识和资源集中在其具有核心竞争优势的活动上，然后将剩余的其他业务外包给市场上最好的专业公司。

供应链环境下的资源配置决策是一个增值的决策过程，如果企业能以更低的成本获得比自制更高价值的资源，那么企业将会选择业务外包。

以下是促使核心企业实施业务外包的原因。

（1）分担风险。

核心企业可以通过外向资源配置来分散由政府、经济、市场、财务等因素产生的经营风险。核心企业本身的资源、能力是有限的，通过资源外向配置，与外部的供应链合作伙伴分担风险，核心企业可以变得更有柔性，更能适应变化的外部环境。

（2）加速业务流程重组。

核心企业业务流程重组需要花费很多的时间，并且获得效益也很漫长，而业务外包则是核心企业业务流程重组的重要策略，可以帮助核心企业有效地进行业务流程重组。

（3）使用核心企业自身不拥有的资源。

如果核心企业没有有效完成业务所需的资源（包括所需现金、技术、设备），并且不能盈利时，核心企业也会将业务外包。这是核心企业业务短期外包的原因之一，但是其必须同时进行成本/利润分析，确认在长期情况下这种业务外包是否有利，由此决定是否应该采取供应链业务外包策略。

（4）降低和控制成本，节约资本资金。

许多供应链外部资源配置服务提供者都拥有能比核心企业更有效、更便宜的完成该外包业务的技术和知识，因而他们可以实现规模效益，并且愿意通过这种方式获利。同时，核心企业可以通过供应链业务外包进行外向资源配置，以避免其在设备、技术、研究开发上的大额投资。

2. 供应链业务外包的主要方式

在实施供应链业务外包活动中，确定核心企业的核心竞争力是至关重要的。因为在没有认清什么是其核心竞争优势之前，核心企业从业务外包中获得的利润几乎是不可能的。

核心企业的核心竞争力首先取决于知识，而不是产品。因此，其业务外包主要包括以下几种方式。

（1）临时服务和临时工。

一些企业在完全控制其主产品生产过程的同时，会外包一些诸如自助餐厅、邮件管理、门卫等辅助性、临时性的服务。同时该企业往往更偏向于使用临时工（指合同期短的临时职工），而不是雇佣工（指合同期长的稳定职工）。核心企业用最少的雇佣工，最有效地完成规定的日常工作量，而在有辅助性服务需求的时候雇用临时工去处理。因为临时工对失业的恐惧或报酬的重视，使他们对委托工作认真负责，从而提高工作效率。这样核心企业可以缩减过量的经常性开支，降低固定成本，同时提高企业劳动力的柔性，提高生产率。

（2）子公司网。

为了夺回以往的竞争优势，大量的企业将纵向一体化的企业组织分解为独立的业务部门或公司，形成母公司的子公司网。就理论上而言，这些独立的部门性公司几乎完全脱离母公司，变得更加有柔性、效率和创新性，同时，因为减少了纵向一体化环境下企业官僚作风的影响，使其能更快地对快速变化的市场环境作出反应。

在高科技领域，要获得竞争优势，企业就必须尽可能小而有柔性，并尽可能与其他企业建立合作关系。1980 年，当时 IBM 公司为了在与苹果公司的竞争中取胜，将公司的 7 个部门分解出去，创立了 7 个独立的公司，IBM 公司的这些子公司网更小、更有柔性，能更有效地适应不稳定的高科技市场，这使 IBM 公司迸发出前所未有的创造性，最终导致 20 世纪 80 年代 IBM PC 的伟大成功。

（3）除核心竞争力之外的完全业务外包——转包。

业务外包的另一种方式是转包合同。在通信行业，新产品寿命周期基本上不超过 1 年，美国 MCI 公司就是靠转包合同而不是靠自己开发新产品在竞争中立于不败之地的。该公司的转包合同每年都在变换，他们有专门的小组负责寻找能为其服务增值的外包企业，从而使 MCI 公司能提供最先进的服务。例如，该公司的通信软件包都是由其他企业完成的，而该公司的核心业务是将所有通信软件包集成在一起，来为其客户提供最优质的服务。

3. 全球范围的供应链业务外包

在世界经济范围内竞争，核心企业必须在全球范围内寻求业务外包。在全球范围内对原材料、零部件的配置，正成为核心企业国际化进程中获得竞争优势的一种重要技术手段。目前，全球资源配置已经使许多行业的产品制造国的概念变得模糊了。原来由一个国家制造的产品，可能通过远程通信技术和迅捷的交通运输成为跨国组装而成的产品，而其开发、产品设计、制造、市场营销、广告等功能，则是由分布在世界各地的供应链外包企业完成的。

例如，美国通用汽车公司的"凯越"轿车已经不能简单定义为美国制造的产品，它的组装生产是在中国大陆完成的，发动机、车轴、电路是由日本提供的，设计工作在德国，其他一些零部件来自新加坡和日本，西班牙提供广告和市场营销服务，而数据处理在爱尔兰完成，其他一些如战略研究、律师、银行、保险等支撑服务，则分别由美国底特律、纽约和华盛顿等地提供。最终，美国通用汽车公司的"凯越"轿车只有大约占总成本 35% 的成本发生在美国本土。

同时，核心企业的全球业务外包也有复杂性、风险和挑战。首先，国际运输方面可能遇到到达地区的限制；其次，订单和再订货可能遇到配额的限制；另外，汇率变动及货币的不同也会影响公司收付款的正常运作。因此，核心企业的全球业务外包需要有关人员具备专业的国际贸易知识，包括国际物流、外汇、国际贸易实务、国外供应商评估等方面的知识。

当然，没有信息技术的快速发展，就没有全球业务外包的迅速普及。据一项调查表明，信息技术大约占所有业务外包开支的 28%，几乎每一家实行全球业务外包的核心公司都把自己信息部门的某些职能外包出去了。美国有关部门的调查报告显示，该国实行业务外包公司 2022 年用于信息技术方面的业务外包开支比上年高出 12%。外包可能性仅次于信息技术的职能是财务和人力资源管理。不过这两种职能的平均年度外包开支还不到信息技术部门的 1/3。

全球业务外包源于信息技术的推动，从根本上说，还因为信息技术为企业全球业务外包的快速运行提供了必不可少的载体。即便不搞信息技术的业务外包，其他诸如制造业务、财务、行政管理等外包，都离不开信息载体的运作，特别是营销业务中的电子商务销售外包，更需要先进的信息技术运载。所以核心企业推行全球业务外包，前提是必须建立好自己的信息系统，并充分利用互联网，使自己的商业经营融入全球信息网络之中。只有这样，才能为成功的供应链业务外包创造必要条件。

二、供应链联盟——各个环节有机链接的基本策略

微课9-4 供应链技术应用

核心企业必须考虑供应链整体集成问题，以实现其供应链上各个环节的有机连接。这种连接目的是实现物流、商流、信息流以及资金流在整个供应链上合理、快速、准确的流动。因此，要实现核心企业供应链上各个环节的有机链接，必须在其供应链上建立一种有效的信息传递方式。要做到这一点，需要考虑以下问题：

（1）合理设定不同环节的衔接界面。

（2）对各个环节信息沟通方式及信息内容进行统一化、标准化。

（3）建立整个供应链上各个成员间的有效的合作机制。

一个核心企业供应链的起点是市场需求信息，由需求启动生产，由生产计划启动物流的运转。我们可以使用"供应链联盟"策略，来进行核心企业供应链各个环节的有机链接。如果供应链的最终客户要得到最好的产品或服务，那么供应链联盟的各方必须共同工作，精诚合作，从而使有关各方都能在供应链整体的成功中获得利益。

1. 供应链联盟成员关系的改善

实现供应链联盟合理的运作，关键是改变供应链联盟各成员的关系。具体包括以下五个阶段：

（1）内部承诺和团队组建。

为了实现供应链联盟，核心企业内部承诺和团队组建是第一步。其内部团队的成员必须有来自高层的授权和能加速后续阶段供应链联盟运行所需要的专业知识。具体地说，该内部团队应该包括：利益相关者、技术专家、组织专家、高层管理者、强有力的领导以及合适的规模（8~10人）。

（2）合作伙伴的选择。

对于发展供应链联盟长期合作关系来说，提供最低价格的企业不一定是最合适的。识别合适的伙伴需要对其能力进行更加广泛的考察。考察的具体内容包括：原材料和零部件供应环节中供应商的地理位置、绩效表现、技术能力、行业地位和传递信息能力等；原材料和零部件的费用、质量、重要性和可获得性等；配送环节中的成品库存容量、周转周期和费用等，配送的能力、费用、周期和传递信息能力等；销售环节中的销售渠道通顺度、销售费用和信息传递能力等，销售点的地理位置与地理分布情况等；服务环节中的客户服务能力、响应时间、费用、服务地点和传递信息能力等信息。

（3）供应链联盟成员间的承诺和联合团队的组建。

这个阶段的重点是得到供应链联盟各个成员间建立长期合作伙伴关系的正式承诺，签订"供应链联盟合作伙伴协议"，定下合作的基调，巩固各成员的关系。这个阶段的联合团队成员同第一阶段相似，有利益相关者代表（包括关键的业务人员）、技术专家、组织专家、各方高层代表、强有力的领导或协调者，以及合适的团队规模。这个阶段签订的协议主要包括：原则的陈述、承诺、目标、利益的分享、期望、保密性、回顾程序、联合团队成员以及终止条款等。

（4）绩效衡量以及改进计划。

绩效的衡量主要考虑供应链管理中各个环节是否达到预期的效果。绩效衡量的定量化方法有很多种，可以参考管理学中的许多方法。

（5）行动实施和过程回顾。

供应链联盟的各个成员在行动实施阶段，最重要的是通过合作达到互利和整合联盟的竞争优势。该阶段的要点包括：明确每一步行动的目标和时间范围，把责任分配给供应链联盟团队的各个成员；制订出详细的计划，包括供应链各个联盟成员采取的行动的目标、时间和次序；由供应链联盟各成员的高级主管定期召开会议，作出详细工作进程的简要报告；定期召开业务会议，保持供应链联盟各成员间的信息通畅，使各成员有家庭成员的感觉。

2. 供应链联盟的性能评价

检验和评价供应链联盟的性能是联盟管理中的一项重要内容，其性能评价的关键指标有：速度、柔性、质量、成本、服务和库存水平。

（1）速度。

速度是指原材料、零部件、最终产品、各种信息流经过供应链联盟的快慢程度。它反映了供应链联盟的运作效率。在一个拥有高速度的供应链联盟中，每一事件都能迅速运动，快速完成，从而使其供应链产出时间缩短，库存水平和产品成本降低，生产效率提高。

（2）柔性。

柔性是指供应链联盟响应新的市场需求或需求变化时的能力，包括设计柔性和生产柔性。设计柔性是联盟设计新产品和改进现有产品的能力；生产柔性是联盟快速改变产品品种来进行组合生产的能力。

（3）质量。

质量是指供应链联盟设计、出售、生产、交付产品、售后服务和传递信息的优良程度，它是用来检验信息、产品、零件等与其预期要求符合的程度，包括外形、适用性、功能、可靠性、一致性和精度等。

（4）成本。

成本是指供应链联盟产品流动的费用，供应链联盟中物料的流动是一个价值增值的过程，单位产品价值增值量是其生产率的量度。

（5）服务。

服务是指包括在规定的交货期内的产品交付率，未及时交付时的处理方式，售后服务的态度等供应链联盟服务质量。用户满意是供应链联盟的最终目的，用户满意度通常就是以用户服务质量来检验的。

（6）库存水平。

供应链联盟的库存水平包括原材料库存、生产过程中的中间产品库存和最终产品库存，还包括供应链联盟中不同层次、不同地点间的仓储和配送中心、库存消耗成本等。所有的联盟企业都希望将库存降低到最低水平，同时又必须保留一定的安全库存，以保证必要的需求柔性。适量的库存是保证供应链联盟柔性的重要因素。

供应链联盟必须在速度、柔性、质量、成本、服务和库存水平六个方面都设计得完善、合理，才能为供应链联盟各个成员企业带来经济效益，为顾客提供优质的产品与服务。

三、供应链联盟双赢策略

双赢源于英语"Win-Win"，这主要是针对单纯的输赢关系（Lose-Win）而言的。单纯的输赢关系认为市场中的各个企业的竞争只出现一种结果，即一方损失而另一方收益。在这种观念下的供应链，必然存在虽然局部优化但供应链全体未达到最优的问题。

微课 9-5
常用供应链
管理工具

1. "单赢"的弊端

首先，单赢的思想会导致需求商的投机行为。如果供应链中的需求商只意识到他们自己的直接环境和经营压力，那么就必然存在追求其局部最优化的倾向。这种倾向还经常受到供应链成员企业内部评价和报酬系统而强化。例如，核心企业的采购者由于连续降低采购商品的单位成本而得到奖励，而并不了解供给的总成本与质量和交货要求的"二律背反"效应，那么采购者有可能投机取巧，频繁地变动供应商。

其次，单赢的思想会导致供应商的投机行为。如果供应商受到需求商的投机对待，那么他们别无选择，只能利用虚假现象寻求投机交易，因为可能没有第二次收益的机会。这样的供应商不会投资来提高业绩水平、产品质量，他们会把这种投机机会保留起来，用作下一轮的价格谈判。

最后，供应链核心企业在寻找"一次性交易"合作商的过程中会导致大量的资源浪费。如果没有长期、固定的合作伙伴，那么核心企业就会频繁地寻找"一次性交易"的合作商。这种"一次性交易"内在的不确定性和较低的成功率，核心企业必然会过多地分配资源来寻找，从而导致大量的资源浪费。

综上所述，供应链的各个成员必须考虑"双赢"策略来避免资源的浪费。供应链的各个成员这样做不仅满足客户的直接需求，也符合供应链整体的长期利益。因为长期竞争与短期行为不同，短期内一个供应商或客户可能会因为失去竞争力而被取代，但是在供需情况基本平衡的长期竞争下，如果整个供应链实力太弱，不具备竞争力的话，他们将被整体淘汰。因此，合作的"双赢"策略是供应链各个成员的首选策略。

2. 战略合作伙伴关系的构建

战略合作伙伴关系具有的优点包括：能够获得世界级的质量标准，提供优质的产品或服务；缩短提前时间，增强对市场波动反应的灵活性；减少库存、管理好成本和节省资金；能够通过供应链各方长期信息交流的合作更好地进行计划；减少制造商生产故障时间，增加生产能力；减少进入市场时间，即减少向市场介绍新产品和服务所需的时间；能够借助来自客户和供应商良好的信息进行创新，并可以从各方获得技术资源。

总之，结成战略合作伙伴关系的基础就是供应链各方的信任。信任需要花很长时间才能建立起来，而供应链任何一方的不理智行为就将破坏整个供应链的战略合作伙伴关系。战略合作伙伴关系是指供应链各个成员间建立的长期亲密关系，供应链的各个成员以"合作优于相互竞争"为原则，像伙伴一样合作，以获得最可能的商业利益。

知识拓展

供应链上的"囚徒困境"及其应对策略

1950年，弗勒德和德雷希尔提出"囚徒困境"理论：两个嫌疑犯被警察抓住，面临以下的选择：若一人认罪并检控对方，而对方保持沉默，此人将获释，对方将判刑5年。若二人都保持沉默，则二人都同样判刑6个月。若二人都互相检举，则二人同样判刑2年。此时，二人的理性思考都会得出相同的结论——选择背叛，结果二人同样服刑2年。

囚徒困境是博弈论的非零和博弈中具代表性的例子，反映个人最佳选择并非团体最佳选择，供应链上的各环节也会频繁出现类似情况。

供应链管理把企业资源的范畴从过去单个企业扩大到整个社会，利用信息技术，通过改造和集成业务流程，与供应商、经销商、零售商和客户结成伙伴关系，供应链管理协调了供应链上参与者之间的物流、信息流、资金流和工作流，具有结构模式复杂、动态适应市场需求变化、面向用户需求、众多链条形成交叉结构等基本特征。在"囚徒困境"视角下，供应链上各环节在合作的同时，也将产生非理性博弈的风险。风险厌恶是供应链形成的重要原因，通过风险共担来减少可能的损失。

在供应链上，各节点合作者必须是可信和可靠的，并必须为他们的行为负责，必要时应采用增加"监督者"的制度安排（如供应链上增加"ISO 9001 质量体系认证"等第三方认证）。"监督者"嵌入供应链以实现其风险的最有效分布，此制度安排会增加供应链交易成本，作为一时应急措施尚可，并非长远的最优供应链安排。

供应链各环节之间存在"竞争-合作"的博弈关系的原因在于供应链各环节存在信息不对称，一个主要表现为"囚徒困境"博弈。由于在先前重复的博弈中建立了信任，因此供应链中某环节背叛的可能性可以被供应链合作的收益所削弱。

供应链"囚徒困境"博弈对策主要有以下三点。

1. "多赢"策略

供应链的优势来自各环节的功能整合与区域整合，"囚徒困境"的反复博弈可以改善不合作的一次博弈结果，合作者将会获得更多的收益。

2. 创造良好的道德文化氛围

"囚徒困境"说到底也是一种道德困境，需要从根本入手，创造良好的供应链道德氛围，形成良好的合作文化，以追求供应链整体利益最大化。

3. 增加共享信息

在供应链视角下，需求信息和供给信息不是逐级传递的，而是网络传递的，应该存在"共享信息"。共享信息包括：质量控制消息、库存信息、订单信息、生产信息、产品信息和物流信息。供应链各节点企业可以通过集成化的供应链信息系统，快速掌握供应链不同环节的各种信息，从而避免信息失真现象，实现供应链的"可视化"。

今天的竞争已经走向了供应链的竞争，对每个企业来说，参与供应链的同时必须规避风险，尤其要避免"囚徒困境"的多输结局，制定其供应链"囚徒困境"风险对策。

德育之窗

基于"极短生命周期的鲜销供应链"的食品安全建设

在欧美国家，家庭主妇们平均每周采购一次食品，冷冻加工的半成品或成品成为采购目标；而在中国则是另外一种情况，家庭主妇们每天都要采购新鲜的食物：蛋、奶、肉类、豆制品等。造成这种现象的原因有两条：第一，在繁忙的现代生活里，欧美国家的家庭主妇们对半成品、成品食物的依赖程度越来越高；第二条，中国人习惯于新鲜食品，比较讲究生与鲜，每天必须采购新鲜食品。所以在我国，以生鲜食品经营为主的中小型超市和农贸市场更受到消费者欢迎。

中国人的消费观念，造成了许多食品以鲜销为主的非标准的鲜销供应链模式。这种模式的特点是食品基本上只有一天、最多两三天的寿命；消费者基本上是以"天"为单位进行购买，而厂家也基本上以"天"为单位进行生产。这种鲜销供应链模式基本上没有什么商品库存可言，因为当天卖不掉的话就只能扔掉或做动物饲料了。

对于鲜销食品供应链的下游零售商，经营、管理是一门很大很复杂的学问；而鲜销食品供应链的上游制造商，找到一个好的管理模式也并非易事。在中国，许多生鲜食品的生产商（农民）和食品加工商都是从有几百年甚至上千年传统的旧式生产方式脱胎而来，在面对全球化浪潮袭来的今天，他们要如何跟上整个鲜销供应链发展的脚步呢？

1. 加强供应链的合作和共享

未来鲜销供应链的发展趋势之一是加强供应链的合作和共享。随着供应链长度的增加，各个环节之间的信息不对称和资源浪费的问题日益凸显,因此,鲜销供应链需要加强各参与方之间的合作和共享。通过建立联合运营机制和信息共享平台,实现各参与方之间的信息共享和协同配合,提高整个鲜销供应链的效率并且降低成本。

2. 物流配送的智能化和自动化

未来鲜销供应链的另一个发展趋势是物流配送的智能化和自动化。随着物流配送技术的不断升级,未来物流配送将更加智能化和自动化。通过引入自动化设备和机器人等技术,实现无人化配送,从而降低劳动力成本,提高配送效率和准确度。

3. 优化冷链物流体系

冷链物流是保证鲜销食品品质和安全的关键环节。未来,鲜销供应链需要优化冷链物流体系,提高温度和湿度控制技术,完善冷链设备和运输工具,以保证鲜销食品在运输过程中的品质和安全。

鲜销供应链模式一般要求按订单生产。从接到订单生产,再通过物流配送把成品送到超市的货架上,总的时间越短越好。时间越短意味着摆在最终消费者面前的产品越新鲜,越有竞争力。

未来鲜销供应链的发展趋势是智能化、自动化、绿色化和共享化。通过科技的发展和技术的应用,鲜销供应链将会实现更高效、更便捷、更安全和更可持续的发展。

【思考题】

(1)试述供应链的概念及其核心思想。
(2)试述供应链合作关系的特征与优化策略。
(3)供应链管理环境下的企业业务外包的原因与主要方式。
(4)简述供应链网链的构建原则。
(5)请表述供应链联盟的双赢策略,如何构建战略合作伙伴关系。
(6)通过分析影响供应链管理精益化的因素,结合实际举例说明如何能做到供应链管理精益化。除教材所述,你是否有其他的合理建议。

知识讲解

供应链优化:设计企业供应链"应急预案",降低供应链风险

一、供应链结构设计

常见的供应链结构有以下两种:

一种是供应链纵向集成:一个高度纵向集成的企业,可以控制从原料准备到产品零售的全部行动。例如中国石油、中国石化这样的石油公司。纵向集成度高的企业往往组织庞大,管理机构复杂,导致反应速度慢等缺点。

另外一种是准时制供应链集成:其每一个环节紧密合作,信息畅通无阻而准确准时。准时制供应链集成适用于传统制造行业,例如汽车、计算机装配等行业,但其不适用于零售业。我国自从20世纪90年代以来,大量外资企业尤其是日韩汽车企业和家电企业,按照准时制原则建立并实施准时制供应链管理思想,并在国内很多行业得到全面的推广。

我国大量企业采用准时制供应链管理成为其参与国际竞争的有力手段。另外,中国石油、中国石化、国家能源集团等能源领域央企,通过投资或者并购等手段进行供应链纵向集成,以强化自己在国际能源领域的竞争力。

在供应链风险事件(如疫情等)冲击下,准时制供应链集成的零库存节点,必将产生

较大的风险。而少数央企采用的供应链纵向集成模式，也将面临冲击而需要进行供应链重构。

二、供应链风险分析

供应链的运营风险和突发事件的概率非常高。常见的突发事件主要有三类：主要供应商和经销商破产、欺诈或者罢工，来自客户的法律诉讼，IT 系统崩溃等；地震、海啸等自然灾害或者埃博拉、新冠病毒等突发公共卫生事件；战争、恐怖主义事件等。

企业供应链风险问题，一方面与生产技术落后有关，例如企业生产销售模式传统，没有使用大数据、物联网、在线销售等手段。另一方面是由于供应链管理不善造成的，例如企业没有供应链应急预案，供应商来源分散，片面实施零库存管理等。其中，生产技术只占很小一部分，大部分是管理问题，只有加强供应链安全管理，建立公共卫生事件等供应链应急安全管理预案，辅之以技术手段，才能最大限度减小疫情对企业供应链的冲击，减少经济损失。

三、供应链风险缓解对策——企业供应链应急预案

企业供应链应急预案是一个崭新的供应链安全管理模式，它能有效地克服旧的安全管理模式的弊端，使企业的供应链安全管理从被动状态转变为主动状态。

企业建立供应链应急预案的对策如下。

（1）成立组织，确保资源支持。首先成立供应链应急领导小组，负责对供应链应急预案工作的组织领导，核准各阶段的工作计划；定期召开供应链应急工作例会，对企业供应链风险的鉴别，应急预案启动工作进行具体的部署。

（2）领导重视，全员参与。建立和实施供应链应急体系首先从责任上抓住各层次的负责人，加强岗位职责，建立监控机制，确保获得预期的安全绩效。

（3）稳步推进，讲究实效，不断追求新目标。企业不断完善预案，降低风险，为企业供应链运行提供安全保障。

供应链应急预案能够在企业供应链管理中起着关键的作用，较其他管理体系更有效地应对疫情等突发事件的冲击，以减少经济损失和保障企业健康运行。

思考题：

企业供应链风险管理需要注意哪些事项？

【综合实训】

一、实训目的

（1）通过供应链运作模拟，对"啤酒游戏"分析、讨论，加深对供应链的认识，认知供应链"长鞭效应"的含义。

（2）通过啤酒游戏分析锻炼学生的思维能力和演讲能力。

二、实训内容

棋子、订单、库存记录表若干；多媒体教室。

在"啤酒游戏"里，从产/配销的上游到下游体系，有三种角色可让你来扮演，依次为：

（1）啤酒制造商；

（2）啤酒批发商；

（3）零售商。

这三个供应链节点角色之间，透过订单/订货来沟通。也就是说，下游向上游下订单，上游则向下游供货。"啤酒游戏"是这样进行的：有一群人，分别扮演制造商、批发商和零

售商三种角色，彼此只能透过订单、送货程序来沟通。各个角色拥有独立自主权，可决定该向上游下多少订单，向下游销出多少货物。至于终端消费者，则由游戏自动来扮演。而且，只有零售商才能直接面对消费者。通过模拟十周的产、配、销，会发现当消费者需求这个蝴蝶翅膀振动了一下，经由整个系统的乘数效应将产生很大的危机：一方面是零售商大量缺货，另一方面是制造商大量囤积存货。

解决"啤酒游戏"问题的关键杠杆作用往往来自新的思考方式。在人类系统中，人们常常不能发挥杠杆作用的潜力，找不到有效解决问题的关键，因为大家只在意自己的决策，而忽视这些决策如何影响他人。在"啤酒游戏"中，参与者本来有能力消除总是发生在极端情况下的不稳定局面，然而，他们没有这么做，因为他们不明白，造成这种不稳定局面的始作俑者恰恰是他们自己。

三、实训要求

（1）10人一组对"啤酒游戏"运行并进行讨论分析，并通过科学计算理解"长鞭效应"。

（2）抽取 1~2 个小组进行交流。每个小组需要选择"啤酒游戏"的解决方案，并说明选择理由、成果形式。

（3）教师对每一小组进行评分。

项目 10

掌握物流法规

【学习目标】

学习目标如表 10-1 所示。

表 10-1 学习目标

知识目标	技能目标	素质目标
(1) 了解物流法规的定义、组成部分和作用; (2) 掌握货物运输法规的内容; (3) 掌握货物仓储法规的内容	(1) 能够制定企业的运输合同; (2) 能够制定企业的仓储合同; (3) 能够明确物流法规中的责任人和债权人,并履行相应的责任和义务	(1) 培养学生法治意识; (2) 树立学生守法思维; (3) 贯彻物流法律法规的责任意识

案例导入

某物流有限公司诉吴某运输合同纠纷案

某物流有限公司(甲方)与吴某(乙方)于 2020 年签订《货物运输合同》,约定该公司的郑州运输业务由吴某承接。合同还约定调运车辆、雇用运输司机的费用由吴某结算,与某物流有限公司无关。某物流有限公司与吴某之间已结清大部分运费,但因吴某未及时向承运司机结清运费,2020 年 11 月某日,承运司机在承运货物时对货物进行扣留。基于运输货物的时效性,某物流有限公司向承运司机垫付了吴某欠付的 46 万元,并通知吴某,吴某当时对此无异议。后吴某仅向某物流有限公司支付了 6 万元。某物流有限公司向吴某追偿余款未果,遂提起诉讼。

思考:

(1) 通过阅读本案例思考吴某应履行什么义务,是否已经尽责?

(2) 思考吴某是否要向某物流公司进行赔偿?为什么?

任务 10.1　了解物流法律法规

课堂笔记

【任务目标】

通过本任务的学习,掌握物流中常用的法律法规,明确物流法律制度以及调整的对象,掌握物流法律法规在物流以及生活中的作用，从而培养学生识法、懂法。

【任务内容】

甲公司为某罐头生产商，乙公司为某物流服务商，专为甲公司等几家罐头生产商提供精细包装、仓储和定时配送服务。2023 年 6 月 2 日，乙公司将甲公司已加工好的罐头包装完毕后放入冷库储存。同年 7 月 4 日，由于断电原因，冷库长达两小时温度上升。7 月 5 日，当甲公司派人查看罐头时发现玻璃罐上有水珠，水果表面有黄斑点，甲公司速将罐头取样送市卫生防疫站化验，结果表明罐头质量严重下降，且存在酸腐等异味。乙公司为了避免纠纷，同意减少仓储费 2 000 元，并买下全部存货以由其负责处理。甲公司为了防止罐头继续变质，同意了这种办法，收回部分货款，但仍然造成一部分损失。罐头处理完毕后，甲公司要求乙公司赔偿损失，双方为此发生了纠纷。乙声称其已收购了甲公司的罐头，而因此承担了大部分损失，问题已经解决，甲公司再要求赔偿没有道理。甲公司则认为，将罐头卖给乙公司是为了防止损失继续扩大，乙公司的违约责任并未解除。

请各学习小组完成以下任务：

甲公司的经济损失应该由谁来承担？为什么？

【组织过程】

（1）事先收集资料或进行实地调研，了解物流法律法规的内容。

（2）小组成员分别扮演甲乙公司的成员进行辩论，讨论甲公司的经济损失如何处理，并进行汇报。

【考核指标】

考核指标如表 10-2 所示。

表 10-2　考核指标

考核项目	考核要求	分值	得分
物流法律主体分析	对物流法律主体进行分类，并举例说明	40	
物流经济纠纷判断	探讨物流企业经济纠纷的主要问题，并进行归纳总结	20	
设置方案汇报	由小组组长对上述问题进行汇报	20	
团队精神	通力合作、分工合理、相互补充	10	
	发言积极，乐于与同学分享成果，组员参与积极性高	10	

【知识讲解】

一、物流法律制度的概念及调整对象

物流活动涉及生产领域、流通领域、消费领域各个方面，物流业要有序健康的发展，必然受到相应法律规范的调整。但目前，我国对物流法律制度的研究还不多，关于是否会建立一个独立的法律部门尚没有权威性结论。但从法律层面调整物流活动是物流业发展的客观需要，随着物流业的发展，涉及的法律问题越来越多，必然要求国家尽快制定和完善物流方面的法律法规。

1. 物流法律制度的概念

物流法律制度是指调整在物流活动中产生的以及与物流活动相关的社会关系的法律规范的总和。

2. 物流法律制度的调整对象

物流法律制度应当是一个具有相对独立的法律规范集合体。相对独立性表现在其独特的调整对象上。由于物流关系涉及物流企业、客户、政府等主体，因此，物流法律制度的调整对象包括以下两类。

（1）横向物流法律关系。

横向物流法律关系是在物流企业之间以及物流企业与其服务对象之间因各种物流行为或服务而引起的各种经济关系。这类物流法律关系当事人根据平等、自愿原则就物流活动达成协议，若一方不履行义务，另一方可以要求其承担相应的责任。

横向物流法律关系与一般的民商事关系有所不同：一方面，物流法律关系至少有一方是物流企业，而不是任意的民事主体。另一方面，物流法律关系是体现特定的物流活动内容的财产关系，而不是任意的财产关系和人身关系。

（2）纵向物流法律关系。

纵向物流法律关系是国家在规划、管理以及调控物流产业或物流经济过程中发生的各种经济关系。这类关系属于行政法律关系范畴，但这类行政法律关系主体必须发生在行政主体与物流活动当事人之间。

二、物流法律制度的作用

市场经济是法制经济，各种经济活动和政府对经济的管理行为均应被纳入法制轨道。目前，制约物流业发展的一个主要原因是作为物流支撑要素的物流法规建设的落后。

对物流企业和物流从业人员来说，物流法律制度的基本作用是促进、保障物流活动的正常进行及维护有关当事人的合法利益。对政府管理来说，通过物流法律法规，可以规范各种物流行为，建立健康发展的现代物流业。

微课 10-1　物流法律制度的作用

1. 保护物流活动当事人的合法权利

物流法律首先是保护物流活动当事人的合法权利，这是法律的基本目的。一个良好的物流法律环境是从事物流经营活动和提供物流服务的重要基础，尤其是完善的物流合同法律制度，对保护当事人的合法利益最为重要。相对统一的物流法律制度可以实现通过公正的司法途径解决物流活动中的争议，充分保证受害人获得法律救济，保护当事人的合法权益。

2. 规范各种物流行为

物流本身有着广泛的内容，这使物流活动中所涉及的法律问题非常广泛，有关的法律、法规、公约在内容上也相应具有复杂性和多样性特点。一般来说，物流法律对各种物流行为的规范有两种机制：一是促使从事物流活动的企业和个人自觉遵守国家强制性规定；二是通过自愿达成的合同约束有关当事人。物流法律对各种物流行为的规范具体体现为：

（1）对基础物流行为的规范。

物品本身的流通要受到国家法律法规的约束。有的物品可以流通，有的物品法律限制其流通，有的物品被法律禁止流通，有的物品可以在国内流通却不能在国外流通，有的物品要根据政府间的协议满足一定条件才能流通等。因此，物品的运输、仓储、装卸、加工等物流活动均应在法律许可的范围内进行。

（2）对运输物流行为的规范。

运输作为物流的重要环节，要受到相应法律法规的制约。以水运为例，运输经营人的行为要受水上运输法律、港口航道安全管理和海事监督方面规定的制约。在国际水域航行要遵守海洋法公约、国际防污染公约、海上人命救助公约等规定。陆上运输、航空运输也具有针对运输工具的相应的法规。运输工具作为货物的载体，国家对其也有相应的规定，以保证货物顺利运达。

（3）对国际物流行为的规范。

现代物流在很大程度上是经济全球化的产物。国际物流的出现和发展使得物流超越一国和某一区域的界限而走向国际化。为与国际物流相适应，物流法律制度也出现国际化的趋势，表现在一定领域内为出现全世界通用的国际标准，包括托盘、货架、装卸机具、车辆、集装箱的尺度规格、条形码、自动扫描等技术标准和工作标准等，这些在很大程度上规范了国际物流行为。

国际物流必须经过口岸进出国境。货物、运输工具进出境的监管一方面体现国家的主权，另一方面又是国际物流的重要环节，是规范国际物流的重要制度之一，也是维护国际贸易正常秩序的需要。当然，货物、运输工具进出境的监管会影响物流的实现并影响物流的速度和效率。从发展物流角度看，在实现规范的同时，应该尽可能提高效率。

（4）对其他物流行为的制约。

物流活动的其他环节包括储存、装卸、搬运、包装、流通加工、配送、信息处理等。由于这些活动主要在国内进行，因此更多地受国内法规制约。但这也不是绝对的，如包装就需要根据贸易和运输的具体情况适用不同的规定，尤其应该符合进口国或地区有关法律要求。此外，信息处理既要适用国内法规，又要符合国际通用准则。

3. 促进物流业的健康发展

物流业的发展需要协调性、统一性和标准化，尽管这需要各方面的努力和协助，但政府的作用是至关重要的。政府要在政策、规划、立法及财政等方面给予支持，制定有利于物流业发展的技术政策及标准，加强和完善与物流相关的立法工作，促进物流市场体系的形成，为物流业创造有序竞争的环境，促进物流业的健康发展。

4. 增强我国市场经济活力

物流法律制度对正常经济交往中形成的物流法律关系和物流法律行为予以确认和规范，把经济活动控制在秩序范围内，以巩固经济关系。物流法律制度把现存物流关系和活动的准则抽象和概括为制度和行为模式，使之具有典型性和完善性，以指引分散的、具体的物流关系和活动向着有利于立法者期待的方向发展。特别是在物流关系刚刚形成的时候，这种引导性作用更为明显。

在社会变迁中，物流法律制度对物流关系因素的扶持，对落后因素的改造，可能加速经济变革或发展进程。建立完善的物流法律制度对于增强市场活力、促进我国市场经济健康发展具有重要作用。

三、物流法律关系

1. 物流法律关系的概念

法律关系是法律在规范人们行为过程中形成的一种特殊的社会关系，即法律上的权利义务关系。法律关系由法律关系的主体、内容、客体三个要素构成，缺少其中任何一个要素，都不能构成法律关系。

物流法律关系是指物流法律规范在调整物流活动过程中形成的具体的权利义务关系。物流法律关系同样是由主体、内容和客体这三个要素构成的。

2. 物流法律关系的构成要素

微课 10-2　物流
法律关系的
构成要素

法律关系构成要素是指法律关系中相互依存、相互制约、缺一不可的组成部分。法律关系由主体、客体、内容三要素构成。物流法律关系也是由物流法律关系的主体、物流法律关系的客体、物流法律关系的内容构成。

（1）物流法律关系的主体。

物流法律关系的主体是指参加物流法律关系、依法享有权利和承担义务的当事人。在物流法律关系中，享有权利的一方当事人称为权利人，承担义务的一方当事人称为义务人。根据我国相关法律规定，物流法律关系主体包括以下两种：

1）横向物流法律关系的主体。

① 法人。法人是物流法律规范所调整的特定社会关系的主体的主要部分。《中华人民共和国民法典》第五十七条规定："法人是具有民事权利能力和民事行为能力，依法独立享有民事权利和承担民事义务的组织。"法人包括企业法人、事业法人和机关法人。其中，企业法人是物流法律关系的最主要参与者，它通常以公司或者其他形式的企业和经济组织的形态出现，例如综合性的物流企业、航运企业、货运代理企业、进出口公司等。

② 其他组织。其他组织是指依法成立、有一定的组织机构和财产，但不具备法人资格、不能独立承担民事责任的组织。根据法律规定，其他组织的设立在程序上需履行法定的登记手续，经有关机关核准登记并领取营业执照后方可进行活动。不能独立承担民事责任是其他组织与法人的最根本区别。其他组织在对外进行经营业务活动时，如其财产能够清偿债务，则由其自身偿付；其财产不足以清偿债务时，则由其设立人对该债务承担连带清偿责任。其他组织必须按照相应的法律规定取得经营资质，才能从事物流业务。

③ 自然人。自然人是指按照自然规律出生的人。自然人具有民事主体资格，可以作为物流法律关系主体。一般而言，自然人成为物流服务的提供者将受到很大限制。现代物流涉及的领域较为广泛，自然人在特定情况下可能通过接受物流服务成为物流法律关系的主体。

2）纵向物流法律关系的主体。

① 国家行政机关。纵向物流法律关系主要表现为国家行政机关与物流企事业单位、其他组织之间的监督与被监督、管理与被管理的关系。国家行政机关是物流行政法律关系的必要主体。例如在物流活动中，经常会发生工商机关、运输管理部门等国家行政机关对物流企业的设立、变更、终止和整个物流活动进行监督管理而形成的各种法律关系。

② 物流企业。参与物流行政法律关系的物流企业包括各种物流公司、航运公司、货运代理公司、理货公司等。

③ 其他组织。在物流行政法律关系中，其他组织从事物流活动时，也要接受行政机关的监督、管理，因此，它们也成为物流行政法律关系的主体。

（2）物流法律关系的客体。

物流法律关系的客体是指物流法律关系的主体享有的权利和承担的义务所共同指向的对象，物流法律关系的多样性决定了物流法律关系客体的广泛性。

横向物流法律关系大多为债的关系，权利主体要求义务主体为一定行为或不为一定行为，包括进行物的交付、智力成果的交付或提供一定的劳务。因而，这类物流法律关系的客体通常为交付一定的物或智力成果，以及提供一定的服务等。

纵向物流法律关系的客体主要表现为物流行政法律关系主体的活动，包括主体作为和不作为。凡是物流法中有关行政法律规范所规定的行为，都是纵向物流法律关系的客体。

（3）物流法律关系的内容。

物流法律关系的内容是指物流法律关系主体在物流活动中享有的权利和承担的义务。权利是指主体为实现某种利益而依法为某种行为或不为某种行为的可能性。义务是指义务人为满足权利人的利益而为一定行为或不为一定行为的必要性。

1）横向物流法律关系的内容。

横向物流法律关系的内容是指平等物流法律关系主体在物流活动中享有的权利和承担的义务。横向物流权利是指权利主体能够凭借法律的强制力或合同的约束力，在法定限度内自主为或不为一定行为以及要求义务主体为或不为一定行为，以实现其实际利益。横向物流义务是指义务主体必须在法定范围内为或不为一定行为，以协助或不妨碍权利主体实现其利益。

2）纵向物流法律关系的内容。

纵向物流法律关系的内容主要是指在物流活动中享有的权利和承担的义务。其特点主要表现为以下几个方面。

① 权利不可自由处分。在纵向物流法律关系中，当事人权利的行使和义务的履行，往往不仅涉及当事人自身的利益，而且涉及国家或他人的利益，因此权利人对自己的权利一般不能放弃。

② 权利义务的相对性。纵向物流法律关系的双方当事人，不论是行政机关还是行政相对人，都既享有权利，又承担义务，他们的权利义务是统一的、相对的。

③ 权利义务的不可分性。在纵向物流法律关系中，当事人的权利义务是不可分的。权利中包含着义务，义务中包含着权利。例如，工商行政管理部门对物流企业设立申请进行审核，这既是其权利，也是其义务。

课堂笔记

任务 10.2　掌握货物运输法规的内容

【任务目标】

根据仓储部门合同的签订流程，通过本任务的学习，掌握不同的货物在不同运输方式中的合同签订以及合同双方的主要义务和责任，使学生在运输货物时能够签订合适的运输合同，强化学生的守法意识。

【任务内容】

2023 年 8 月 11 日，某县水轮机厂向该县汽车运输公司托运一批产品，双方签订了运输合同，约定了双方的权利和义务。8 月 18 日，该厂接到汽车站通知，汽车运输队行进到武宁县一带时，由于天下暴雨，河水陡涨，水势过猛引起道路阻滞，汽车无法前行。汽车队向水轮机厂征求意见，是就近卸存或运回起运站，还是绕道运输。水轮机厂厂长表示，还是把产品运回来。8 月 23 日，运输公司将产品运回水轮机厂，并索取 3 800 元运费。水轮机厂则认为，汽车公司非但未将货物送达到站，交付收货人，而且耽误交货期近 1 个月，自己不向运输公司追收罚款就很礼让了，因而拒不交付运费，双方发生纠纷。

（本案例根据福贡县交通运输局改编）

请各学习小组完成以下任务：

（1）本案例的法律责任在于哪一方。

（2）思考运输合同的法律效力。

（3）查阅相关资料总结运输法规的内容包括哪些内容。

【组织过程】

（1）以学习小组为单位，分工协作查阅货物运输中所涉及的法律法规，并思考本案例的责任方在谁，以及本案例所涉及的运输合同的法律效力。

（2）查阅相关资料，整理运输法规的内容，并进行分类汇总，任选一个组员进行汇报。

【考核指标】

考核指标如表 10-3 所示。

表 10-3　考核指标

考核项目	考核要求	分值	得分
问题分析能力	正确选出本案例的法律责任在于哪一方，并给出相应的理由	40	
信息收集能力	讨论并分配小组成员在任务内容的运输部门中扮演的角色，制定运输方式优化方法，要求口头描述，内容全面、完整	20	
设置方案汇报	由小组负责人带领成员汇报不同运输方式中涉及的法律法规，要求表达清晰、完整、有效	20	
团队精神	通力合作、分工合理、相互补充	10	
团队表现	发言积极，乐于与同学分享成果，组员参与积极性高	10	

【知识讲解】

一、物流运输中法律关系的类型

运输中的法律关系主要是与提供运输服务行为密切相关的各类主体之间发生的权利义务关系。在物流活动中，能够向他人提供运输服务的主体通常有两类：一类是拥有运输工具的专业运输企业或个人，他们与托运人直接签订运输合同；另一类是不拥有运输工具，但与客户签订了涵盖运输环节在内的一切物流服务合同的其他企业，如综合物流公司、货运代理公司和无船承运人。两类主体提供运输服务的不同在于第二类主体还必须通过与具备运输资质的人签订运输合同或者向其租用运输工具才能完成相应的运输任务。由此看出，发生在运输当事人之间的法律关系主要是运输合同关系，但又不局限于运输合同关系，还可能有租赁关系等。这些法律关系从其性质而言，均是一种民事法律关系，受到我国民事法律法规的调整，但已经有相应国际惯例或者我国已加入了相应的国际条约时，则首先要遵守这些国际规则的规定。

二、物流运输中法律关系的构成

1. 货物运输合同

（1）概念及特点。

货物运输合同是指承运人将托运人交付运输的货物运送到指定地点，托运人为此支付运费的协议。货物运输合同具有以下几个突出特点：

1）多为诺成性合同。根据合同的成立是否以交付标的物为其要求，可以将合同分为诺成性合同和践成性合同。诺成性合同是指经双方协商一致即可成立的合同，又称不要物合同；而践成性合同是指合同的成立除双方协商一致以外，还必须交付标的物才能成立的合同，又称要物合同。货物运输合同如无特殊约定，应属于诺成性合同。

2）一般写有格式条款。格式合同或是具有格式条款的合同指一方当事人为了重复使用而预先拟定好内容，并在订立合同时未与对方协商的合同或合同条款。运输合同中的承运人为了简化手续，提高交易效率，常常以统一的货运单或者提单记载主要运输条款，经客户填写并经双方签字作为运输合同的一部分或作为对运输合同确认的证据。

3）合同效力常常涉及第三人。运输合同的收货人，可能是托运人本人，也可能是托运人以外的第三人。前者享有运输合同中规定的权利并承担相应的义务，后者并非合同的主体，但运输合同对其也产生一定效力，比如领取货物的权利。但收货人就货物迟延或者损坏而向承运人进行的索赔则不是基于运输合同产生的，而是一种侵权关系。

（2）货物运输合同的构成。

1）货物运输合同的主体。合同主体是签订合同的当事人。货物运输合同的一方当事人是具有运输资质的承运人，另一方当事人是托运人，即要求他人将货物以约定的方式运往一定目的地的人，除普通的个人或者企业之外，托运人还可能是物流公司、国际货运代理公司、无船承运人。但是这几类主体的身份比较特殊，如果他们在物流服务中以自己的名义向客户签发了提单或其他运输凭证时，他们对客户而言就成为名义上的承运人，然后他们再与具有运输资质的人签订运输合同，他们对该承运人而言又成为托运人。

2）货物运输合同的标的。合同的标的是指合同中权利义务指向的对象，合同标的可以是物、行为或智力成果。当合同标的是行为时，则要注意区分合同标的和与标的相关的具体物。比如货物运输合同中的标的是承运人的运输行为本身，而不是被运送的货物。

3）货物运输合同的内容。合同的内容是指合同主体之间的权利义务关系，合同条款中大部分都是有关内容的规定。具体而言，一份运输合同的基本内容大致包括以下几个方面：

① 当事人条款。主要是关于托运人、承运人以及收货人姓名、地址和联系方式的说明。

② 货物的名称、规格、性质、数量、重量的情况说明。

③ 包装要求。当事人对货物的包装标准或要求作出的约定。

④ 货物的起运点和目的地。

⑤ 货物的运输期限。如果需要货物在一定期限内送达目的地，则要在条款中注明。

⑥ 运输中各方的权利和义务。此项内容以规定承运人的责任及其范围为核心，由承运人的权利义务、托运人的权利义务和收货人的权利义务三大部分组成。

⑦ 违约责任及合同争议的解决办法。如果当事人就违约责任有特殊约定的，按约定处理。无特别约定的，则按照国内的合同法的相关规定处理。如果适用国际条约时，根据条约中的规定承担相应责任。

⑧ 其他条款。根据当事人的特殊要求，可以在合同中给予专门约定。

2. 运输工具的租赁合同

（1）概念及种类。

运输工具的租赁合同是指运输工具的所有权人或者使用权人将其运输工具或者运输工具上一定的空间位置交由承租人使用、收益，承租人支付租金的一种协议。

常见的运输工具租赁合同有汽车租赁合同和船舶租赁合同，后者又可分为航次租船合同、定期租船合同和光船租赁合同。

（2）运输工具租赁合同的构成。

1）运输工具租赁合同的主体。当物流企业、国际货运代理公司、无船承运人向客户承诺提供包括运输在内的一系列物流服务时，通常被称为第三方物流。如果他们通过租赁运输工具来完成运输任务，即成为租赁合同中的承租人。租赁合同中的出租人是运输工具的所有者和经营者。

2）运输工具租赁合同的标的。与运输合同的标的为运输行为不同，租赁合同的标的为租赁物本身。在运输工具的租赁中，即为各类被租赁的运输工具，如汽车、船舶或者船舶中的部分舱位。

3）运输工具租赁合同的内容。不同运输工具的租赁有其具体的条款内容，但是一般而言，该类合同应包括以下一些基本条款：

① 租赁运输工具的基本情况。名称准确详细，写明其相应的证件号码。

② 租赁工具的用途。承租人必须按照约定的用途使用租赁的运输工具，否则就是违约，出租人还可以要求解除合同。

③ 承、租双方的权利义务。主要包括是否由出租人配备运输工具的操作人员和其他工作人员；是否允许转租；租赁物的维修费用的承担。

④ 租赁物的保险条款。主要是对运输工具发生交通事故时保险金缴纳和索赔方面的规定。

⑤ 责任及其范围。包括违约责任及不可抗力造成损害时的责任承担等问题。

⑥ 合同纠纷的解决机制。

3. 货物运输中的法律关系

（1）汽车运输中的法律关系。

目前，公路运输主要涉及汽车租赁和汽车货物运输两大法律问题，相关的法律法规有《汽车货物运输规则》《集装箱汽车运输规则》《道路危险货物运输管理规定》《汽车危险货物运输规则》《汽车租赁业管理暂行规定》。上述这些规则均由交通部制定，在法律的效力层级上，属于行政规章，系特别法；而《中华人民共和国民法典》中有关运输和租赁合同的相关规定作为一般法，公路、铁路等陆上运输行为和租赁行为当然要受到《中华人民共和国民法典》的调整。

1）汽车租赁合同的订立。

物流服务企业使用他人的汽车进行运输时，往往要与汽车租赁公司签订汽车租用合同。订立汽车租赁合同需要注意以下问题：

① 合同主体。具有汽车租赁资格的主体必须具有地市级以上道路运政管理部门核发的道路运输经营许可证和道路运输证。作为承租人一方必须提供有效的驾驶证件和其他相关的身份证明。

② 合同形式。根据《汽车租赁业管理暂行规定》（以下简称《暂行规定》）第十三条，"办理租赁汽车业务应签订租赁合同，且必须使用由各省级道路运政管理机构根据国家有关法律、法规制定的汽车租赁合同文本。"这是对订立汽车租赁合同的形式要求。

③ 合同条款。按照《汽车租赁业管理暂行规定》，汽车租赁合同应包括：租赁经营人名称、承租人名称、租赁汽车车型、颜色和车辆号牌、行驶证号码、道路运输证号码、租赁期限、计费办法、付费方式以及租赁双方的权利、义务和违约责任等条款内容。

2）汽车租赁合同双方的主要义务和责任。

①出租方的主要义务。

按时交付符合用途的标的物。汽车为租赁人所有或者有合法使用权，已办理了合法的经营手续，相关证件齐全，这些证件包括道路运输证、汽车行驶证；汽车的技术状态良好，即汽车交付时不存在影响使用的故障，客观上不能发现的潜在故障不构成出租人的违约；汽车已缴纳各项规费。

按照国家标准进行收费。汽车租赁的收费项目和收费标准由国家有关部统一规定，租赁经营人必须按省级价格主管部门规定的租赁收费标准收费。

维修汽车的义务。在合同没有对维修义务作出特别约定的情况下，出租人对租赁期间的汽车负有维修义务。出租人未按照承租人的要求在合理期限内维修的，承租人可以自行维修，费用由出租人负担或者以租金折抵。

返还押金或者保证金的义务。根据《暂行规定》第十八条，承租人租赁汽车必须向出租人缴纳保证金或者由他人提供担保。如果汽车在租赁期限结束后完好返还出租人时，保证金或者押金应当返还承租人，否则构成对承租人财产的侵权行为。

②承租人的主要义务。

按照约定用途使用租赁汽车。如何使用汽车原则上由双方自行约定，约定不明或者没有约定的，应按照租赁物的性质正确使用。否则，出租人可以解除合同并要求承租人承担相应的赔偿责任。

按时交纳租金。按照合同约定的方式和时间交纳租金是承租人的主要义务。

妥善保管租赁车辆。由于承租人的过失对租赁物造成损失的，承租人要承担相应的赔偿责任。

不得随意转租租赁汽车。未经出租人同意，承租人不得将租赁汽车转租他人。否则，出租人可以解除合同，如果第三人对租赁物造成损失的，由承租人承担赔偿责任。

（2）铁路运输中的法律关系。

国务院颁发的《铁路运输条例》和铁道部发布的《货物运单和货票填制办法》等也是调整铁路运输的法规。在国际上，有关铁路运输方面的公约主要有两个：一个是由奥地利、法国、德国等西欧国家在瑞士首都伯尔尼签订的《关于铁路货物运输的国际公约》（简称《国际货约》）；另一个是由苏联、波兰、罗马尼亚等八个国家在华沙签订的《国际铁路货物联运协定》（简称《国际货协》）。

1）铁路租赁合同的订立。

① 合同主体。铁路运输企业的一方当事人是托运人、个人和企业以及其他社会团体。铁路运输企业的另一方当事人是铁路运输企业，根据《中华人民共和国铁路法》（以下简称《铁路法》）第七十二条的规定，是指铁路局和铁路分局。

② 合同形式。铁路运输合同原则上是不要式合同，法律没有明确其是否必须为书面形式。但是铁路运输涉及按季度、半年度、年度或更长期限的运输任务时，往往以月度用车计划表作为运输合同，交运货物时同时交货运单。《铁路法》第十一条明确规定，行李票、包裹票和货物运单是合同或者合同的组成部分；另根据铁道部《铁路货物运输服务订单和铁路货运延伸服务订单使用试行办法》规定，铁路服务订单亦为铁路运输合同的组成部分。因此铁路运输中货运单与运输合同之间的关系与前面提到的公路货物运输略有不同。

③ 合同条款。根据《货物运单和货票填制办法》中的相关规定，铁路货物运输运单大致包括以下一些条款：

托运人、收货人的名称和地址以及联系方式等。

货物的基本情况说明。包括货物的名称、规格、件数、重量、用途、性质、价格、包装等。

货物的运输线路。包括货物的始发站、到达站、运输的总里程以及主管铁路局。

货物的运输价格。铁路货物的运价受到国家统一的价格管理，运费主要根据货物运价分类表和货物运价率表计算得出。

货物的承运期限。指承运日期和运到日期的记载。

货物保价方式。托运货物时，托运人可以选择是否保价运输，是由铁路运输部门保价还是自行向保险公司办理货物保险。

特殊记载事项。按整车办理的货物必须填写车种、车号和货车标重；施封货车和集装箱的施封号码。

其他需要记载事项。承、托双方如果有运单中没有规定的其他运输要求，可以以承运人和托运人记载事项栏中给予说明。

2）铁路运输合同双方的主要义务和责任。

铁路运输合同双方的义务和责任与汽车运输合同基本相同，下面对铁路运输合同中有关货物交付的特殊的规定作介绍，即《铁路法》第二十二条规定托运物到达目的站后，承运人对托运物享有的权利和义务：

以适当方式通知相关人。对于铁路运输企业发出领取货物通知之日起满 30 日仍无人领取的货物或者收货人书面通知铁路运输企业拒绝领取的货物，铁路运输企业应当通知托运人。如果托运物是包裹或行李，铁路企业应自通知之日起 90 日内或者到站之日起 90 日内公告。

以适当的方式处置托运物。对于在上述情况下采取了相应的告知义务仍无人领取的托运物，铁路运输企业可以进行变卖。对于危险物品和规定限制运输的物品，应当移交公安机关或者有关部门处理；变卖托运物所得的价款扣除保管等费用后尚有余额的，应退还托运人。无法退还或者自变卖之日起 180 天内托运人未领回的，上缴国库。

在国内水运方面，2001 年 1 月 1 日生效的《国内水路货物运输规则》（简称《水运货规》）是规范我国沿海、江河、湖泊以及其他通航水域中从事营业性水路货物运输合同的基本规则。《水运货规》中没有规定的，可以适用《中华人民共和国民法典》中的相关原则或有关运输合同的一般性规定。另外《水路危险货物运输规则》是专门调整水上危险品运输方面的规范。

（3）水路货物中的法律关系。

1）船舶租赁合同。

船舶的租赁可以是整船租用，也可以只租用其中部分舱位，不同的租用方式有不同的合同名称，当事人之间的权利义务也有所不同。常见的船舶租赁合同有以下三种。

① 定期租船合同。所谓定期租船合同是指出租人向承租人提供配备船员的船舶，承租人在规定的期限内按照约定的用途使用并支付租金的合同。在国际租船市场上，定期租船合同多使用标准格式。

② 光船租赁合同。光船租赁合同又称船壳租船合同，是指船舶出租人向承租人提供不配备船员的船舶，在约定的期间内由承租人占有、使用和营运，并向出租人支付租金的合同。光船租赁合同的订立也采用书面形式，且一般也采用格式合同订立。

③ 航次租船合同。航次租船合同是指船舶出租人向承租人提供船舶的全部或部分舱位，装运约定的货物，从一港运至另一港，由承租人支付约定运费的合同。航次租船是租船市场上最活跃的一种租船方式，在国际现货交易市场上成交的绝大多数货物都是通过航

次租船方式来运输的。航次租船可以分为单程租船、往返租船、连续航次租船、航次期租船、包运合同租船几种。

2）合同的主要权利和义务。

① 船舶的经营权人不同。

在定期租船合同中，出租人（船东）需为船舶配备船长、船员；负责船舶内部管理事务并承担相关费用，但船舶的经营权人转为承租人，为此船东往往在合同中加入有关航区、可装运货物范围等航次租船合同中没有的规定，以保证船舶安全。

在光船租赁合同中，船舶的经营权人仍是承租人。出租人在保留对船舶处分权的前提下，仅向承租人提供适航船舶和船舶有关文件证书，承租人自己有权任命船长和选择船员，负责对船舶的管理并承担船舶营运的一切开支，同时也享有占有、使用船舶的权利。

在航次租船合同中，船舶的经营权人为出租人。出租人选任船长和船员，负责船舶的管理并承担相应的费用，承租人对船舶的经营没有任何权利和义务。

② 承担的风险和救济方式不同。

在定期租船合同中，风险主要在于承租方的时间损失。因为承租人是按时间交付租金的，所以对于影响承租人营运时间的情况，规定了有利于保障承租人利益的条款。比如双方约定出现某些事由时，承租人可以要求停租的条款。关于停租，《中华人民共和国海商法》第一百三十三条作了规定，依该条规定，"船舶在租期内不符合约定的适航状态或者其他状态，出租人应当采取可能采取的合理措施，使之尽快恢复。船舶不符合约定的适航状态或者其他状态而不能正常营运连续满二十四小时的，对因此而损失的营运时间，承租人不付租金，但是上述状态是由承租人造成的除外。"可见出租人承担较重的船舶维修义务。另外承租人有海上救助也会耗费船舶的营运时间，故在定期租船合同中，规定承租人有权获得海难救助报酬的一半。相反，在定期合同中无须规定装卸时间及滞期费条款。

在光船租赁中，合同的风险对于承租人和出租人来说都在于保证船舶处于良好的状态，因此双方均承担相应的义务。比如出租人对船舶上权利瑕疵的担保条款，因出租船舶权利争议而影响承租人利益时，出租人应当承担赔偿责任；未经承租人事先的书面同意，出租人在租赁期间不得在光船上设定抵押权。承租人负责船舶租赁期间的保养和维修及以出租人同意的方式为船舶保险；未经出租人书面同意，不得转让合同的权利义务或者将光船进行转租。

在航次租船中，合同的主要风险在于船方的时间损失和管船风险。船方的时间损失在外部受制于承租方装卸货物的时间，故在航次租船合同中有关装卸时间的规定；关于管船风险，如果出租人在开航前和开航时已尽适航义务，则在运输过程中因船舶故障或其他原因出现延迟，承租人一般没有拒付或收回运费的权利。

（4）航空货物中的法律关系。

随着航空业的蓬勃发展，航空货物运输的比例也在逐渐上升，相关的法律法规陆续出台。在国内，调整航空运输的法规主要有《中华人民共和国民用航空法》、《中国民用航空货物国内运输规则》（以下简称《国内航空运输规则》）和《中国民用航空货物国际运输规则》（以下简称《国际航空运输规则》）。《国内航空运输规则》适用于出发地、约定的经停地和目的地均在我国境内的民用航空货物运输，《国际航空运输规则》适用于依照我国法律设立的公共航空运输企业使用民用航空器运送货物而收取报酬的或者办理免费的国际航空运输。

1）航空货物运输合同。

① 合同的主体。航空货物运输合同的一方主体是各大航空公司，另一方主体是托运人，与一般的运输合同中的托运人相同。

②合同的形式。航空货物运输可以签订合同，规则没有对其具体形式作出规定，本书认为，原则上应为书面合同。航空货运单不是运输合同本身，根据《1999年蒙特利尔公约》的规定，航空货运单或者货物收据只是订立合同、接受货物和所列运输条件的初步证据。

③合同的条款。货运单上的基本内容在某种意义上与运输合同的主要条款是一致的。它们一般都包括：填单地点和日期；出发地点和目的地；第一承运人的名称、地址；托运人的名称、地址；收货人的名称、地址；货物的品名、性质；货物基本情况及其包装方式；计费项目及付款方式；托运人的其他声明。

2）航空货物运输合同中双方的义务与责任。

①托运人的责任。

如实正确地填写货运单内容，因填写不符合规定、不正确或不完全给承运人造成损失的，应当承担赔偿责任，支付运费。支付方式可预付，也可以到付。托运人有向承运人提供有关货物性质说明及海关、警察以及其他管理机构所需手续的义务，并承担因文件不足或者不符合规定给承运人带来的损失。托运人要求变更、中止运输合同的权利同一切运输合同，在此不再重复阐述。

②承运人的责任。

承运人的责任基础。在货物运输方面，《1999年蒙特利尔公约》规定，对于因货物毁灭、遗失或者损坏而产生的损失，只要造成损失的事件是在航空运输期间发生的，承运人就应当承担责任。与"华沙体系"中对承运人责任基于推定过错原则的规定相比，新的公约显得更为严格。

承运人的责任期间。新的公约规定，承运人在航空运输期间对货物造成的损失，包括由于延误造成的损失应当承担责任。所谓航空运输期间系指承运人掌控货物期间，不包括机场外履行的任何陆路、海上或者内水运输过程，除非承运人未经托运人同意，以其他运输方式代替当事人各方在合同中约定采用航空运输方式的全部或者部分运输的，此项以其他方式履行的运输视为在航空运输期间。而《华沙公约》中却有不同规定，公约认为在机场外为了装载、交货或转运空运货物的目的而进行地面运输时，如果发生任何损害，除有相证据外，也应视为在航空运输期间发生的损害，承运人应负责任。

承运人的责任限制。新公约对承运人责任的限制分为几种情况：在行李运输中造成毁灭、遗失、损坏或者延误的，承运人的责任以每名旅客1 000特别提款权为限，双方另有声明并在托运时支付了附加费的，可以高于此责任限额。在货物运输中造成毁灭、遗失、损坏或者延误的，承运人的责任以每公斤17特别提款权为限，一方对货物价值有声明并支付附加费的，承运人在声明金额范围内承担责任。货物的一部分或者货物中任何物件毁灭、遗失、损坏或者延误的，用以确定承运人赔偿责任限额的重量，仅为该包件或者该数包件的总重量。但是，因货物一部分或者货物中某一物件的毁灭、遗失、损坏或者延误，影响同一份航空货运单或货物收据所列的其他包件的价值的，确定承运人责任限额时，这些受影响包件或者包件的总重量也应当考虑在内。

承运人的免责规定。新公约规定承运人对货物毁损、灭失和迟延交付货物的赔偿责任在下列情况下可以免除：货物的固有缺陷、质量或者瑕疵；承运人或者其受雇人、代理人以外的人对货物包装不良的；战争行为或者武装冲突；公共当局实施的与货物入境、出境或者过境有关的行为；货物在航空运输中因延误引起的损失，承运人如果能证明本人及其受雇人和代理人为了避免损失的发生，已经采取一切合理要求的措施或者不可能采取此种措施的；经承运人证明，损失是由索赔人或者索赔人从其取得权利的人的过失或者其他不当作为、不作为造成或者促成的，应当根据造成或者促成此种损失的过失或者其他不当作为、不作为的程度，相应全部或者部分免除承运人对索赔人的责任。

任务 10.3　掌握货物仓储法规内容

【任务目标】

通过本任务的学习掌握仓储合同签订的基本内容，了解涉及的法律关系及各主体的义务等基本知识。

【任务内容】

某港口公司与某石化公司签署《来料中转仓储合同》，约定由某港口公司向某石化公司提供某燃供公司所有的 3 座储罐（TK3001、TK3002 和 TK2001）供某石化公司用于外贸油的仓储及中转。为此某石化公司需向某港口公司支付含仓储费、港杂费及港口配套操作费用在内的包干费率 60 元/t，某石化公司需在合同到期前一个月通知某港口公司是否续约，如续约应及时签订新合同。同期，某港口公司与某燃供公司亦签订《汽油、柴油仓储中转合同》，该合同约定包括仓储费及库区配套设施操作费用在内的包干费率 30 元/t，其他条款与某港口公司和某石化公司所签合同的相关内容基本一致。合同到期后，某港口公司、某石化公司和某燃供公司始终未能就续签新合同事宜达成一致。随后，某石化公司给某港口公司发函，通知某港口公司在其发函之日起全力配合其一个月内将油品全部提走。某燃供公司针对某石化公司发给某港口公司的告知函（某港口公司转）向某港口公司和某石化公司发出复函，要求某港口公司和某石化公司按其提出的收费标准给付全部费用，签订新合同前，其有权停止一切作业。案例流程梳理如图 10-1 所示。

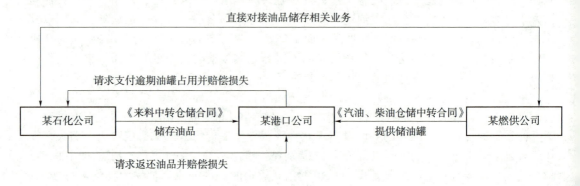

图 10-1　案例流程梳理

三方协商未果，某石化公司向一审法院起诉请求：

（1）某港口公司向某石化公司返还 15 538.883 t 成品油，并赔偿某石化公司 101 217 472.39 元的利息损失；

（2）如某港口公司无法向某石化公司返还 15 538.883 t 成品油，则向某石化公司赔偿货值 101 217 472.39 元及利息；

（3）某港口公司赔偿某石化公司 1 万 t 油品的价值损失人民币 265 万元；

（4）案件受理费及其他诉讼费用由某港口公司承担。

请各学习小组完成以下任务：

（1）请你以法官的角度对该案件进行判决并给出相应的理由。

（2）根据本案例给出某公司和石化公司仓储合同签订的建议。

【组织过程】

（1）以小组为单位，讨论本案例涉及仓储相关法律问题。

（2）通过阅读文献和政策文件，讨论企业在签订仓储合同时应考虑的方面。

【考核指标】

考核指标如表 10-4 所示。

表 10-4　考核指标

考核项目	考核要求	分值	得分
信息搜索能力	查阅资料，找出仓储相关的法律	40	
问题解决能力	以小组为单位对该案件进行判决并给出相应的理由，并形成书面报告	20	
小组展示汇报能力	由小组负责人汇总仓储合同签订的注意事项，以及合同当事人的权利和义务	20	
团结协作能力	通力合作、分工合理、相互补充	10	
	发言积极，乐于与同学分享成果，组员参与积极性高	10	

【知识讲解】

一、仓储中涉及的法律关系

仓储环节中主要涉及的法律关系包括仓储合同关系和租赁关系等。

对于大多数企业而言，"零库存"虽然是其努力追求的管理目标，但在现有条件下，这只能是其一个理念而已，物流活动涉及的流通中的绝大部分商品仍然需要经过仓储，仓储物流在供应链中仍是非常重要的环节。而在实践中，采用仓储保管合同的形式解决仓储问题无疑是最为普遍的，这就形成了仓储合同关系。仓储合同的一方称为存货方，是仓储服务的需求方，另一方称为保管方，是仓储服务的提供者。在物流仓储环节中，物流企业既有可能作为保管方，也可能以存货方的方式出现在物流活动中。

虽然越来越多的企业选择了订立仓储合同的方式来解决自己产品的储存和保管问题，但实践中仍有一些企业采用自营仓储的方式来实现仓储。自营仓储又可分为自有仓储和租赁仓储两种。自有仓储时企业使用自有仓库，企业拥有该仓库的所有权，因此企业与仓储部门之间是内部的上下级关系，不存在外部法律关系。而在租赁仓储中，企业租用他人的仓库仓储自己的产品，企业和仓库所有权人之间即形成了一种财产租赁关系。其中，使用仓库进行仓储活动的企业是承租人，仓库所有权人是出租人，双方的权利义务按其租赁合同及租赁方面的相关法律法规加以确定。

二、仓储合同

物流企业与他人签订仓储合同而进行仓储活动，这种方式正随着物流业的发展而日益为更多人接受。仓储合同逐渐成为物流仓储业务中不可忽视的环节，同时为物流企业与其客户等相关主体之间权利、义务和责任的划分提供了依据。

德育之窗

2023 年 6 月 3 日，某市盛达粮油进出口有限责任公司（下称盛达公司）与该市东方储运公司签订一份仓储保管合同。合同主要约定，由东方储运公司为盛达公司储存保管小麦 60 万 kg，保管期限自 2023 年 7 月 10 日至 11 月 10 日，储存费用为 50 000 元，任何一方违约，均按储存费用的 20% 支付违约金。合同签订后，东方储运公司即开始清理其仓库，并拒绝其他有关部门在这三个仓库存货的要求。同年 7 月 8 日，盛达公司书面通知东方储运公司：因收购的小麦尚不足 10 万 kg，故不需存放贵公司仓库，双方于 6 月 3 日所签订的仓储合同终止履行，请谅解。东方储运公司接到盛达公司书面通知后，遂电告盛达公司：同意仓储合同终止履行，但贵公司应当按合同约定支付违约金 10 000 元。盛达公司拒绝支付违约金，双方因此而形成纠纷，东方储运公司向人民法院提起诉讼，请求判令盛达公司支付违约金 10 000 元。

（资料来源：根据网络案例改编整理。）

试分析：

在上述案例中，盛达公司尚未向东方储运公司交付仓储物的情况下，是否应承担违约金 10 000 元？

1. 仓储合同具有以下法律特征

仓储合同的主体具有特殊性。仓储合同的主体是存货人和保管人。就存货人而言，法律并没有对其作出更为严格的要求，一般民事主体均可成为存货人。但对于仓储保管人而言，法律则对其提出了特殊的要求，保管人必须是具备从事仓储服务营业资格和条件的仓储营业人。

具体而言，仓储保管人必须具有仓储营业的资格、具备仓储营业所需的场所及仓储设备且具备专业从事仓储服务业务的人员及知识。

仓储合同的标的物具有特殊性。首先，仓储合同的标的物应当是动产，不动产不得作为仓储合同的标的物，且一般零星的生活用品也不作为仓储合同的标的物。其次，仓储合同的标的物应当是特定物或特定化的种类物。当储存期限届满后，存货人或者仓单持有人所领取的应当是其所存储的原物，即使存货人所存储的是种类物。该仓储货物也已经被特定化，仓储经营人不得擅自调换，动用。

仓储合同是诺成合同。《中华人民共和国民法典》第九百零五条规定："仓储合同自保管人和存货人意思表示一致时成立。"很明显，仓储合同不以存货人实际交付存储的货物作为合同成立的条件，具有诺成合同的性质。法律作出如此规定，主要是因为现代仓储业中如果还延续传统的保管合同的实践合同的做法，将对仓储营业人极为不利。在现代仓储服务中，保管人与存货人一旦达成合意，保管人一般都将为履行合同作出一定的准备、支出一定的费用，如腾出仓位等，此时如果存货人改变意愿，不再存储货物，依实践合同的做法，仓储营业人只能就此提出缔约过失责任的救济，这对仓储营业人而言是极不公平的。而若依诺成合同，则此时仓储合同已经成立且生效，仓储营业人可以依仓储合同向相对方主张违约责任。

仓储合同是双务有偿合同。如前文所述，仓储合同双方当事人互有权利义务。仓储合同是双务合同。同时，仓储合同的保管人是以营利为目的而从事仓储服务的，故存货人必须给付仓储费等费用，即使双方在合同中并未明确约定相关费用、报酬等，仓储保管人仍有权请求存货人支付仓储费等费用，所以仓储合同又是有偿合同。

2. 仓储合同的订立

与其他合同一样，仓储合同的订立也要经过要约和承诺的一系列过程。仓储合同的要约既可以由保管人发出，也可以由存货人发出。仓储合同的一方根据自己的仓储能力或自己的产品存储计划而发出要约后，经受要约人的反要约、再要约等双方一系列的磋商之后，对方当事人承诺，而基于仓储合同的诺成合同的性质，仓储合同于承诺生效时即告成立。

《中华人民共和国民法典》没有对仓储合同的形式作出明确规定，双方当事人可以自由选择采用书面形式、口头形式或其他形式订立仓储合同。当事人采用合同书形式订立仓储合同的，通常情况下，自保管人和存货人签字或者盖章时合同才告成立。但如果存货人在此之前就将仓储物交付至保管人，而保管人又接受该仓储物入库储存的，仓储合同自仓储物入库时即已成立，其后所签订的合同书，不过是将双方所谈妥的合同条件以书面的形式进一步明确化而已，本身已不再产生合同成立的法律后果。实务中，仓储合同一般都采用书面形式，且往往是格式合同。仓储服务的经营人为了与更多的相对人订立仓储合同，通常事先拟订并印刷了大部分仓储合同的条款，也包括存货单、入库单、仓单等，在实际订立仓储合同时，再由双方把通过协商议定的内容填写进去从而形成仓储合同关系。

3. 仓储合同的内容

一般来说，仓储合同的内容包含以下主要内容：

（1）双方当事人基本情况。包括保管人、存货人的名称或姓名和住所。

（2）合同目的。该项并不是仓储合同的必要条款，但为了对于合同总体走向、合同解释等问题有所助益，对此加以明确为宜。

（3）标的物。仓储合同的标的条款一般应包含仓储物的品名、品种、规格等内容。此外，对于仓储物的计量单位、数量、质量、包装、件数和标记等也应予以明确，这些标的物的具体情况与货物的性质、仓库中原有货物的性质、仓库的保管条件等有着密切关系，只有将这些予以明确，才能保证双方顺利履行合同。

（4）仓储物验收的相关问题。该项主要包括仓储物验收的项目和标准、验收方法、验收期限及相关资料等。仓储物验收的具体项目和标准、方法、期限等应由当事人根据仓储物、仓库等的具体情况作出约定。保管人为顺利验收需要存货人提供货物的相关资料的，仓储合同还应该就资料的种类、份数等相关内容作出约定。

（5）仓储物的储存期间、保管要求和保管条件。储存期间即仓储物在仓库的存放期间，期间届满，存货人或者仓单持有人应当及时提取货物。保管要求和保管条件应当是针对仓储物的特性而具体作出的对仓储物储存、保管所应具备的具体条件、因素和标准的约定，这对于保持仓储物完好、避免其危及其他仓储物、保证仓储的正常进行具有重要意义。该条的约定明确了双方权利义务和责任的划分，便于合同履行。

（6）仓储物进出库手续、时间、地点和运输方式。仓储物的入库，即意味着保管人保管义务的开始，而仓储物的出库，则意味着保管人保管义务的终止。因此，仓储物进出库的时间、地点对划清双方责任非常关键。因此，双方当事人应对仓储物进出库的方式、手续等作出明确约定。

（7）仓储物的损耗标准和损耗处理。仓储物在储存、运输、搬运过程中，由于自然的原因（如干燥、风化、挥发、粘结）和货物本身的性质以及度量衡的误差等原因，不可避免地要发生一定数量的减少、破损或者计量误差。对此，当事人应当约定一个损耗的标准，并约定损耗发生时的处理方法。当事人对损耗标准没有约定的，应当参照国家有关主管部门规定的相应标准。

（8）仓储费及其他费用。该条具体应包括仓储过程中所产生计费项目，标准和结算方式等，其最主要的是仓储费的约定。

（9）违约责任条款。违约责任条款是当事人为了保证仓储合同的履行，依照法律或双方约定，在违反合同的情况发生时，不履行合同一方应向他方承担相应法律后果的约定。按照《中华人民共和国民法典》的相关规定，违约责任主要包括继续履行、支付违约金、赔偿损失等。

（10）争议解决的方法。仓储合同当事人可以选择在对合同内容的理解及合同履行等发生争议时所采取的解决方法。一般合同当事人都约定发生争议时先行协商，协商不成的再采取诉讼或仲裁的方式。诉讼和仲裁方式是两种平行的解决途径，当事人选定适用仲裁的方式将不得再将同一纠纷诉诸法院。为明确纠纷的解决途径，仓储合同中最好规定争议解决条款。此外，争议解决条款具有一定的独立性，其不因该合同的撤销、无效而失去效力。

4. 仓储合同关系中各主体的权利与义务

> **▶▶▶案例引导**
>
> 某个体户付某在苏宁仓库寄存空调一批100台，价值共计100万元。双方商定：仓库自2022年1月15日至2月15日期间保管，付某分三批取走；2月15日付某取走最后一批空调时，支付保管费2 000元。2月15日，付某前来取最后一批空调时，双方为保管费的多少发生争议。付某认为自己的空调实际是在1月25日晚上才入苏宁仓库，应当少付保管费250元。苏宁仓库拒绝减少保管费，理由是仓库早已为付某空调的到来准备了地方，至于付某是不是准时进库是付某自己的事情，与仓库无关。付某认为苏宁仓库位于江边码头，自己又通知了空调到站的准确时间，苏宁仓库不可能空着货位，只同意支付1 750元保管费，苏宁仓库于是拒绝付某提取所剩下的空调。
>
> 试分析：
> （1）付某要求减少保管费是否合理？为什么？
> （2）苏宁仓库在赵某拒绝足额支付保管费的情况下是否可以拒绝其提取货物？说明理由。

（1）仓储合同关系中保管人的权利。

收取仓储费、保管费及其他必要费用的权利。提供仓储服务的物流企业以经营仓储服务作为获取利益的一个手段，收取仓储费等费用是其主要权利。仓储费是指保管人因其所提供的仓储服务而应取得的报酬。保管费是指仓储保管人保管仓储货物所支出的合理的费用。其他必要费用是指由不可归责于保管人的原因、为了保护存货人的利益或者避免其损失而发生的、存储物保管以外的费用。例如，存货人所储存的货物发生变质或者其他损坏，危及其他货物的安全和正常保管的，在紧急情况下，保管人可以作出必要的处置，因此而发生的费用，保管人有权向存货人追偿。

在情况紧急时，对变质或者有其他损坏的货物进行处置的权利。保管人在仓储合同关系中仅因依合同储存、保管货物而处于保管人的地位，因此保管人一般对货物并无处分的权利。然而根据《中华人民共和国民法典》第九百一十三条的规定，保管人发现入库仓储物有变质或者其他损坏，危及其他仓储物的安全和正常保管，且情况紧急的，保管人可以作出必要的处置，但事后应当将该情况及时通知存货人或者仓单持有人。保管人在这种情况下所作出的处分是有权处分，存货人和仓单持有人事后不得对此紧急处置提出异议。但是为了防止这种处置权的滥用，应将其限定在一定的条件内：必须是情况紧急，即保管人无法通知存货人和仓单持有人，或者虽然可以通知，但不立即处置，可能会延误时机而将造成更大损失的情况；对货物作出的处置必须是必要的，货物已经发生变质或者其他损坏，且已危及其他货物的安全和正常保管；保管人所采取的措施应以能够保证其他货物的安全和正常保管为限。

提存权。储存期间届满，存货人或者仓单持有人应当凭仓单提取货物。存货人或者仓单持有人到期拒绝提取货物或者不能提取货物，或者在经过催告之后仍然不提取货物的，仓储保管人可以对仓储货物进行提存。对此，《中华人民共和国民法典》第九百一十六条规定："储存期间届满，存货人或者仓单持有人不提取仓储物的，保管人可以催告其在合理期限内提取；逾期不提取的，保管人可以提存仓储物。"

损害赔偿请求权。因存货人交付的货物的瑕疵或者该货物的性质而致使保管人受损失的，保管人有权请求存货人赔偿其因此而遭受的损失。但是在下列情况下，保管人无权请求存货人承担损害赔偿责任：存货人在存货时已经告知保管人该货物的瑕疵或针对该货物性质所应采取的特殊保管措施而保管人未采取措施的；保管人知道或者应当知道有此危险而未采取补救措施的。

留置权。在存货人没有按期支付合同约定的仓储费及其他费用之前，或者因为仓储物的性质或瑕疵所导致的损害得到赔偿之前，仓储保管人有权留置仓储物。仓储合同中的留置，是指仓储合同的保管人按照合同约定占有债务人的动产，存货人不按照合同约定的期限履行债务的，保管人有权依法留置该财产，以该财产折价或者以拍卖、变卖该财产的价款优先受偿。留置权是一种法定担保物权。保管人只能留置其已经占有的存货人的财产，而不得从存货人处另行取得财产占有而为留置。需要指出的是，留置权必须与原始债权存在牵连性，其标的物与原始债权的标的物具有同一性。若保管人的债权并非基于留置物上的关系而产生，即若为另一法律关系，则不得留置该物。例如，保管人与存货人签订两个仓储合同，分别为存货人仓储 A、B 两批货物。存货人到期未按合同约定支付 A 批货物的仓储费，保管人只能留置 A 批货物，而不得留置 B 批货物，因为 A、B 两个仓储合同是两个不同的法律关系，两者的标的物是不同的，保管人不得因 A 而留置 B。

（2）仓储合同关系中保管人的义务。

签发仓单的义务。存货人交付仓储物的，保管人应当签发仓单交付给存货人，这既是其接收存货人所交付仓储货物的必要手段，也是其履行仓储合同义务的一项重要内容。对此，《中华人民共和国民法典》第九百零八条规定："存货人交付仓储物的，保管人应当出具仓单、入库单等凭证。"可见，保管人应当严格按照仓储合同的要求，依《中华人民共和国民法典》第九百零九条规定的仓单的记载事项开具合格的仓单。保管人在向存货人给付仓单时还应当在仓单上签字或者盖章，以保证仓单的真实性。

及时受领并验收入库货物的义务。根据《中华人民共和国民法典》第九百零七条的规定，保管人应当按照仓储合同约定的验收项目、验收标准、验收方法和验收期限及时对入库货物进行验收。验收是确定保管人所收仓储物品质、数量的前提条件，是确定仓储合同当事人合同关系的基础，所以验收不仅可以视作保管人的一项权利，也可以说是保管人的一项重要义务。验收发现仓储物与合同约定完全相符的，保管人收存仓储物，并签发给付仓单；发现仓储物与合同约定不相符的，保管人应及时通知存货人，由存货人重新明确仓储物的品种、数量、质量。若保管人验收后怠于通知存货人仓储货物与约定不符的情况，即使仓储货物在品种、数量、质量等方面不符合合同的约定，也视为合格。此后发生仓储货物的品种、数量、质量等不符合约定的，保管人应当对二者实际不符合部分的价值承担损害赔偿责任。此外，即使保管人验收时因其疏忽大意而未发现仓储物与合同约定不符，但验收后发现仓储物与合同约定不符，且该不符的事实实际在验收时已经存在的，保管人仍应承担相应的赔偿责任。可见，保管人所承担的验收责任是一种严格责任，其目的是促使保管人更好地履行其验收义务。

对于入库货物的验收一般包括以下几个方面：

1）验收项目和标准。验收项目一般包括货物的品名、规格、数量、外包装状况，以及无须开箱拆捆、通过直观就可以识别和辨认的质量状况。外包装或货物上无标记的，以客户提供的验收资料为准。物流企业一般无开拆包装进行检验的义务，但如果客户有此要求，物流企业也可根据与客户签订的协议进行检查。对于散装货物，则应当按照国家有关规定或者合同所确定的标准进行验收。

2）验收方法。验收方法有实物验收（逐件验收）和抽样验收两种。在实物验收中，物流企业应当对客户交付的货物进行逐件验收；在抽样验收中，物流企业应当依照合同约定的比例提取样品进行验收。验收方法有仪器检验和感官检验两种，实践中更多采用后者。如果根据客户要求要开箱拆包验收，一般应有两人以上在场。对验收合格的货物，在外包装上印贴验收合格标志；对不合格的货物，应作详细记录，并及时通知客户。

3）验收期限。即自货物和验收资料全部送达物流企业之日起到验收报告送出之日止的一段时间。验收期限应依合同约定，物流企业应当在约定的时间内及时进行验收。

4）通知义务。物流企业验收时发现入库货物与约定不符合的，应当及时通知客户，即物流企业应在验收结束后的合理期限内通知。物流企业未尽通知义务的，客户可以推定验收结果在各方面都合格。

妥善保管入库货物的义务。妥善储存、保管货物，以保证货物的质量，是完成储存功能的根本要求，也是保管人的重要义务。保管人应当按照合同约定的储存条件和保管要求，依仓储物的性质妥善储存和保管货物。仓储保管人应尽其注意义务。由于仓储保管人以营利为目的而从事仓储服务，且具有专门的保管知识，因此其注意义务的程度应高于一般保管人，仓储保管人注意义务的标准应以专业人士的标准来要求。当仓储货物灭失、毁损时，除了一般免责事由外，保管人还须证明损害是不可避免的货物的性质或者存货人的过错所导致方能免责。而无偿保管人只要证明自己无重大过失即可免责。对于在储存期间，保管人因保管不善造成货物毁损、灭失的情况，《中华人民共和国民法典》第九百一十七条规定："储存期间，因保管不善造成仓储物毁损、灭失的，保管人应当承担损害赔偿责任。因仓储物本身的自然性质、包装不符合约定或者超过有效储存期造成仓储物变质、损坏的，保管人不承担损害赔偿责任。"

容忍存货人或仓单持有人检查货物、提取样品的义务。为了了解、知悉货物的有关情况及储存、保管情况，以便发现问题后及时采取措施，同时也为了便于存货人和受让人了解其交易货物的现状，《中华人民共和国民法典》第九百一十一条规定"保管人根据存货人或者仓单持有人的要求，应当同意其检查仓储物或者提取样品。"即保管人有容忍存货人或者仓单持有人检查其仓储货物或者提取样品的义务。货物检查的时间，应当在仓储保管人的正常营业时间内进行，非经保管人同意，存货人或者仓单持有人无权在营业时间之外请求检查；货物检查的程度，应依约定、仓库的状况或者习惯具体确定。提取样品的程度，应视其是否影响仓储货物的状态或质量而有所区别。

危险通知、催告的义务。《中华人民共和国民法典》第九百一十二条规定："保管人发现入库仓储物有变质或者其他损坏的，应当及时通知存货人或者仓单持有人。"此即保管人的危险通知义务。保管人的这一项义务主要是为了保证在货物出现异常情况时，存货人或者仓单持有人能够及时接到通知，进而进行妥善的处理或者采取相应的措施，以避免损失的进一步扩大。为了保证存货人或仓单持有人对变质或损坏的货物的利益不致继续受损，并保护其他货物的安全和正常的保管，《中华人民共和国民法典》第九百一十三条又规定："保管人发现入库仓储物有变质或者其他损坏，危及其他仓储物的安全和正常保管的，应当催告存货人或者仓单持有人作出必要的处置。"此即保管人的催告义务。如果保管人怠于催告，则对因此而造成的其他货物的损失，如腐蚀、污染等损害，保管人应当承担责任，对于已遭受的损失则自负其责，无权向存货人追偿。

返还货物的义务。仓储合同中的保管人对货物没有所有权，储存期间届满，存货人或者仓单持有人凭仓单提货时，保管人即应当按约定返还货物。当事人对储存期间没有约定或者约定不明确的，根据《中华人民共和国民法典》第九百一十四条的规定，存货人或者仓单持有人可以随时提取货物，保管人也可以随时要求客户或者仓单持有人提取货物，但相互都应当给予对方必要的准备时间。保管人返还货物的地点，一般由当事人约定，双方可约定由存货人或者仓单持有人到仓库自行提取，也可约定由保管人将货物送至指定地点。仓储合同关系中的存货人的权利，一般对应地即为保管人的义务，包括要求保管人给付仓单的权利、要求保管人对入库货物进行验收并就不符情况予以通知的权利、对入库货物进行检查并提取样品的权利、因保管人没有为危险通知催告义务或未安排保管仓储货物而产生的损害赔偿请求权、凭仓单提取货物等权利。

（3）仓储合同关系中存货人的义务。

说明义务。该项义务主要是指存货人应当说明危险物品或易变质物品的性质并提供相关的资料。《中华人民共和国民法典》第九百零六条规定："储存易燃、易爆、有毒、有腐蚀性、有放射性等危险物品或者易变质物品，存货人应当说明该物品的性质，提供有关资料。"存货人违反该项义务的，保管人可以拒收仓储货物，也可以采取相应措施以避免损失的发生，因此产生的费用由存货人承担。

支付仓储费和其他费用的义务。仓储费的数额，应当依从当事人的约定，并填发在仓单上。仓储保管人通常都定有仓储费用表，由当事人来约定保管费。如果既未约定保管费，仓储保管人又没有仓储费用表，仓储保管人基于仓储合同的有偿性仍享有请求相应报酬的权利。除有特别约定外，仓储保管人在仓储货物被要求提取的时候，有权请求支付仓储费，提取人不支付时，仓储保管人对保管物有权留置。

配合、容忍义务。仓储合同需要双方当事人进行良好的互动，合同目的才能顺利实现。仓储保管人的一些权利，都必须有存货人的配合或容忍才能够实现。

按时提取货物的义务。双方当事人对储存期间有明确约定的，储存期间届满，存货人或者仓单持有人应当凭仓单提取货物。存货人或者仓单持有人逾期提取货物的，应当加收仓储费。在储存期间尚未届满之前，存货人或者仓单持有人也有权随时提取货物，但提前提取的，不得请求减收仓储费。此外，根据《中华人民共和国民法典》第九百一十六条的规定，储存期间届满，存货人或者仓单持有人不提取仓储货物的，保管人还可以催告其在合理期限内提取，逾期不提取的，保管人可以提存仓储货物。

【综合实训】

一、实训目的

（1）模拟签订一份物流服务合同。通过模拟签订物流服务合同的训练，了解物流服务合同的主体、形式和条款。

（2）通过案例分析锻炼学生的思维能力和法律意识。

二、实训内容

2021 年 11 月 1 日，空客 A320 系列飞机与天津总装线项目物流服务合同签字仪式在天津滨海新区举行。中远物流有限公司和天津港保税区管委会有关负责人代表双方签约。按照合同，中远物流有限公司承诺，提供天津空客 A320 项目 284 架次飞机的部件运输服务，物流服务范围包括欧洲段驳船运输、内陆运输、远洋集装箱运输、天津段内陆运输、航空运输等，包含运输工装夹具的组装、拆卸及维修等增值服务。在该项目中，中远物流有限公司将整合物流、航运及相关港口的物流操作资源，策划设计个性化的运输方式、港口装卸方案和道路改造方案，为项目提供具有专利技术的、高端的全程物流服务。

问题：

空客 A320 系列飞机与天津总装线签订的是什么合同？合同的主要内容是什么？

三、实训要求

（1）每组 6~8 人组成甲乙双方，甲方为拥有运输保管能力的物流企业，乙方为近日内需要储存一批货物的用户。

（2）抽取 1~2 个小组进行交流。

（3）教师对每一小组进行评比。

参 考 文 献

[1] 李严锋. 物流管理 [M]. 北京：高等教育出版社，2018.

[2] 李严锋，张丽娟. 现代物流管理 [M]. 大连：东北财经大学出版社，2020.

[3] [美] 艾伦. 哈里森，雷姆科. 范赫克. 物流管理（第四版）[M]. 李严锋，李婷，等译. 北京：机械工业出版社，2013.

[4] 曾剑，王景锋，邹敏. 物流管理基础 [M]. 北京：机械工业出版社，2012.

[5] 周建亚. 物流基础 [M]. 北京：中国物资出版社，2011.

[6] 翁心刚. 物流管理基础 [M]. 北京：中国物资出版社，2009.

[7] 傅莉萍. 现代物流概论 [M]. 北京：北京大学出版社，2007.

[8] 张秋菊. 现代物流概论 [M]. 北京：高等教育出版社，2015.

[9] 梁世翔，姬中英. 现代物流管理概论 [M]. 北京：高等教育出版社，2022.

[10] 徐国权. 物流基础 [M]. 哈尔滨：哈尔滨工业大学出版社，2017.

[11] 朱一青. 城市智慧配送体系研究 [D]. 武汉：武汉理工大学，2017.

[12] 马小云. 不同配送策略下混流装配线物料配送问题优化研究 [D]. 沈阳：沈阳工业大学，2023.

[13] 孙磊. 物流产业智慧化对物流产业绩效的影响研究 [D]. 长春：东北师范大学，2023.

[14] 李波，赵明宇，郭文雅等. 智慧物流政策的文本量化分析——基于中央层面政策对比天津市、上海市政策 [J]. 供应链管理，2023（12）：9-23.

[15] 王琳. 物流发展新模式新业态推动物流产业高质量发展问题探析 [J]. 商业经济研究，2023（23）：95-97.

[16] 张树山，谷城，张佩雯等. 智慧物流赋能供应链韧性提升：理论与经验证据 [J]. 中国软科学，2023（11）：54-65.

[17] 方菲，胡强. 物流智慧化转型对区域经济高质量发展的影响——基于长江经济带的实证分析 [J]. 商业经济研究，2023（24）：95-98.

[18] 黄彬. 大数据时代传统物流产业智慧化转型路径研究 [J]. 技术经济与管理研究，2021（12）：118-121.

[19] 李永芃，张明. 区块链赋能智慧物流生态体系升级研究 [J]. 企业经济，2021，40（12）：144-151.

[20] 吴婷. 区块链赋能智慧物流平台化发展的挑战与应对策略 [J]. 商业经济研究，2022（01）：105-108.

[21] 何黎明. 中国物流发展新特点及未来趋势展望 [J]. 供应链管理，2023，4（12）：5-8.

[22] 中国物流与采购网：http://new.chinawuliu.com.cn/.

[23] 美国供应链管理协会（Council of Supply Chain Management Professionals）：https://cscmp.org.